“十二五”高等院校规划教材

嵌入式系统高级C语言编程

凌　明　编著

北京航空航天大学出版社

内容简介

本书主要介绍针对嵌入式系统基于C语言的软件项目开发流程，较为复杂的C语言编程知识与技巧、编程风格及调试习惯，并通过对一个具体的软件模块(ASIX Window GUI)的分析，介绍分析代码的方法以及设计软件系统需要考虑的各要素。本书以实际项目中的代码为例进行介绍，详细分析在嵌入式系统开发中程序员应该注意的方法、技巧和存在的陷阱。

本书适合用作学习嵌入式系统的高年级本科生或硕士研究生的教学用书，也可作为从事嵌入式系统编程的软、硬件工程师的技术参考用书。

图书在版编目(CIP)数据

嵌入式系统高级C语言编程/凌明编著. --北京：北京航空航天大学出版社，2011.1

ISBN 978-7-5124-0308-6

Ⅰ. ①嵌… Ⅱ. ①凌… Ⅲ. ①微型计算机—C语言—程序设计 Ⅳ. ①TP360.21②TP312

中国版本图书馆CIP数据核字(2011)第004037号

嵌入式系统高级C语言编程

凌　明　编著

责任编辑　冯　颖

*

北京航空航天大学出版社出版发行

北京市海淀区学院路37号(邮编100191)　http://www.buaapress.com.cn

发行部电话：(010)82317024　传真：(010)82328026

读者信箱：emsbook@gmail.com　邮购电话：(010)82316936

涿州市新华印刷有限公司印装　各地书店经销

*

开本：700×1 000　1/16　印张：21　字数：448千字

2011年1月第1版　2013年8月第2次印刷　印数：4 001～8 000册

ISBN 978-7-5124-0308-6　定价：45.00元

若本书有倒页、脱页、缺页等印装质量问题，请与本社发行部联系调换。联系电话：(010)82317024

献给我的母亲李桂芬女士(1945—2011)，

我将永远怀念您！

序

嵌入式系统是将先进的计算机技术、半导体技术、电子技术和各行各业的具体应用相结合的产物。这就决定了它必然是一个技术密集、资金密集、高度分散、不断创新的知识集成系统。然而，嵌入式系统是一个非常综合的技术，在学科上涉及电子科学与技术、计算机科学与技术、微电子学等众多领域，在系统的架构上涉及数字电路、模拟电路、嵌入式微处理器、嵌入式操作系统、底层驱动等技术。因此，虽然为了满足业界对人才培养的要求，越来越多的高校相关专业开始在专科、本科、硕士培养计划中开设嵌入式系统方面的课程，但是作为一个新兴的课程体系，关于嵌入式系统教学过程中相关先修课程与基础知识的准备、教学内容(包括硬件平台与软件平台)的选择、实验教学与实践环节组织等问题依然处于争论和探索阶段。

通过对相关院校的嵌入式系统教学的调研以及在东南大学电子科学与工程学院、集成电路学院嵌入式系统教学实践的基础上，我们发现现有电子类本科专业教学计划中存在与嵌入式系统教学要求相脱节的因素，其中一个比较突出的问题就是电子类学生软件基础比较弱。虽然电子类专业的学生都先修过“C 编程语言”、“计算机原理”等课程，但是缺乏大型软件项目的开发经验，尤其缺乏操作系统方面的相关知识。这些都为嵌入式系统课程的教学带来了一定的困难，因此在嵌入式系统课程体系中增加一些用于弥补学生软件知识的课程就非常有必要了。凌明副教授 2005 年开始在集成电路学院开设的“高级嵌入式系统 C 编程”硕士选修课无疑是为解决这个问题而进行的有益尝试，而通过 5 届学生课程的讲解也取得了非常好的教学效果。虽然关于嵌入式系统方面的专业书籍出版了很多，但是适合教学的教材可谓凤毛麟角，因此在我的建议下，凌明老师开始将课程讲义的主要内容进行了系统地整理，编写成为面向本科高年级和硕士阶段教学的这本教材。

全书分为 9 章。第 1 章简要回顾了 C 语言的发展历史并给出了作者对于学习 C 语言的一些建议和参考书目。第 2 章和第 3 章将 C 语言的主要语言要素作了提纲挈领式的总结和复习，虽然不是一本 C 语言的入门教科书，但是出于对全书的系统性以及教学的考虑，作者用了一定的篇幅将 C 语言中的主要内容进行了总结，其中第 2 章重点介绍了 C 语言的关键字与运算符，第 3 章则重点介绍了 C 语言的函数、标准 C

库以及相关内容。第4章详细介绍了嵌入式系统软件开发的基本流程和原理，并针对ARM处理器作了比较详细的介绍。第5章是全书的重点和难点之一，详细介绍了C语言中指针使用的高级技巧以及程序员需要规避的内存“陷阱”，本章的后半部分还以实际的案例讲解了动态内存的分配与释放，然后以ASIX Window的实际案例进行了构建复杂数据结构的讲解。第6章则详细介绍了嵌入式系统中底层驱动的编写技巧以及相关中断处理程序的编写技巧，尤其是针对函数重入的问题进行了细致的分析与讨论，本章的后半部分还以一个实际的键盘驱动以及UBOOT为例进行了案例讲解。在第7章中，作者介绍了嵌入式C语言编程需要遵循的编程规范和编码风格，本章的内容几乎在其他所有教科书中都没有涉及，但实际上对于工程项目的开发而言，本章的内容又是非常重要和实用的。只要是软件就离不开调试，初学者往往在调试代码的过程中不知所措，因此在第8章中，作者介绍了嵌入式软件调试的基本技巧和常用工具，本章的主要内容也是本书的特色之一，作者从工程的角度比较系统地介绍了嵌入式软件开发调试过程中常用的方法，这对于初学者是非常有帮助的。第9章则以东南大学国家专用集成电路系统工程技术研究中心自主研发的ASIX Window嵌入式图形用户界面(GUI)作为一个综合案例，详细讲解了一个复杂软件系统的总体设计架构。

本书的特色之处是强调实际嵌入式软件项目中常用的技巧和方法，并融合了作者在所从事的科研项目中总结出来的经验和心得。本书适合电子类专业本科高年级和相关专业硕士的教学，可以作为相关选修课程的教材或主要参考用书，另外由于本书内容的实战性很强，因此也非常适合作为广大嵌入式系统工程师的参考用书。

时龙兴

2010年8月于东南大学逸夫科技馆

前 言

最早接触编程语言是 1990 年我在东南大学电子工程系(现在已经改名为东南大学电子科学与工程学院)读本科一年级时学习的 FORTRAN 编程语言。当时我对计算机的基本组成原理以及计算机是如何工作的基本上是一无所知。我和同学们稀里糊涂地在计算中心的 UNIX 主机上编写自己的 FORTRAN 代码,最后稀里糊涂地通过考试、拿到学分,但确实没有留下什么深刻的印象(老师听到要生气了,呵呵)。大二的时候系里面组建了自己的 PC 机房,我疯狂地迷上了在 PC 上的编程。当时的主要编程工具是微软的 Quick BASIC 和 Borland 公司的 Turbo C。当然这些都是作为自娱自乐和自我陶醉的小把戏,没有真正做出什么有用的东西。

1998 年我考入东南大学国家专用集成电路系统工程技术研究中心(以下简称 ASIC 工程中心)攻读硕士学位。那时中心有一个基于 Motorola 公司 68000 内核(现在该公司的半导体部门已经独立成为 Freescale 公司)68EZ328 龙珠处理器的 PDA 研发项目(2000 年的时候这个项目的研发成果实现了产业化,深圳的一家公司后来推出了"蓝火"随身 E 无线金融掌上电脑),我和师兄郑凯东的研发任务是为这个 PDA 项目开发 TCP/IP 协议栈。当时国内做这方面研发的人还比较少,可以参考的资料更是有限,郑凯东从互联网上下载了开源的 OS - Karn 写的 KA9Q。KA9Q 是非常精致的基于 DOS 的网络操作系统,它在 DOS 之上模拟了一个协作式多任务内核,并基于这个内核实现了非常完整的 TCP/IP 协议栈。我们的任务就是将这个由上百个 C 文件构成的系统移植到 68000 内核上。我们几乎没有任何文档,KA9Q 中的注释也非常精练,唯一的办法就是苦读这些源文件,然后一点一点将这些文件移植到 68EZ328 自带的 PPSM 操作系统上。在协议完整地移植后,我们还为这个 PDA 编写了自己的 POP3 协议、SMTP 协议以及与之相关的电子邮件收发应用程序。现在看起来,花了大半年的时间阅读高手编写的代码对于后来自己的成长是非常有帮助的。这个经历让我真正理解了编写大型软件的思维方式,同时也对 C 语言的博大精深有了深刻的体会。

在完成了 PDA 项目的 TCP/IP 协议移植后,我的主要精力转移到了为 PDA 应用程序编写统一软键盘模块。在当时的软件负责人胡晨老师的指导下,我将这个键盘模块设计成为采用消息过滤和回调机制的软件架构,这为后来编写 ASIC 工程中心自主的嵌入式图形用户界面 ASIX Window 打下了基础。后来我们又将 ASIX Window 移植到 EPSON 公司的 C33209 处理器上，并且和自己编写的抢占式多任务内核 ASIX OS Kernel 融合到了一起，构成了一个比较完整的嵌入式软件开发平台。在 2001 年与北京大学微处理器研究中心合作的众志 805 微处理器项目中，我们为这个处理器开发了集成开发环境(IDE)，并且也成功地将我们的 ASIX OS 移植到了该处理器。2003 年 ASIC 工程中心成为国内第一家 ARM 大学计划的授权用户，成功研发了基于 ARM7TDMI 的 SEP3203 嵌入式微处理器，我们又将 ASIX OS 移植到了 ARM 平台。2005 年 SEP3203 处理器进入量产阶段。作为芯片的设计单位，ASIC 中心为 SEP3203 处理器开发了大量的底层软件平台和相关的应用方案，这些方案包括无线数据传输终端(DTU)、EPOS(电子支付终端)解决方案、继电保护终端、电机保护器等。就在本书快要成稿时，SEP3203 处理器的升级版本 SEP4020 嵌入式微处理器也进入了量产阶段，为移动导航终端(PND)、手持多媒体播放器(PMP)等应用设计的基于 ARM1136 处理器内核的 SEP0718 处理器也正式立项，并推出了第一个版本的测试芯片。我们为这两款处理器移植了嵌入式 Linux 和 Windows CE 操作系统，并开发了基于这些操作系统的底层软件包和相关驱动。

在上面所介绍的研发过程中，大量的研究生参与了其中的工作。由于考入 ASIC 工程中心的研究生多是电子类专业背景，因此他们的编程经验大多和我刚读硕士时一样的贫乏。C 语言本质上(至少从它诞生之初起)不是一门面向初学者的编程语言，其灵活多变、语法检查不严格、对底层存储器的直接操作(主要是通过各种形式的指针)等特征使得 C 编程成为一次布满陷阱的冒险，我的这些师弟师妹们也和我当初一样成为这些陷阱的受害者。如何帮助他们尽量避免或者少走当初我自己所遇到的弯路，使他们尽快地成为合格的程序员？事实上，他们作为初学者在比较大型的嵌入式软件系统开发过程中所遇到的这些问题具有一定的普遍性，至少我在刚刚接触的时候所遇到的挫折与麻烦与他们现在所遇到的问题是惊人的相似。这个想法最终在 2005 年底的时候变成了积极的行动，东南大学集成电路学院院长时龙兴教授(时老师同时也是国家专用集成电路系统工程技术研究中心的主任和我攻读硕士、博士期间的指导老师)建议我在学院开设关于嵌入式系统高级 C 语言编程的硕士选修课程，以帮助硕士研究生弥补他们所学习的 C 语言知识与实际工程研发过程中所需要的能力之间的差距。在本书成稿的时候，“嵌入式系统高级 C 语言编程”这门选修课已成功开设了 5 届，本书也在该课程讲义的基础上做了进一步的完善和补充。

关于本书

首先，本书不是 C 语言的入门教材。在本书写作之初，我假设读者已经具备了初步的 C 语法知识，并且至少有过使用 C 编写程序的经验。但从教材的完整性和系统性上考虑，本书在第 2 章和第 3 章给出了关于 C 语法提纲式的复习与总结。现在市面上有关 C 语言的基础教材比比皆是，如果你对 C 还不是非常熟悉可以参阅第 1 章中给出的 C 语言基础教材。读者也可以利用附录 C 所提供的一份测试样卷测试一下自己对C语言的掌握程度,以便有针对性地阅读本书的相关章节。

其次,本书也不是专门介绍C编程技巧的著作。本书主要介绍针对嵌入式系统基于C语言的软件项目的开发流程,以及较为复杂的C语言编程知识与技巧、编程风格和调试习惯,并通过对一个具体软件模块(ASIX Window GUI)的分析,介绍分析代码的方法以及设计软件系统需要考虑的各要素。本书将以实际项目中的代码作为实例来进行介绍,详细分析在嵌入式系统开发中程序员应该注意的方法、技巧和陷阱。我试图将本书编写成为一本适合作为高校相关专业高年级本科生和硕士研究生教学使用的教材,而不仅仅是一本参考书(虽然,显而易见的,我希望本书同样也能适合工程师的需要)。因此,在本书的写作过程中我尽可能地保证相关知识的系统性,同时我也注意适合教学的范例代码和课后习题的编写。

最后,虽然嵌入式系统的C语言编程在很大程度上与PC编程甚至UNIX或者Linux服务器编程没有太本质的区别,它们都需要遵循基本的软件编程思想和编程规范,但是嵌入式系统还是有其自身特点的,比如嵌入式软件的开发环境一般而言都比PC编程的开发环境要复杂得多,初学者在刚刚接触交叉编译的开发环境、仿真器、目标系统的时候往往会不知所措并充满挫折感,其实这些都是因为没有真正理解嵌入式软件开发环境的基本原理而造成的。因此,第4章专门介绍了嵌入式软件开发的基本流程和工具链,及这些流程工具所起到的作用。另外,虽然嵌入式系统开发的概念远不仅局限于基于ARM处理器的嵌入式软件开发,但是由于ARM在消费类电子领域取得的巨大成功以及32位处理器在传统嵌入式系统的广泛采用,本书在涉及具体CPU或者具体系统设计的时候通常会以东南大学国家专用集成电路系统工程技术研究中心研发的SEP3203和SEP4020嵌入式微处理器(以ARM7TDMI为内核)为例进行介绍。

基于本书的课程安排

正如我在前面所介绍的,本书的主要内容来自于东南大学集成电路学院"嵌入式系统高级C语言编程"这门硕士选修课程。作为SoC与嵌入式系统专业方向课程体系的一部分,"嵌入式系统高级C语言编程"这门课程旨在帮助学生掌握针对嵌入式系统的基于C语言的软件项目开发流程,掌握较为复杂的C语言编程知识和技巧,培养良好的编程风格和调试习惯,并通过对一个具体的软件模块(ASIX Window GUI)的分析,使学生掌握分析代码的方法以及设计软件系统需要考虑的各要素。本课程一共36学时,其中课堂授课部分为33学时,学生实验和课外作业与讨论折合为3学时(实际我希望学生在课外所花的时间远多于这个数量)。下面是我们在东南大学集成电路学院的课程安排(未与本书各章节内容严格对应,仅供参考):

第1讲	概论	3学时
第2讲	C语言基本语法复习	6学时
第3讲	编译、汇编、链接与调试	3学时
第4讲	存储器与指针	6学时

第 5 讲　中断与设备驱动　6 学时
第 6 讲　编码风格　3 学时
第 7 讲　代码的调试　3 学时
第 8 讲　ASIX Win GUI 设计详解一　3 学时（可选）
第 9 讲　ASIX Win GUI 设计详解二　3 学时（可选）
课程项目：ASIX Windows 的控件开发　未定（可选）

关于实验与第 8、9 讲的设计案例分析以及最后的课程项目，教师可以根据所从事科研项目的具体情况和学生的接受能力，选择适合本校的教学内容。**本课程的多媒体课件和课程中使用的部分教学代码，读者可以到 http://www.armfans.net 论坛下载。**为了大家讨论的方便，我们在这个网站还将专门开设关于嵌入式 C 的讨论区。作者的授课视频也公开在东南大学无锡分校的网站上：http://www.wxseu.cn/kczx.aspx?fid=413&sid=514。

致　谢

这本书能够诞生，首先要感谢东南大学国家专用集成电路系统工程技术研究中心主任时龙兴教授和副主任胡晨教授。如果没有时老师的鼓励和鞭策，我很难在东南大学集成电路学院开设“嵌入式系统高级 C 语言编程”这门课程，当然也就不会有这本书。胡晨老师是我进入嵌入式系统 C 编程的启蒙老师，在我攻读硕士学位以及以后的工作过程中，胡老师对我的指导使我受益匪浅，是胡老师使我真正认识到软件作为一个系统的概念以及软件中的架构分层、封装与接口设计的重要性。

另外，我要感谢曾经在东南大学国家专用集成电路系统工程技术研究中心与我共事的研究生同学，在与他们的项目合作中使我逐步积累了本书中所写的心得与体会。他们是郑凯东、浦汉来、张宇、戚隆宁、金晶等。

北京航空航天大学出版社的胡晓柏老师的鼓励和支持使得本书最终得以出版，在此表示由衷的感谢。

东南大学集成电路学院的研究生张阳、徐继新以及南京邮电大学的冯海东同学参与了文字的校稿和相关材料收集与整理工作；东南大学国家 ASIC 工程中心的张黎明同学和史先强同学分别编写了本书 6.4 节和 6.5 节的内容。在本书的写作过程中，这些同学还给出了很多中肯的意见，在此表示特别的感谢！

书中引用了部分来自互联网的文章、博客的内容，在此对这些文章和博客的作者表示感谢。

最后感谢我的妻子与儿子，是他们给了我本书写作过程中的鼓励与支持！

限于作者的水平，书中错误和不妥之处敬请各位读者批评指正，并提出宝贵意见。读者也可以通过 E-mail 与我联系交流：trio@seu.edu.cn。

作　者

2010 年 9 月

目　录

第1章 概 述

1.1 C语言的历史和特点

在C语言诞生以前，系统软件主要是用汇编语言编写的。由于汇编语言程序依赖于计算机硬件，其可读性和可移植性都很差，但一般的高级语言又难以实现对计算机硬件的直接操作(这正是汇编语言的优势)，于是人们盼望有一种兼有汇编语言和高级语言特性的新语言出现。

具有讽刺意味的是，C的诞生是从失败开始的。1969年由通用电气、麻省理工、贝尔实验室联合研制的Multics操作系统几乎彻底失败，该操作系统实在是太庞大、太复杂了，以至于超出了开发团队的控制程度。从Multics项目撤出后，贝尔实验室的工程师Ken Thompson和Dennis Ritchie开始利用业余时间将Thompson写的一个小游戏"太空旅行"移植到PDP-7小型机上，这个小游戏模拟了太阳系的行星系统，游戏者可以驾驶飞船降落在某个行星上；与此同时，Thompson还为PDP-7小型机设计了一个比Multics更简单也更轻量级的操作系统，1970年Brian Kernighan模仿Multics的名字将这个新操作系统戏称为"UNIX"(Multi换成了Uni，以示这个新操作系统较之原来要简单、单纯得多)。与早期的操作系统一样，最早的UNIX采用PDP-7汇编语言编写，但是汇编语言在处理复杂数据结构时难以编码，同时也难以调试和理解。Thompson希望能够采用高级语言来编写，在尝试FORTRAN失败后，他将一种研究性的高级语言BCPL(Basic Combined Programming Language，是由伦敦大学和剑桥大学合作研发的早期高级语言)简化为一种他称之为"B"的高级语言，以使得B语言的解释器能够运行在PDP-7 8K的存储器中。然而由于硬件资源的限制而采用的解释执行使B的效率不高，因此B语言并不适合作为UNIX系统的编程语言，以至于Thompson在1970年将UNIX移植到PDP-11小型机的时候依然采用了汇编语言。Dennis Ritchie利用PDP-11更强大的硬件功能创立了"New B"语言。这种新的语言支持多种数据类型，同时因为采用编译的运行方式而提高了性能，很快人们将"New B"称为"C"语言。

经过几年的演变和完善，到了20世纪70年代中期C语言已经和今天我们使用的C语言相差无几了，虽然后续的完善一直持续不断(比如增加了新的关键字 unsigned 和 long 等)。1978 年，Steve Johnson 编写了 PCC 编译器(Portable C Compiler，可移植的C编译器)。由于这个编译器的源码可以在贝尔实验室之外公开，故该编译器被广泛地移植到不同的处理器上，成为当时C编译器的共同基石。同年，C语言的经典著作《C编程语言》("The C Programming Language")出版，为了表示对该书两位作者 Brain Kernighan 和 Dennis Ritchie 的敬意，书中的C版本被称为"K&R C"(出版社当时估计能卖掉 1 000 本就不错了，然而截至 1994 年这本书一共卖了 150 万册)。

到 20 世纪 80 年代早期，C语言已经被业界广泛采用了，但是随之而来的是多种不同的实现和版本。比如为了适应 80X86 的特殊地址架构，微软公司的C语言版本增加了一些新的关键字(如 far、near 等)。随着越来越多的非 pcc 基础的C语言版本出现，C语言逐渐形成了类似于 BASIC 语言一样的松散语言家族。1983 年，美国国家标准化协会(ANSI)根据C语言问世以来各种版本对C语言的发展和扩充制定了 ANSI C 标准，1989 年 12 月再次做了修订，并最终确认了该标准。国际标准化组织(ISO)随后接受了该标准作为国际标准。ANSI C 标准有 4 个主要部分，分别是第 4 部分"简介"、第 5 部分"环境"、第 6 部分"C语言"、第 7 部分"C运行库"。该标准还有几个有用的附件，比如附件 F"一般警告信息"、附件 G"可移植性问题"等。

需要说明的是，虽然 ANSI C 标准规范了C语言的实现，但是在实际情况中，各家C语言提供商都会根据各平台的不同情况对 ANSI C 进行一定的扩展，比如我们上面提到的微软的C语言实现中增加了关键字 far、near；又比如在嵌入式领域 ARM 的C编译器增加了关键字 long long 以支持 64 位整数，增加了关键字_ irq 以支持C语言编写的中断处理程序(注意：在有些编译器中有类似的关键字 ＃interrupt)。如图 1-1 所示，我们可以将现实中的C语言实现看作是 ANSI C 的一个超集，这些厂商对 ANSI C 的扩展部分有可能彼此不兼容，从而使得C程序的移植需要对这些非标准的部分特别小心。在这个问题上比较有代表性的例子是 Linux 的 gcc 编译器。由于该编译器对 ANSI C 进行了非常多的扩展，Linux 的内核源码基本上只能在 gcc 上进行编译，希望通过其他C编译器编译 Linux 内核几乎是不可能的。另外一个需要注意的问题是，虽然 ANSI C 对C语言的规范进行了非常详细的约定，但是由于C语言的实现平台纵跨了从 8 位单片机 CPU 到 32 位甚至 64 位 CPU 的硬件环境，因此在数据类型的约定上标准C必须有足够的灵活性。比如 ANSI C 只规定了 char 数据类型是一个 8 位的数据，但是并没有规定 int、short、long 类型应该是多少位。这就造成了不同C编译器对于这些数据类型的不同约定，比如 Borland 公司的 Turbo C 规定 int 类型是 16 位整数，但是 ARM 的编译器规定 int 类型是 32 位整数，Freescale 的 68000 编译器关于 int、short、long 类型的数据宽度是可以配置的。因此，嵌入式软件程序员在编写C代码时或者从其他处理器平台移植C代码时必须非常谨慎地处理这些与编译器相关的内容。

C语言的特点主要有以下几点：

① 语言简洁、紧凑，使用方便、灵活。C只有32个关键字，9种控制语句。较之其他高级语言，C语言的关键字非常少，一方面是语言本身的设计使然，另一个重要的原因是因为C语言将所有与外围硬件设备相关的输入/输出操作统统放在C运行库中实现，比如从键盘输入、向屏幕输出、文件的操作等都没有作为C语言关键字出现，而是以库函数的方法加以实现。这样做的好处一方面使得语言的实现变得比较简洁（编译器的实现也会比较简单），另一方面由于与硬件设备相关的功能以函数的方法实现，使得C语言本身尽可能与硬件平台无关，这也是C语言能够在如此众多的硬件平台上实现的重要原因。

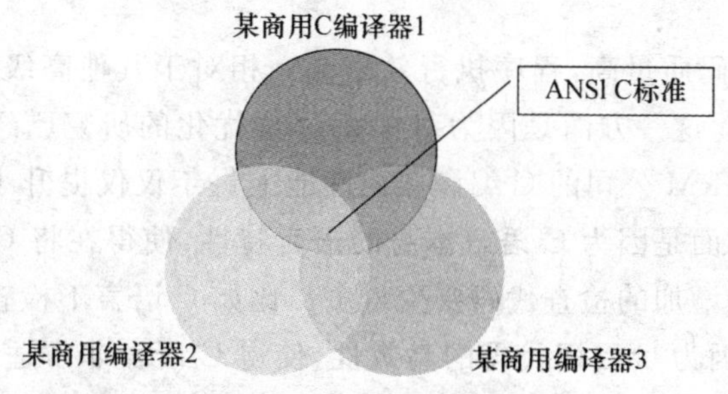

图1-1 ANSI C与商用C编译器的关系

② 运算符很丰富，C语言一共有34种运算符，但关键字只有32个。C语言中包含了一些特有的运算符。比如：自增自减运算符＋＋和——；针对指针运算的取内容运算符 * 和取地址运算符 &；针对位运算的移位运算符＜＜和＞＞；按位与 &、按位或|、按位异或^、按位取反～；等。这些运算符大大方便了程序员在进行底层代码编写的过程中对存储器、控制寄存器等硬件资源进行操作。

③ 数据结构丰富，C语言的数据类型支持整型、实型、字型符、数组、指针、结构(struct)、共用体(union)、枚举类型(enum)。与其他高级语言不太一样的是，C语言没有字符串类型。这也是我个人认为C语言在处理字符串问题时比较不方便的原因。事实上，在很多需要对字符串进行处理的应用中（比如脚本的解释程序，像早期Web应用中的CGI脚本）往往更多地采用非常适合字符串处理的Perl语言进行编写，而不经常采用C语言。

④ 具有结构化的控制语句，在C语言中支持if…else、while、do…while、switch…case、for这些结构化的控制语句，我们后面会专门讨论这些控制语句。虽然C语言和绝大多数高级语言一样保留了goto关键字，而且C的语言结构也没有PASCAL那样严格和规范，但是总的来说C语言依然是非常好的结构化编程语言。

⑤ C语言的语法限制不太严格，程序设计自由度大。这是一个双刃剑。C语法

非常宽容。比如C语言里面不检查数组越界，它是C语言里面很重要的一个特点，虽然这看起来是一个不好的特点，但是在一些优秀的程序员手中，这个特点也可以变成一个非常灵活的、并且富有技巧性的方法。所以虽然说C很危险、很灵活，但是在高手手里面这些都是可以利用的，也就是留给程序员的空间非常大。C语言就像是一种非常厉害的兵器，比如流星锤，他要求玩这个兵器的人要很厉害，但如果一个新手玩，就很可能被流星锤打中自己。

⑥ C语言允许直接访问物理地址，能进行位(bit)操作，可以直接对硬件操作。这是C语言非常重要的一个特点。C对物理地址的访问主要是通过指针，而指针又是C里面最灵活的部分，也是初学者最难掌握的内容。但是如果没有指针的话，实际上也就意味着C不能够访问硬件或者说访问硬件会变得很困难，那么对内存的操作也就变得很困难。

⑦ 生成目标代码质量高，程序执行效率高。相对于其他高级语言，C的编译器效率可能是最高的。这一方面是因为对C编译器优化的研究已经达到了非常成熟的程度，这一点从ARM公司的C编译器在性能上每年仅仅提升小于5个百分点可以得到印证；另一方面是因为C语言本身的语言特性，使得在将C程序转化成为汇编代码时，需要额外增加的检查代码要少得多。比如C语言不检查数组越界和内存缓冲区越界。也正因为C目标代码的高效性，使得C语言非常适合诸如操作系统、编译器等系统软件的开发，同时也使C语言成为嵌入式软件开发的首选高级语言(基于对成本和功耗的考虑，嵌入式系统的硬件性能往往受到严格的限制)。

⑧ 可移植性好。理论上讲，任何一个高级语言都应该具有很好的可移植性，但是实际的情况却不尽如人意，这是因为各个厂商推出的编译器往往会扩展一些自己的特性。C语言的可移植性是比较好的，从巨型机到单片机都可以使用C语言。这主要有两个原因：第一，C语言在20世纪80年代就制定了相关的标准(ANSI C标准)，因此虽然各家编译器厂商推出的C语言各不相同，但是都保证与ANSI C兼容；第二，也是往往被大家忽略的原因，就是C语言本身的标准中并没有设计输入/输出的操作，C的关键字中没有与计算机系统相关的输入/输出功能，所有的这些功能都是由C运行库中的库函数完成的。从这个意义上来说，C语言本身是和硬件无关的。当然，C的可移植性是相对的，实际的工程项目中移植依然是一个不容小视的问题。

C语言在1997～2009年之间都是嵌入式软件开发使用最多的语言。近五年来，C与C++语言更瓜分了大部分原属于汇编语言的版图。其中较高阶的C++发展速度虽不如预期，但仍在嵌入式软件设计领域维持27%左右的占有率。整体看来，C++语言使用率在20世纪90年代晚期加速上升，在2001年达到高峰，然后稍微下滑，之后维持稳定。无论如何，嵌入式软件设计师不会在短时间内放弃使用C语言，原因有很多个：首先，C语言编译器支持大多数的8位、16位与32位CPU；其次，C语言在处理器与驱动程序层级，兼具高低级语言的特色。请看图1-2所示的关于嵌入式软件工程师所使用编程语言的调查数据(来自 TechInsights 2009 年嵌入式系统市场研究)。

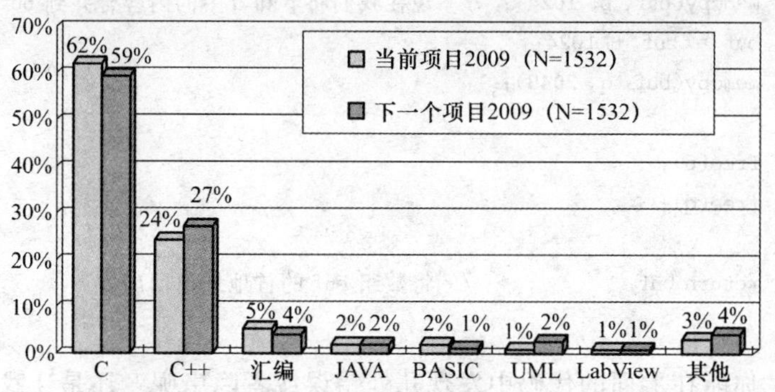

图 1-2　C 语言在嵌入式软件开发中的比例

1.2　一个小测验

C 语言的复杂和灵活主要体现在 C 语言语法的灵活以及允许程序员对底层存储器的直接操作上(这两点又恰恰是 C 语言最优美、最强大的地方)。下面我们来做一个小小的测验,请阅读以下的代码并找出其中的错误和潜在的危险因素。注意:这段代码本身并没有什么实际意义,只是将入口参数 ptr 所指向的内容通过两个内部缓冲区 p 和 q 复制到局部数组 buf[]中,并将该数组的首地址作为返回值传递到函数外。我在这里只是希望通过这个例子说明 C 程序语法的正确性与功能或者逻辑的正确性之间有着本质的区别。

```
#include "stdlib.h"

char * test(char * ptr)
{
        unsigned char i;
        char buf[8 * 1024];
        char * p, * q;
        /* 将数组初始化为 0 */
        for( i = 0; i< = 8 * 1024; i++)
            buf[i] = 0x0;

        p = malloc(1024);
        if (p == NULL ) return NULL;       /* p 申请失败,返回空指针 */
        q = malloc(2048);
        if (q = NULL ) return NULL;        /* q 申请失败,返回空指针 */

        memcpy(p, ptr, 1024);
```

```
18      memcpy(q, ptr, 2048);   /*将 ptr 所指向的内容复制到 q*/
19      memcpy(buf, p, 1024);   /*现在我们将 p 和 q 中的内容合并到 buf 数组中*/
20      buf = buf + 1024;
21      memcpy(buf, q, 2048);
22
23      free(p);
24      free(q);
25
26      return buf;             /*将数组 buf 的首地址返回出去*/
27  }
```

怎么样？你能在上面的代码中发现几处错误或者隐患呢？还是让我们一起来分析一下吧。

① 代码的第1行即有问题。在C语言中包含文件的有两个符号“”或者＜＞。双引号“”的意思是告诉编译器首先在当前目录下搜索需要包含的文件，如果当前目录下没有该文件，则在编译选项指定的系统头文件目录中搜索该文件；尖括号＜＞的意思则是通知编译器首先在系统头文件目录中搜索需要包含的文件。在这个例子中，stdlib.h是ANSI C标准库函数的头文件，一般而言这个文件是存放在系统头文件目录中的，因此准确的用法应该是采用尖括号，即#include＜stdlib.h＞。虽然在大多数情况下采用双引号的包含方式不会产生错误，但如果系统里(比如Linux下的/usr/include/)有一个叫作math.h的头文件，而你的源代码目录里也有一个自己写的math.h头文件，那么此时系统就会默认使用你自己定义的头文件，而这可能并非你的本意。

② 第5行的定义unsigned char i是定义一个无符号的8位数，但是请注意一个无符号8位数的范围是0～255，而第9行的for循环中却将i与8×1 024进行比较，如果i是一个无符号8位数的话，那么这个数将永远小于8×1 024，因为当i的值增长到255时再加1后i将重新变为0，这将使得这个for循环成为一个死循环而永远不会结束。

③ 第6行定义了一个8K字节的数组buf[]，从语法上来说这个定义没有任何问题，但是如果我们知道一个局部变量是如何在内存中表示的就会对这样的定义倒吸一口凉气了。编译器对局部变量有两种存储方法，对于简单数据类型的变量(比如int、char、short或者指针变量等)编译器会首先尽可能地采用CPU内部的通用寄存器来表示，因为寄存器的访问速度远远高于外部存储器的访问速度；第二种方式是对于那些没有办法用寄存器表示的变量或者数组、结构体等变量采用当前的堆栈空间来存储。对于这段代码数组buf[]显然是需要存放在堆栈中的，然而8K字节的空间对于大多数系统而言是很容易将堆栈空间耗尽的，因此在局部变量中开设大数组是需要仔细评估的，程序员必须非常清楚自己的堆栈空间是否够用。如果算法必须采用大数组，可以采用“static char buf[8*1024]”的方法来定义，虽然这同时会带来程

序不可重入的问题。关于 static 关键字我们会在第 2 章中仔细讲解的。

④ 第 9 行的 for 循环中，"i<=8 * 1024"的表达式是错误的，因为在 C 语言中数组的下标是从 0 开始的，因此对于 buf[]数组，合法的下标取值是从 0 到(8×1 024－1)，所以上述的表达式的正确写法应该是"i<8 * 1024"。令人遗憾的是 C 语言对于数组越界是不作任何检查的。如果按照原来错误的写法在最后一次循环中程序执行了"buf[8 * 1024]=0x0"的操作，通常情况下程序在当时不会有任何异常，但是其实紧邻最后一个合法元素"buf[8 * 1024－1]"存放的另外一个变量已经被错误地修改了，程序只有在访问了该变量时才可能出现不正常，而这时可能已经离你修改它的第 9 行很远了。

⑤ 第 12 行中的问题虽然不是错误，但却是一个不好的编程风格，malloc()库函数的返回值是一个指向 void 类型的指针，因此好的编程风格应该是在将这个返回值赋给其他类型的指针变量前进行显式的强制类型转换。所以比较合适的写法应该是"p=(char *)malloc(1024)"。第 14 行的 malloc()函数调用也存在同样的问题。

⑥ 第 15 行代码中有两个非常隐蔽的错误。我们先来分析第一个："if(q=NULL)"这个判断式的逻辑是错的，正确的写法应该是"if(q==NULL)"。这是几乎所有 C 语言使用者都会犯的错误。令人真正害怕的是前面的表达式在语法上是完全正确的，意思是将 NULL 赋值给变量 q，然后判断 q 的取值是否不为 0，这个判断的取值永远是"否"，也就是说不管原来的 q 是否真的为空，后面的"return NULL;"语句永远不会执行。更讨厌的是，如果 q 原来为非空指针，则在经过第 15 行代码后也会将值改为空。

⑦ 第 15 行的第二个错误在这个语句的后半部分。如果 q 指针为空，说明第 14 行的 malloc()函数申请动态内存失败，调用"return NULL;"语句似乎没有任何问题。但是当程序运行到第 15 行时实际上有一个潜在的条件，那就是 p 指针的动态内存申请一定是成功的(否则早在第 13 行程序就会"return NULL")，因此如果我们在 q 申请不到时直接返回就会将 p 指针申请的动态内存永远地丢失，这块内存空间永远也不会被释放回系统堆(Heap)，这就是所谓的"内存泄漏"(Memory Leak)。内存泄漏是一个慢性错误，由于并不影响正常的程序运行，所以通常情况下在内存泄漏的早期，程序的运行没有任何异常，直到系统堆中的内存空间已经"漏"光了，其他程序调用 malloc()申请内存时总是失败，这时解决问题的唯一办法就是重新复位系统。这一行的正确写法应该是：

```
……
if ( q == NULL )
{
    free( p );
    return NULL;
}
```

……

⑧ 第17行中包含了一个隐蔽的错误。调用memcpy()函数将入口参数ptr所指向的内存复制1 024个字节到p指针所指向的内存空间。但程序在将ptr入口参数作为memcpy()函数的参数时没有对ptr是否为空进行检查,这是因为在通常情况下标准C库函数为了效率往往不对入口参数进行合法性检查,如果ptr为空,那么"memcpy(p,ptr,1024);"这个语句一运行系统就崩溃了。

⑨ 第18行应该是"memcpy(q,ptr+1024,2048);"。因为前1 024个字节已经被第17行执行完毕,后面的数据应该从ptr指针向后偏移1 024个字节开始。

⑩ 第20行是一个语法错误,但是在写代码时往往被程序员忽略。理解这个语法错误首先要理解C编译器是如何处理数组的。在C语言程序编译的过程中,编译器要为数组所占用的内存分配空间,因此在C中没有动态数组的概念,数组在存储器中的位置(也就是地址)和容量在编译时就已经确定了,并且在程序运行过程中不再发生改变。编译器将数组的名字作为一个符号并将该符号与数组实际存放在内存中的地址对应起来。因此在C语言中数组名就是数组的首地址,这个首地址已经在编译的时候确定,不能再改变了。所以"buf=buf+1024;"这个语句是有语法错误的,编译器会报错。

⑪ 最后一个错是第26行的返回语句"return buf;"。正如前面所述,buf[]数组是通过堆栈存放的,因此将堆栈中的地址作为指针传递到函数外部是非常危险的。因为大家都知道在我们出函数后,该函数的栈帧就已经无效了,原来的这个堆栈空间随时都可能被用作其他用途,返回这段内存的地址毫无意义。如果通过这个指针去修改其所指向的内容,将很容易地将系统堆栈写"脏",将保留在新的栈帧中的数据覆盖。

在第1章安排这样的小测验的目的是想说明仅仅掌握C语言的语法正确对于编写正确无误的C程序是远远不够的,要想写好C程序还必须掌握更多的知识和技巧。在下一节将向读者介绍除了掌握语法之外,还有哪些知识是需要了解和掌握的。

1.3 如何学好嵌入式系统中的C语言编程

1.3.1 真正深刻地认识存储器

冯·诺伊曼说过"程序等于算法加数据结构"。首先,算法是什么?算法是通过存储在存储器中的程序代码实现的。其次,数据结构又是什么?数据结构是存放在存储器中的各种类型的数据。程序本质上就是处理器通过执行存放在存储器中的程序代码对存放在存储器中的数据进行操作和变换的过程。在这个过程中除了处理器本身外,最核心的环节就是存储器。因为不管是程序的可执行代码还是数据都是存放在存储器中的。撇开代码、变量、数组、指针、结构、堆栈等这些软件中的各个元素的表象，剩下的本质就是存储器！因此，理解C语言的关键是真正理解存储器。

每一个存储单元都有两个属性：一是存储器里面存放的内容；二是存储器的地址。这个内容可以是代码，也可以是数据，甚至是另一个存储单元的地址（这个时候往往我们称这个存储单元里存放的是一个指针）。C程序员需要时时刻刻将存储器的这两个属性牢记于心。

1.3.2 认识和理解嵌入式C编程环境

嵌入式软件开发的一个非常重要的特点就是交叉编译，也就是开发工具运行的环境和被调试的程序不是运行在同一个硬件平台（处理器）上的。一般而言编译器、汇编器、链接器等工具链软件以及调试工具都运行在通用的PC机平台上；调试工具通过一定的通信手段将链接器输出的可执行文件下载到嵌入式系统开发板（一般称为目标系统）的存储器中，并通过一定的机制控制和观测目标系统的寄存器、存储器等。这个开发过程往往需要使用多种不同的工具，对此初学者很容易感到困惑。只有真正理解开发过程中各个环节的作用，才能对嵌入式系统C编程有深入的认识。

另一个问题是，虽然C语言是一门高级语言，但是想真正用好C语言，程序员必须对编程过程中所使用的工具非常了解，清楚地知道每个工具的作用以及这些工具与硬件平台的相互关系。比如：编译器是如何处理全局变量和全局数组的？对于全局变量的处理与局部变量有什么不同？编译器是如何利用堆栈进行传递参数的？又比如：C语言的编译器、链接器是如何处理一个项目中多个C文件之间的相互依赖关系的？链接器最终是如何生成可执行文件的？可执行文件的内存映像又是如何安排的？这些问题初看起来似乎与C编程本身没有什么关系，但因为在嵌入式软件的开发过程中程序员要经常直接和底层的设备与工具打交道，所以一个嵌入式软件的程序员应该对这些问题了如指掌。

1.3.3 认识和掌握C语言中的常见陷阱

C语言不是一门面向初学者的编程语言，C语言发明者的初衷是希望设计一种面向编译器和操作系统设计的高级语言，因此C语言中充满了各种各样对于初学者而言的陷阱。这些陷阱一方面来自于C语法本身的灵活性，另一方面来自于C对存储器边界的不检查，因此非常容易在代码中造成存储器越界访问的问题。在C语言中，最容易出错的地方是与存储器相关的内存访问越界以及内存泄漏的问题，C语言的使用者必须非常小心地规避这些陷阱。

1.3.4 掌握C语言程序设计过程中的调试方法

任何程序在编写的过程中都需要调试，尤其对于比较复杂的系统更是如此。面对程序编写过程中出现的问题，比较现实的问题应该是如何在最短的时间内发现程序错误的根源，修改这个错误，并且吸取教训争取在以后的程序中不再犯同样的错误。在这个环节中最重要也是最需要技巧的工作就是找到问题的根源。虽然很少有相关的参考书介绍这方面的内容,但事实上,程序的调试是有一定的方法和技巧的。

1.4 推荐的参考书目

关于C语言的教材和参考书比比皆是,但在这其中也是良莠不齐、鱼目混珠。一本好的参考书往往能够给读者很多启示和帮助。下面列出的书籍我个人认为非常不错,特推荐给读者作为参考。

1.4.1 C语言的初级教材

(1)《C程序设计语言》(The C Programming Language)

作者:Brian W. Kernighan, Dennis M. Ritchie

推荐理由:本书是由C语言的设计者Brian W. Kernighan和Dennis M. Ritchie编写的一部介绍标准C语言及其程序设计方法的权威性经典著作。这是C语言教材中的圣经级著作,一本必读的程序设计语言方面的参考书。

(2)《C Primer Plus 中文版》(C Primer Plus)

作者:Stephen Prata

推荐理由:作为核心计算机技术成熟、完整的参考书籍,Primer Plus系列历经数十年不衰。通过学习《C Primer Plus(第5版)中文版》,你将奠定坚实的C编程基础。

(3)《C和指针》(Pointers on C)

作者:Kenneth A. Reek

推荐理由:本书提供与C语言编程相关的全面资源和深入讨论,覆盖了数据、语句、操作符与表达式、指针、函数、数组、字符串、结构与联合等几乎所有重要的C编程话题。书中给出了很多编程技巧和提示。虽然我把这本数列在初级教材中,但是实际上该书所介绍的一些问题已经涉及到了很多C语言中很深入的问题。概述的结构具有很好的系统性和完整性,因此作为教材也是一个不错的选择。这本书由人民邮电出版社出版了中译本。

1.4.2 C语言进阶书籍

(1)《C陷阱与缺陷》(C Traps and Pitfalls)

作者:Andrew Koenig

推荐理由:作者以自己1985年在Bell实验室时发表的一篇论文为基础,结合自己的工作经验扩展成为这本对C程序员具有珍贵价值的经典著作。本书的出发点不是要批判C语言,而是要帮助C程序员绕过编程过程中的陷阱和障碍。这本书的最大缺点是内容偏少，另外系统性和完整性也不是非常好。但是瑕不掩玉，该书依然是我个人认为关于C语言写得最好的几本书之一。该书也由人民邮电出版社出版了中译本。

(2)《C专家编程》(Expert C Programming)

作者：Perter Van Der LinDen

推荐理由：这本书就是大名鼎鼎的"鱼书"，因为这本书的英文版封面是一条其丑无比的鱼。该书展示了最优秀的C程序员所使用的编码技巧。书中对C的历史、语言特性、声明、数组、指针、链接、运行时、内存以及如何进一步学习C++等问题进行了细致的讲解和深入的分析。全书撷取几十个实例进行讲解，对C程序员具有非常高的实用价值。由于该书的作者本人是SUN公司的程序员，因此书中大量关于C语言的介绍都是基于SUN UNIX系统或者其他的UNIX系统，这要求读者对UNIX系统有一定的了解。

(3)《C语言编程常见问题解答》(C Programming : Just the Faqs)

作者：Paul S. R. Chisholm 等

推荐理由：这是一本专门解答C语言编程常见问题的著作。书中所覆盖的内容相当广泛，并附有大量特色鲜明的例子。

1.5 思考题

1. 写一个函数返回 $1+2+3+\cdots+n$ 的值(假定结果不会超过长整型变量的范围)。

2. 请问下列表达式的输出结果是什么？

```
unsigned char a = 256;
int d = a;
printf("%d", d+1);
```

3. 请问下面程序的输出结果是什么？

```
#include <stdio.h>
Int main()
{
    printf("%f", 5);
    print("%d", 5.01);
}
```

4. 如何将a、b的值进行交换，并且不使用任何其他的中间变量？

第2章 C 语言的关键字与运算符

在所有的高级语言中，C 语言算是在语法上比较简单的语言，它只有 32 个关键字(这其中有些关键字已经过时因而非常少见)和 34 个运算符。

随着 C 语言的发展，某些关键字被赋予了太多的含义，其确切含义取决于这个关键字所处的上下文内容(比如关键字 static、void)。

34 个运算符使得 C 语言的运算非常丰富，尤其是位操作运算符使得底层系统软件编程变得非常方便，但是 C 语言中的 34 个运算符却包含了 15 个优先级。

另外，C 语言本身并不包含输入/输出的关键字，C 语言中所有涉及到输入/输出操作的功能都由 C 语言的运行库函数完成。因此从本质上说，C 就是一个基于函数的高级语言，所有的 C 语言程序都是基于函数进行组织的。这一方面使得 C 本身与硬件无关(通过库函数实现输入/输出操作)，另一方面也使得 C 成为非常优秀的结构化语言。

如果问我 C 语言的最大特色是什么，我想应该是指针。指针是 C 语言中最重要、最灵活、最易错，因此也最有争议的语言元素。但是不管你承认与否，如果没有指针，C 也就不成为 C 了(大家称其为 JAVA)。

本章的目的不是为了重复 C 语言入门教材中的内容，而是为了提纲挈领地对 C 语言中这些最重要的基本概念进行系统的梳理与复习。另外，为了保证系统性，在最后一节还将总结一下 C 语言中的预编译处理——事实上，这也是 C 语言的另外一个特色。

2.1 C 语言的关键字

C 语言是一门非常精练的高级语言，ANSI C 标准中一共只有 32 个关键字。我们可以将这些关键字分为 4 组，如表 2-1 所列。

表 2-1 C 语言的关键字

关键字类型	关键字列表
数据类型关键字(12 个)	char、double、enum、float、int、long、short、signed、struct、union、unsigned、void
控制语句关键字(12 个)	break、case、continue、default、do、else、for、goto、if、return、switch、while

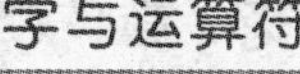

续表 2-1

关键字类型	关键字列表
存储类型关键字(4 个)	auto、register、static、extern
其他关键字(4 个)	Const、sizeof、typedef、volatile

下面我们将按照这 4 个分组对 C 语言的关键字以及相关的语句进行总结。

2.1.1 数据类型关键字

由于 struct、union、enum 这 3 个关键字涉及构建较为复杂的数据结构，我们将在第 5 章中进行详细介绍。其他的数据类型关键字相对比较简单，本小节我们只重点介绍以下 3 个问题。

1. 简单数据类型的位长

由于运行 C 语言的硬件平台千差万别，因此不管是 K&R C 还是 ANSI C 都没有对简单数据类型所应该占用的位长进行严格的约定。K&R C 并没有要求长整型(long)必须比短整型(short)长，只是规定它不得比短整型短。ANSI C 标准加入了新的规范，它对各种整型数的最小允许范围作出了要求，如表 2-2 所列。

表 2-2　ANSI C 中数据类型所允许的最小范围

类　型	ANSI C 标准所允许的最小范围
signed char	−127～127
unsigned char	0～255
signed short	−32 767～32 767
unsigned short	0～65 535
signed int	−32 767～32 767
unsigned int	0～65 535
signed long	−2 147 483 647～2 147 483 647
unsigned long	0～4 294 967 295

按照 ANSI C 的标准，char 数据类型至少是 8 位，short 数据类型最少是 16 位，long 数据类型至少是 32 位，int 类型最少是 16 位，也可以是 32 位。不同的编译器对此的约定可能不同。

另外一个需要注意的问题是所谓的印第安序。我们应该在计算机组成中学习过小印第安序(Little endian，有时也译作小端)和大印第安序(Big endian，有时也译作大端)。Little endian 和 Big endian 是 CPU 存放数据的两种不同顺序。对于整型、长整型等数据类型：Big endian 认为在低地址上存放的是这个整数的高位字节，在高地址上存放的是这个整数的低位字节；而 Little endian 则相反，它认为在低地址上存放的是这个整数的低位字节，在高地址上存放的是整数的高位字节。例如，假设从内存地址 0x0000 开始有以下数据：

0x0000	0x0001	0x00020	x0003
0x12	0x34	0x56	0x78

我们读取一个 0x0000 地址上的 32 位整数变量，若字节序为 Big endian，则读出结果为 0x12345678；若字节序为 Little endian，则读出结果为 0x78563412。如果我们将 0x12345678 写入到以 0x0000 开始的内存中，则 Little endian 和 Big endian 模式的存放结果如表 2－3 所列。

表 2－3　印第安序对数据写入的比较

地　址	0x0000	0x0001	0x0002	0x0003
Big endian	0x12	0x34	0x56	0x78
Little endian	0x78	0x56	0x34	0x12

当我们在不同的处理器之间移植 C 语言程序时，不同的印第安序可能会带来问题，这种情况往往发生在整数类型和字符类型的类型转换时。一般来说，x86 系列 CPU 都是 Little endian 的字节序，PowerPC、68K 系列处理器通常是 Big endian，ARM 系列处理器内部是 Little endian 的字节序，但是可以被配置为访问按照 Big endian 序组织的存储器。我们可以用下面的代码来测试处理器的印第安序。


```
typedef unsigned char BYTE;
int main(void)
{
    unsigned int num, * p;
    p = &num;
    num = 0;
    * (BYTE * )p = 0xff;
    if(num == 0xff)
    {
        printf("The endian of cpu is little\n");
    }else {                                    //num == 0xff000000
        printf("The endian of cpu is big\n");
    }
    return 0;
}
```

2. unsigned 关键字与 signed 关键字

每个简单的数据类型都可以是有符号数或者无符号数，在 C 语言中通过 unsigned 和 signed 两个关键字进行修饰。默认情况下，除了 char 类型外其他的简单数据类型都是 signed 的，也就是有符号数；char 在默认情况下可以是有符号数也可以是无符号数，取决于编译器（当然，大多数编译器都约定 char 是一个有符号数，ARM 的编译器在默认情况下是个例外，该编译器约定 char 是一个无符号数）。在声明一个变量是有符号还是无符号时，程序员需要注意的是该变量的取值范围，尤其是声明一个 char 变量时更要小心，这是因为 signed char 的取值范围为－127～127，在做循环索引时非常容易溢出。请看看下面的程序范例：

```
char i;                        /*在大多数编译器下,i 的取值范围是 - 127～127 */
unsigned int array[255];
……
for(i = 0;i<255;i++)           /*这个循环永远不会退出,因为 i 永远小于 255 */
    array[i] = i;
……
```

然而上面的这段代码在 ARM 编译器的默认情况下却可以正确地运行，因为 ARM 编译器默认情况下 char 的属性是无符号数，其取值范围是 0～255。因此，程序员在编写代码时要非常小心地处理这些情况。

3. void 关键字

void 关键字是在 ANSI C 标准中才引入的新的关键字。void 关键字只有 3 个用途：

① 用来修饰函数的返回值；

② 用来声明函数的入口参数；

③ 用来声明空类型指针。

第一，如果 void 关键字用来修饰函数的返回值类型，则说明该函数没有返回值。默认情况下，如果程序员不写函数的返回值类型，则编译器会认为该函数默认返回值为 int 类型，并且这个返回值是随机的，因此这个值应该被该函数的调用者忽略。为了避免程序员错误地引用这个返回值，ANSI C 标准中引入了 void 返回值类型，如果函数的调用者试图引用该函数的返回值，编译器将报错。请看下面的程序实例：

```
#include <stdio.h>
void main(void)
{
    int i;
    i = func1(3);     /*这行语句没有问题,但是返回值 i 是不确定的 */
    i = func2(i);     /*这行语句编译就有问题了,因为函数 func2()声明为没有返回值 */
    return;
}

func1(int arg)
{
    printf("\n This is in function 1! \n");
    printf("the arg is %d \n", arg);
```

```
    return;        /* 返回一个 int 型整数，但是值是不确定的 */
}

void func2(int arg)
{
    printf("\n This is in function 2! \n");
    printf("the arg is %d \n", arg);
    return; /* 如果返回值被声明为 void，编译器就会强行检查调用者是否引用该返回值 */
}
```

第二，void 关键字如果被用来声明函数的入口参数，表示这个函数没有入口参数，比如上面例子中的 main() 函数的入口参数被声明为 void，其含义是通知编译器该函数没有入口参数。与我们上面介绍的返回值类似，如果一个函数的入口参数没有被声明为 void，那么程序员可以在调用该函数时向这个函数传递任何参数，当然函数将忽略这些传入的参数（在 C＋＋中，不能向无参数的函数传送任何参数，否则编译器会给出错误信息）。

第三，void 关键字用于声明所谓空类型指针 void *，空类型指针的含义是该指针不指向任何类型的数据，仅表示一个内存地址，在需要的时候再对该指针进行强制类型转换，比如内存分配函数的原形就是 void * malloc(int)；表示该函数的入口参数是一个整数，返回值是一个空类型指针，函数的调用者应该对该指针进行强制类型转换后再对该指针进行操作。空类型指针是 C 语言中一个非常灵活的特性，我们将在 2.3.2 小节专门讨论。

注意：void 体现了一种抽象，变量都是“有类型”的，因此程序员无法定义一个 void 类型的变量，如“void a;”这样的声明在编译的时候会被认为是非法的。

2.1.2 控制语句关键字与相关语句

1. if…else…条件判断语句

if…else…条件判断语句一共有 3 种变形。请看下面的代码范例：

```
/* 只有 if 判断没有 else 的情况 */
if(条件判断式)
{
    语句 1;
    语句 2;
}
/* 有 if 条件判断，同时有 else 的情况 */
if(条件判断式)
{
    语句 1;
    语句 2;
```

```
} else {
    语句 3;
    语句 4;
}

/* 有 if 条件判断,同时还有 else if 条件判断和 else 的情况 */
if(条件判断式 1)
{
    语句 1;
    语句 2;
} else if(条件判断式 2) {
    语句 3;
    语句 4;
} else {
    语句 5;
    语句 6;
}/* if(条件判断式 1) */
```


在C程序中,如果不小心多写了一个分号可能不会造成什么严重后果。在大多数情况下编译器会将其看作是不产生任何实际效果的空语句,在将编译器警告级别升到比较高时,可能会产生一条警告信息。但是在if或者while语句之后需要紧跟一条语句时,如果在if语句后多了一个分号,那么原来紧跟在if或while语句之后的语句就变成了一条单独的语句,与原来的条件判断没有任何关系。请看下面的例子:

```
if(x[i]>big);          /* 注意 if 语句后面分号 */
    big = x[i];
```

编译器会正常地接受if语句之后的分号而不会有任何警告信息,因为该语句的语法是完全正确的,编译器会认为if语句之后是一个空语句。这样造成的结果就是不管什么情况,都有“big=x[i];”。

多写一个分号可能会造成麻烦,少写一个同样也有问题,请看下面这个例子:

```
If(n<3)
    return              /* 注意这个地方漏了一个分号! */
logrec.date = x[0];
logrec.time = x[1];
logrec.code = x[2];
```

不幸的是,虽然在return之后漏写了一个分号,但是上面的代码仍然可以顺利通过编译而不会报错,只是将“logrec.date=x[0];”作为了return语句的操作数。上面代码的实际效果相当于:

```
If(n<3)
    return logrec.date = x[0];
```

```
logrec.time = x[1];
logrec.code = x[2];
```

如果这段代码所在的函数声明的返回值是void,则编译器会因为实际返回值的类型与声明返回值的类型不一致而报错。但是,如果一个函数不需要返回值,我们经常在函数声明时省略返回值类型,这时编译器会隐含地将这个函数的返回值类型视作int类型。如果是这样,上面的错误就不会被编译器检测到。在上面的这个例子中,当$n \geqslant 3$时,第一个赋值语句就会被直接跳过,由此造成的错误可能会是一个隐藏很深、极难发现的程序Bug。

2. switch…case…语句

C语言中switch…case…语句的控制流程能够一次通过并执行各个case部分,这一点是C语言的与众不同之处。C语言中switch语句的这种特性,既是它的优势所在,同时也是它的一个隐患。因为程序员很容易就会遗漏各个case部分的break语句,从而造成一些难以理解的程序行为。但是如果程序员有意略去一个break语句,则可以表达出一些采用其他方式很难实现的程序控制结构。我们来看下面的例子,该程序计算程序输入的字符、单词和行的个数。每个字符都必须计数,但空格和制表符同时也许作为单词的终止符使用,所以在数到这些控制字符的时候,字符计数器的值和单词计数器的值必须增加。另外还有换行符,它既是行的终止符,同时也是单词的终止符,所以当出现换行符时,两个计数器都必须增加。

```
switch(ch) {
case '\n':
            lines += 1;
            /* 注意这里没有break语句,程序流程将"漏"下去 */
case ' ':
case '\t':
            words += 1;
            /* 注意这里没有break语句,程序流程将"漏"下去 */
default:
            chars += 1;
}
```

需要说明的是:第一,对于没有break语句的case,好的编程风格是必须加注释说明;第二,每个switch…case…语句都应该有自己的default子句。

如果表达式的值与所有的case子句的值都不匹配,C语言将跳过所有这些语句,程序将接着switch语句后面的第一条有意义的语句运行,程序并不会终止,C语言也不会给出任何提示——因为这种情况在C中并不是一个错误。如果语句中有default子句,那么如果所有的条件都不满足,程序将执行default子句后面的语句。理论上讲,default子句可以出现在switch…case…语句中的任何一个地方,但是通常情况下是将其书写在最后,因为这样可以省却一个break子句。

3. 循环语句与 continue 语句

在 C 语言中，循环语句的构成有 3 种形式，分别是 for 循环、while 循环和 do…while 循环（当然，程序员也可以利用 goto 语句构成循环，但这是过时的写法，现在的 C 程序编码规范一般不允许采用 goto 构建循环）。

for 语句是循环控制结构中使用最广泛的一种循环控制语句，特别适合已知循环次数的情况。它的一般形式为：

for(＜表达式 1＞;＜表达式 2＞;＜表达式 3＞)语句；

for 语句很好地体现了正确表达循环结构应注意的 3 个问题：

表达式 1：一般为赋值表达式，给控制变量赋初值；

表达式 2：关系表达式或逻辑表达式，循环控制条件；

表达式 3：一般为赋值表达式，给控制变量增量或减量。

语句即循环体，当有多条语句时必须使用复合语句。

for 语句的 3 个表达式以及后面所带的语句都是可以省略的，但分号"；"绝对不能省略。下面我们分各种情况进行讨论。

(1) for(;;)语句；

这是一个死循环，一般用条件表达式加 break 语句在循环体内适当位置，一旦条件满足时，用 break 语句跳出 for 循环。例如：在编制菜单控制程序时，可以如下：

```
for(;;)
{
    printf("please input choice( Q = Exit):"); /* 显示菜单 */
    scanf (" %c",&ch) ;
    if((ch=='Q') || (ch=='q')) break;
}
```

(2) for(;表达式 2;表达式 3)语句；

使用条件是：循环控制变量的初值不是已知常量，而是在前面通过计算得到，例如：

```
i = m - n ;
for (;i<k;i++)语句;
```

(3) for(表达式 1;表达式 2;)语句；

一般当循环控制变量非规则变化，而且循环体中有更新控制变量的语句时使用。例如：

```
for(i = 1;i<= 100;)
{
    i = i * 2 + 1;
}
```

(4) for(i=1,j=n;i<j;i++,j--)语句；

在 for 语句中，表达式 1、表达式 3 都可以有一项或多项。如本例中，表达式 1 同时为 i 和 j 赋初值，表达式 3 同时改变 i 和 j 的值。当有不止一项时，各项之间用逗号运算符“,”分隔。

(5) for(表达式 1;表达式 2;表达式 3);

如果所有的工作都可以在表达式 1、表达式 2 和表达式 3 中完成，那么 for 语句后面可以跟上一个空语句，在书写上将是在 for 循环体中没有任何其他语句而是直接以分号结尾。比如下面的这个例子，这段代码在一个单向链表中搜索链表的尾部，循环继续的条件是“index->next !=NULL;”，如果为空则说明我们已经找到了链表的尾部，因此可以退出循环。注意：在书写这样的代码时，由于 for 循环体为空，别忘了在 for 语句后面的分号。

```
/*查找链表的尾部*/
for(index = Header;index->next!= NULL;index = index->next);
……
```

While 语句是“当”型循环控制语句，一般形式为：

while(表达式)语句；

语句部分称为循环体，当需要执行多条语句时，应使用复合语句。其特点是先判断后执行，若条件不成立则有可能一次也不执行。比如下面的消息循环代码：

```
while(!quit){
        ASIXGetMessage(&msg,NULL,0,0);
        switch(msg.message)
        {
            case WM_COMMAND:
                SetWindowText(button,"HAHA",NULL);
                break;
            case WM_QUIT:
                quit = 1;
                break;
        }
        DefWindowProc(msg.message,msg.lparam,msg.data,msg.wparam);
}
```

do...while 语句的一般形式为：

do 语句 while(表达式)

其中语句通常为复合语句，称为循环体。do...while 语句的基本特点是先执行后判断，因此循环体至少被执行一次。

在前面学习 switch 语句时我们已经接触到 break 语句，在 case 子句执行完后，通过 break 语句使控制立即跳出 switch 结构。在循环语句中，break 语句的作用是在循环体中测试到应立即结束循环时，使控制立即跳出循环结构，转而执行循环语句后的语句。

continue 语句只能用于循环结构中。一旦执行了 continue 语句，程序就跳过循环体中位于该语句后的所有语句，提前结束本次循环周期并开始新一轮循环。

4. goto 语句

goto 语句可能是所有高级语言中最富争议的语句了，由于不合理地滥用 goto 语句所带来的便利使得程序的可读性变差，甚至一度使人们希望彻底将 goto 语句在高级语言中禁止使用。幸运的是，在 ANSI C 中最终保留了这个关键字。事实上，只要合理、严格地使用 goto 语句，非但不会使程序的可读性变差，反而会使程序更易于理解，同时也更具有效率。

我总结了一下 goto 语句使用的规则一共有 3 条。如果你的代码满足以下这 3 个条件就可以使用 goto 语句。

① 只能从一个程序块(Block)中 goto 到外面，比如从一个循环中跳出或者是从一个嵌套的 if…else…语句中跳出，严格禁止从一个语句块之外使用 goto 语句跳入。

② 在同一个函数中，如果使用了多处 goto 语句，最好这些 goto 语句的目的地是一致的，比如大家都跳到统一的差错处理程序等。

③ 在使用 goto 语句之前，首先要评估是否有其他的表达方法比 goto 语句更易于别人理解你的程序。

以下程序是从一个图形用户界面的软键盘消息翻译的函数中截取的，在 switch…case…语句的开始。如果用户单击了软键盘的控制区，就会产生一个被称为 ASIX_ICON 的底层消息。函数需要将这个底层消息翻译成图形用户界面的上层消息，因此必须对各种情况进行判断。由于软键盘的情况比较复杂，程序必须考虑到每种可能性，因此在遍历和判断中有比较多的嵌套。另外从效率的角度考虑，一旦我们找到了对应的 ICON，程序要求立刻进行消息翻译，没有必要再一层一层地退出循环与判断，因此采用了“goto msg_translate;”这条语句，事实上采用这个语句非但没有降低代码的可读性，反而使得程序更易于理解，同时又提高了代码的效率。

```
……
switch(msg_type)
    {
    case ASIX_ICON:
    ctrlstr->CtrlIconSelect = 0;
    for(i = 0;i<5;i++)                          /*遍历键盘的控制区按钮*/
    {
        if (areaId == ctrlstr->CtrlIcon[i].icon_id)
        {
            ctrlstr->CtrlIconSelect = CONTROL_ICON;
```

```
                ctrlstr->icon_index = i;
                ctrlstr->icon_areaid = areaId;
                goto msg_translate;      /*用户单击了控制区按钮,直接跳到消息翻译*/
            }
        }

        if (ctrlstr->cur_mode == SHOUXIE)            /*当前状态是手写输入*/
        {
            for (i = 0; i<10; i++)                   /*遍历候选字的活动区*/
            {
            if ( (areaId == ctrlstr->HW_Icon1[i].icon_id)&&(ctrlstr->HW_Icon1
            [i].icon_data!= 0))
              {
                ctrlstr->CtrlIconSelect = HWR_ICON1;
                ctrlstr->icon_index = i;
                ctrlstr->icon_areaid = areaId;
                goto msg_translate;          /*用户单击了候选字,直接跳到消息翻译*/
              }/* 这个花括号与if((areaId == ctrlstr->HW_Icon1[i].icon_id……语句匹配*/
            }/* 这个花括号与 for ( i = 0; i < 10; i++)语句匹配*/
        } else if ( ctrlstr->cur_mode == PINYING ) {  /*当前状态是拼音输入*/
            for (i = 0; i<7; i++)                     /*遍历拼音候选字活动区*/
            {
                if ( (areaId == ctrlstr->PY_Icon[i].icon_id)&&(ctrlstr->PY_Icon
                [i].icon_data!= 0))
                {
                    ctrlstr->CtrlIconSelect = PY_ICON;
                    ctrlstr->icon_index = i;
                    ctrlstr->icon_areaid = areaId;
                    goto msg_translate;
                }
            }
            /*拼音候选字的左翻与右翻活动区.注意不产生消息,所以不用消息翻译*/
            if (areaId == ctrlstr->PY_RightButtonId)
            {
                ctrlstr->CtrlIconSelect = PY_RIGHT;
                ctrlstr->icon_areaid = areaId;
            } else if (areaId == ctrlstr->PY_LeftButtonId) {
                ctrlstr->CtrlIconSelect = PY_LEFT;
                ctrlstr->icon_areaid = areaId;
            }
        } else if (ctrlstr->cur_mode == BOHAO ) {/*当前状态是拨号键盘输入*/
            for (i = 0; i<12; i++)          /*遍历拨号键盘*/
```

```
            {
                if (areaId == ctrlstr->BoHaoIcon[i])
                {
                    ctrlstr->CtrlIconSelect = BH_ICON;
                    ctrlstr->icon_index = i;
                    ctrlstr->icon_areaid = areaId;
                    goto msg_translate;
                }
            } /* 这个花括号与 for(i = 0; i<12; i++)语句匹配 */
        } /* 这个花括号与 if (ctrlstr->cur_mode == SHOUXIE)语句匹配 */

    msg_translate: /* 所有的消息翻译都在这里进行 */
        if (ctrlstr->cur_mode == 0 || ctrlstr->CtrlIconSelect == 0 ) return ASIX_
NO_MSG;
        trans_msg->lparam = ctrlstr->wndid;
        trans_msg->data = (void *)ctrlstr;
        trans_msg->wparam = (U16)WNDCLASS_KEYBD;
        break;
        case ASIX_CHINESE: /* ASIX_HWR: */
        ……
```

2.1.3 存储类型关键字

变量的存储类型是指存储变量值的存储器类型。变量的存储类型决定了变量何时创建、何时销毁以及其值保持多久。在C语言中变量可以存放在3个地方：普通内存、运行时的堆栈、CPU内部的通用寄存器。堆栈当然也是内存，不过相对于普通内存，堆栈往往是用来暂存数据，其内容变化非常频繁，所以我们将普通内存与寄存器并列。在这3个地方存储的变量具有不同的特性。

变量的存储类型首先取决于它的声明位置。凡是在函数外声明的变量都是全局变量（默认情况下全局变量的作用域仅限于声明该变量的C文件中，如果希望在该C文件之外能够访问这个变量，程序员就需要在引用该变量的C文件中使用 extern 关键字对这个变量进行重新声明），编译器在编译过程中将全局变量映射在普通内存中，在程序的整个执行期间该变量始终占用编译器为它分配的内存空间，它始终保持原来的值，直到对这个变量进行赋值操作或是程序结束，所以有时我们也称全局变量是静态的。对于ARM编译器而言，在编译的过程中编译器会生成2个全局变量的“段”：有初值全局变量 RW(Read and Write)段和无初值全局变量 ZI(Zero Initialized，以零初始化)段；链接器则将所有C文件的 RW 段和 ZI 段进行拼接并对其中的全局变量进行重新定位。注意：程序员不能修改全局变量的存储类型，它只能是静态的。

1. auto 关键字

在一个 C 函数内部声明的变量是局部变量，局部变量的作用域仅限于声明该变量的函数内部，对函数外面的代码是不可见的。默认情况下局部变量的存储类型是自动的(Automatic)，也就是说要么这个变量被存储在堆栈中，要么被存储在 CPU 内部的寄存器中。在程序执行到声明自动变量的代码时，自动变量才被创建，当程序的执行流离开该代码段时，这些变量便自动销毁，所以我们可以说自动变量是动态的。auto 关键字可能是现代 C 语言中最没有什么实际用途的关键字了，因为局部变量默认就是自动变量。总之，你可以忘了这个关键字，但是你不应该忘记自动变量的意义以及自动变量是如何保存的。

2. register 关键字

关键字 register 可以用于自动变量的声明。这个关键字提示编译器将 register 关键字修饰的自动变量存储在 CPU 内部的通用寄存器中而不是存储器中，这些变量被称为寄存器变量。由于 CPU 内部硬件寄存器的速度要远远高于外部存储器，因此将这些变量存放在寄存器中将获得更高的访问效率(对于嵌入式系统而言，由于访问 CPU 内部寄存器的功耗要远远小于对外部存储器的访问，因此寄存器变量的使用对于降低功耗也会带来额外的好处)。但是，编译器并不一定遵循程序员的这个建议，如果有太多的自动变量被声明为寄存器变量，则编译器有可能只选取前面的几个存放在寄存器中，其余的将保存在堆栈中；另外，如果一个编译器拥有自己的一套寄存器优化方法，它可能也会忽略 register 关键字，因为编译器决定哪些变量存放在寄存器中可能比程序员的决定更合理。现在商用的编译器往往采用后一种策略，因此程序员在编写程序时完全可以不再使用 register 关键字，将这个优化工作交给编译器去完成。

另一点需要说明的是，如果一个自动变量被编译器分配到 CPU 内部的寄存器存储，对这个变量使用 & 运算符取地址往往是无意义的，因为在许多机器的硬件实现中，并不为寄存器指定与外部存储器统一编址的地址。由于寄存器变量的分配是由编译器自动完成的，程序员在写程序时并不能保证所声明的自动变量会被分配到寄存器，所以不要对自动变量进行取地址操作是最安全的做法。下面的代码在 ARM 编译器中可能会造成 Data Abort。

```
int * test(int * ptr)
{
        int a;
        if (ptr!= NULL)
        {
            a =  * ptr;
            return &a; /* 如果编译器将变量 a 分配在寄存器中，则这个取地址是无效的 */
        }
```

```
    retrun NULL;
}
```

3. static 关键字

static 关键字可能是C语言中比较多义的一个关键字(这也是C语言只有32个关键字的一个小小的坏处,在C语言中有很多关键字或者运算符具有多种含义)。该关键字的含义取决于使用这个关键字的不同上下文。

static 关键字一共有3个不同的用途:

① 如果它用于函数内部的局部变量声明时,static 关键字的作用是改变局部变量的存储类型,从自动变量改为静态变量,也就是说这个局部变量不再存储在堆栈或寄存器中,而是在编译的时候由编译器分配一个静态的地址空间,但是这个变量的作用域不受影响,依然仅局限在声明它的函数内部才可以访问。需要说明的是一旦函数内部的局部变量被声明为 static,这个函数就有可能变得不可重入,这个问题我们将在第6章中进一步说明。

② 如果 static 关键字被用于函数的定义时,这个函数就只能在定义该函数的C文件中引用,该C文件外的代码将无法调用这个函数。

③ 在用于全局变量的声明时,static 关键字的作用类似于函数的情况,这个全局变量的作用域将局限在声明该变量的C文件内部,这个C文件之外的代码将无法访问这个变量(事实上,如果采用指针的方式进行访问是可以的,但是这样就违背了将一个全局变量声明为 static 的初衷了)。

对于函数名和全局变量的 static 声明类似于C++中的 private 关键字。利用 static 关键字可以在C程序中实现类似于C++中封装的概念,将局部的、私有的函数或变量声明为 static,可以屏蔽C文件中的实现细节,降低一个项目中若干个C文件之间的耦合度,为软件的模块化开发、测试、维护、移植提供了便利条件。

4. extern 关键字

默认情况下,C语言中的全局变量和函数的作用域仅限于定义或声明这个函数或变量的C文件内部,如果需要从这个C文件之外访问这些函数或者全局变量就需要使用 extern 关键字。这是因为C编译器是以C文件为单位进行编译的,如果这个C文件中引用了其他文件中定义的函数或变量,编译器将无法找到这个函数或变量的定义,从而给出该函数或变量未定义的错误信息。为了解决这个问题,C语言中采用了 extern 这个关键字。

一般而言,使用 extern 有2种方式:第一种是在C文件中直接声明某个其他文件中定义的函数或全局变量为 extern,从而告诉编译器这个函数或变量是在其他C文件中定义的;第二种是在头文件中声明某个函数或变量为 extern,然后在需要引用该函数或变量的C文件中包含这个头文件。

看看下面的例子。在一个软件项目中共有2个C文件,分别是 file1. c 和 file2.

c。在 file2.c 中定义了函数 int myfunction(int)和全局数组 int a[100];在 file1.c 中的函数 main() 需要调用 myfunction()函数和全局数组 a[]。采用第一种方法的解决办法是:

```
/*以下是 file1.c 的内容*/
extern int a[];                      /*告诉编译器该数组在 file1.c 之外定义*/
extern int myfunction( int );        /*告诉编译器该函数在 file1.c 之外定义*/
int array[100];                      /*定义一个全局数组*/
void main()
{
    int i;
    for (i = 0; i < 100; i++ ) {
        a[ i ] = i;
        array[ i ] = myfunction( a[ i ] );
    }
    return;
}
/*********************************************************************************/
/*以下是 file2.c 的内容*/
int a[100];                          /*定义一个全局数组 a[]*/
int myfunction(int b)
{
    return b*( b - 1 );
}
```


事实上采用上面例子中的方法解决外部函数和变量的引用问题并不是一种好的编程风格,比较好的做法是通过包含头文件的方法来解决这个问题。因为头文件只需要编写一次就可以在其他所有需要引用这些函数或者变量的C文件中被包含,相应地如果函数定义或者变量的定义发生了变化,程序员也只需要修改头文件一个文件就可以了,否则他必须修改所有引用这些外部函数和变量的C文件,这无疑加大了工作量,同时也使得程序的一致性变差。下面的例子给出了采用包含头文件的方法:

```
/*以下是 file1.c 的内容*/
#include "file2.h"                        /*包含头文件 file2.h*/
int array[100];                           /*定义一个全局数组*/
void main()
{
    int i;
    for (i= 0; i < 100; i++ ) {
        a[ i ] = i;
```

```
        array[ i ] = myfunction( a[ i ] );
    }
    return;
}

/*****************************************************************************/
/* 以下是 file2.c 的内容 */
#include "file2.h"
int a[100];                          /* 定义一个全局数组 a[] */
int myfunction(int b)
{
    return b * ( b - 1 );
}

/*****************************************************************************/
/* 以下是 file2.h 的内容 */
#ifndef _FILE2_H
#define _FILE2_H
extern int a[];
extern int myfunction( int );
#endif
```

5. struct 关键字

面对一个大型 C 程序时，只看其中 struct 的使用情况我们就可以对其编写者的编程经验进行评估。因为一个大型的 C 程序，势必要涉及一些(甚至大量)进行数据组合的结构体，这些结构体可以将原本意义属于一个整体的数据组合在一起。从某种程度上来说，会不会用 struct、怎样用 struct 是区别一个开发人员是否具备丰富开发经历的标志。

结构是由若干(可不同类型的)数据项组合而成的复合数据对象，这些数据项称为结构的成分或成员。

(1) 位域

有些信息在存储时，并不需要占用一个完整的字节，而只需占一个或几个二进制位。例如在存放一个开关量时，只有 0 和 1 两种状态，用一个二进制位即可。为了节省存储空间并使处理简便，C 语言又提供了一种数据结构，称为“位域”或“位段”。所谓“位域”是把一个字节中的二进制位划分为几个不同的区域，并说明每个区域的位数。每个域有一个域名，允许在程序中按域名进行操作。这样就可以把几个不同的对象用一个字节的二进制位域来表示。位域的定义和位域变量的说明位域定义与结构定义相仿，其形式为：

```
struct 位域结构名
{ 位域列表 };
```

比如：

```
struct pack {
        unsigned a:2;
        unsigned b:8;
        unsigned c:6;
} pk1, pk2;
```

结构变量 pk1 或者 pk2 的 3 个成员将总共占用 16 位存储，其中 a 占用 2 位，b 占用 8 位，c 占用 6 位。

注意：一个位域必须存储在同一个字节中，不能跨 2 个字节。当 1 个字节所剩空间不够存放另一位域时，应从下一单元起存放该位域。也可以有意使某位域从下一单元开始。例如：

```
struct bs
{
unsigned a:4
unsigned :0      /*空域*/
unsigned b:4     /*从下一单元开始存放*/
unsigned c:4
}
```

在这个位域定义中：a 占第一字节的 4 位，后 4 位填 0 表示不使用；b 从第二字节开始，占用 4 位；c 占用 4 位。另外，由于位域不允许跨 2 个字节，因此位域的长度不能大于 1 个字节的长度，也就是说不能超过 8 位二进制位。

(2) 结构体内部的成员的对齐

在计算结构体长度（尤其是用 sizeof）时，需要注意根据不同的编译器和处理器，结构体内部的成员有不同的对齐方式，这会引起结构体长度的不确定性。

```
#include <stdio.h>
struct a{ char a1; char a2; char a3; }A;
struct b{ short a2; char a1; }B;
void main(void)
{
    printf("%d,%d,%d,%d", sizeof(char), sizeof(short), sizeof(A), sizeof(B));
}
```

在 Turbo C 2.0 中结果都是：

```
1,2,3,3
```

在 VC6.0 中是：

```
1,2,3,4
```

字节对齐的细节和编译器实现相关，但一般而言应满足以下3个准则：

① 结构体变量的首地址能够被其最宽基本类型成员的大小所整除；

② 结构体每个成员相对于结构首地址的偏移量(offset)都是成员大小的整数倍，如有需要编译器会在成员之间加上填充字节(internal adding)；

③ 结构体的总大小为结构体最宽基本类型成员大小的整数倍，如有需要编译器会在最末一个成员之后加上填充字节(trailing padding)。

对于上面的准则，有2点需要说明：

① 结构体某个成员相对于结构体首地址的偏移量可以通过宏 offsetof()来获得，这个宏也在 stddef.h 中定义如下：

#define offsetof(s,m) (size_t)&(((s *)0)->m)

② 基本类型是指前面提到的如 char、short、int、float、double 这样的内置数据类型，这里所说的"数据宽度"就是指其 sizeof 的大小。由于结构体的成员可以是复合类型，比如另外一个结构体，所以在寻找最宽基本类型成员时，应当包括复合类型成员的子成员，而不是把复合成员看成是一个整体。但在确定复合类型成员的偏移位置时则是将复合类型作为整体看待。

6. union 关键字

在一个结构(变量)里，结构的各成员顺序排列存储，每个成员都有自己独立的存储位置。联合变量的所有成员共享同一片存储区。因此，一个联合变量在每个时刻里只能保存它的某一个成员的值。

联合变量也可以在定义时直接进行初始化，但这个初始化只能对第一个成员进行。例如下面的描述定义了一个联合变量，并进行了初始化：

```
union data
{
    char n;
    float f;
};
union data u1 = {3};            //只有 u1.n 被初始化
```

还记得第2章中关于印第安序的介绍吗？除了采用我们介绍的方法来判断 CPU 的印第安序外，还可以利用联合体的特点编写更加精练的代码：

```
int checkCPU()
{
    union w
    {
        int a;
        char b;
    } c;
```

```
    c.a = 1;
    return (c.b == 1);
}
```

同样的道理，在 Linux 中给出了更加精练的实现。如果宏 ENDIANNESS='l'表示系统为 little endian，为'b'表示 big endian。

```
static union
{
    char c[4];
    unsigned long l;
} endian_test = { { 'l', '?', '?', 'b' } };

#define ENDIANNESS ((char)endian_test.l)
```

7. enum 关键字

枚举是一种用于定义一组命名常量的机制，以这种方式定义的常量一般称为枚举常量。一个枚举说明不但引进了一组常量名，同时也为每个常量确定了一个整数值。默认情况下其第一个常量自动给值 0，随后的常量值顺序递增。

(1) 给枚举常量指定特定值

与给变量指定初始值的形式类似。如果给某个枚举量指定了值，跟随其后的没有指定值的枚举常量也将跟着顺序递增取值，直到下一个有指定值的常量为止。例如写出下面枚举说明：

```
enum color {RED = 1, GREEN, BLUE, WHITE = 11, GREY, BLACK= 15};
```

这时，RED、GREENBLUE 的值将分别是 1、2、3，WHITE、GREY 的值将分别是 11、12，而 BLACK 的值是 15。

(2) 用枚举常量作为数组长度

```
typedef enum{WHITE, RED, BLUE, YELLOW, BLACK, COLOR_NUM
        }COLOR;
... ...
float BallSize[COLOR_NUM];
```

上例中当颜色数量发生变化时，只需在枚举类型定义中加入或删去颜色。无须修改 COLOR_NUM 的定义，与大量使用 # define 相比既简洁又可靠。如：

```
typedef enum{ WHITE, RED, BLUE,COLOR_NUM }COLOR;
```

2.1.4 其他类型关键字

1. const 关键字

ANSI C 中允许程序员利用 const 关键字声明一个变量是“只读”的，在 C 语言中这意味着这个变量的值不能改变(也就是说，这是一个不能改变的变量，这有点矛盾，但确实准确地描述了这个关键字的本意)。所以,我在这里只说是"只读"的变量,而没有用"常量"这个容易引起混淆的说法。下面的这个例子可以说明这一点:

```
int const a = 20;
/* 下面这个声明有语法错误,因为 a 是一个变量,在编译的时候变量 a 的值是不确定的 */
int array[a];
```

正如我们前面说的,如果一个变量的值是只读的,那么被 const 关键字修饰的变量的值是如何获得的呢? 有以下两种情况:

① 在声明"只读"变量的时候,对这个变量赋初值,如:int const a = 20;

② 如果 const 关键字被用于修饰函数的形参,在函数调用的时候会得到实参的值。

当涉及到指针变量时,情况会变得更加复杂一些:是指针变量本身是只读的,还是指针所指向的值是只读的? 请看下面的例子:

```
const int a;
int const a;
const int *a;
int * const a;
int const * const a;
```

第一行和第二行的含义是一样的,都是声明整数变量 a 是只读的,你可以选择你认为比较好理解的方式进行编写。第三行是声明一个指向整数的指针变量 a,这个指针的值是可以改变的,但是这个指针所指向的整数值(*a)是不可以改变的。第四行是声明一个指向整数的指针变量 a,这个指针的值是只读的,但是这个指针所指向的整数值(*a)却是可以改变的;第五行的意思是声明一个指针变量 a,不管是这个指针变量的值还是指针变量所指向的整数值都是只读的,是不可改变的。

虽然 const 关键字没有在本质上改变一个变量的属性(因为编译器会依然将这个变量像普通变量一样进行处理),但是 const 关键字还是有其存在的意义的:

① 关键字 const 的作用是为给读代码的人传达非常有用的信息,实际上声明一个参数为常量是为了告诉用户这个参数的应用目的。

② 通过给编译器的优化器一些附加的信息,使用关键字 const 也许能产生更紧凑的代码。比如,很多嵌入式微处理器的编译器在处理 const 关键字修饰的变量时,往往会将这些变量的地址分配在 ROM 的地址空间(比如 68000 的编译器会专门有一个数据段被称为 const 段,被声明为 const 的变量都会被分配到这个段中)。

③ 合理地使用关键字 const 可以使编译器很自然地保护那些不希望被改变的参数,防止其被无意的代码修改。当程序员不经意修改这些变量时,编译器会通过报错来提醒程序员,简而言之,这样可以减少 bug 的出现。

总结一下 const 关键字的作用:

➢ 欲阻止一个变量被改变,可以使用 const 关键字。在定义该 const 变量时,通常需要对它进行初始化，因为以后就没有机会再去改变它了。

- 对指针来说，可以指定指针本身为 const，也可以指定指针所指的数据为 const，或二者同时指定为 const。
- 在一个函数声明中，const 可以修饰形参，表明它是一个输入参数，在函数内部不能改变其值。

2. sizeof 关键字

sizeof 是 C 语言中的一个关键字。许多程序员以为 sizeof 是一个函数，而实际上它是一个关键字，同时也是一个操作符，不过其使用方式看起来的确太像一个函数了。语句 sizeof(int)就可以说明 sizeof 的确不是一个函数，因为函数接纳形参(一个变量)，没有哪个 C 函数接纳一个数据类型(如 int)为"形参"。sizeof 关键字的作用就是返回一个对象或者类型所占的内存字节数。sizeof 有 3 种使用形式，如下：

```
sizeof( var );                    /* sizeof( 变量 ); */
sizeof( type_name );              /* sizeof( 类型 ); */
sizeof var;                       /* sizeof 变量; */
```

数组的 sizeof 值等于数组所占用的内存字节数，请看下面的例子：

```
char * ss = "0123456789";

sizeof(ss);                       /* 结果 4 ，ss 是指向字符串常量的字符指针 */
sizeof( * ss);                    /* 结果 1 ，* ss 是第一个字符 */

char ss[] = "0123456789";
sizeof(ss);                       /* 结果 11 ，计算到'\0'位置，因此是 10 + 1 */
sizeof( * ss);                    /* 结果 1 ， * ss 是第一个字符 */
char ss[100] = "0123456789";
sizeof(ss);                       /* 结果 100 ，表示在内存中的大小 100×1 */
strlen(ss);                       /* 结果 10 ，strlen 是到'\0'为止之前的长度 */

int ss[100] = "0123456789";
sizeof(ss);                       /* 结果 400 ，ss 表示在内存中的大小 100×4 */
strlen(ss);                       /* 错误，strlen 的参数只能是 char * 且必须以'\0'结尾 */
```

3. typedef 关键字

C 语言支持通过 typedef 关键字定义新的数据类型。typedef 声明的写法与普通的声明基本相同，只需要把 typedef 这个关键字写在声明的前面。例如这个声明："char * ptr_to_char;" 把变量 ptr_to_char 声明为一个指向 char 类型的指针。如果我们在这个声明前面添加 typedef 关键字："typedef char * ptr_to_char;"这个声明把标志符 ptr_to_char 作为指向 char 类型的指针类型的新名字。在此之后，程序员可以像声明其他变量一样用这个新名字来声明一个指向 char 类型的指针变量，比如："ptr_to_char - a;" 的含义是声明一个指向 char 类型的指针变量 a。

使用typedef来定义程序员自己的新数据类型有3个好处:第一,使用typedef定义类型可以避免使声明变得非常长;第二,如果程序员需要在以后修改程序中所使用的一些数据的类型时,只需要修改一个typedef声明就可以了,这比在程序中一个变量、一个变量的修改要容易得多,而且也避免漏掉某个变量声明的风险;第三,对于需要在不同处理器之间进行移植的代码,通过typedef也可以增加代码的可移植性。请看下面的例子:

```
typedef usigned short U16;
typedef unsigned int U32;

/* 如果移植到 int 为 16 位的机器,则只须修改这个定义即可,如下面的定义 */
//typedef unsigned long U32;
typedef void *          P_VOID;

typedef struct message_body
{
    U16         messageType;
    U16         message;
    U32         lparam;
    P_VOID      data;
    U16         wparam;
    U16         reserved;
} MSG, * PMSG;

PMSG MessagePtr;                                  /* 定义一个指向消息结构的指针 */

MessagePtr = (PMSG)malloc( sizeof(MSG) );  /* 申请一块内存空间用来存放消息 */

/* 如果不用上面的方式,就得采用下面的方法申请存储器 */
/* 显然采用以下方式,语句的长度会变得很长,程序的可读性变差 */
//MessagePtr = (struct message_body *)malloc( sizeof (struct message_body) );
```

注意:好的编程风格推荐程序员使用typedef关键字而不是#define宏来定义新的数据类型,这其中的一个原因是#define宏无法正确地处理指针类型。比如:

```
#define d_ptr_to_char  char *
d_ptr_to_char  a, b;
```

正确地声明了变量a为一个指向char类型的指针变量,但是变量b却被声明为一个char类型的整数。在定义更为复杂的类型(比如函数指针或指向数组的指针)时,使用typedef关键字更为合适。

4. volatile 关键字

一个定义为volatile的变量可能会被意想不到地改变,这样编译器就不会去假设这个变量的值了。精确地说就是,优化器在用到这个变量时必须每次都小心地重新读取这个变量的值,而不是使用保存在寄存器里的备份。下面是volatile变量的几个例子：

① 并行设备的硬件寄存器(如状态寄存器)；

② 一个中断服务子程序中会访问到的非自动变量(Non-automatic variables)；

③ 多线程应用中被几个任务共享的变量。

请看下面几个问题：

① 一个参数既可以是 const 也可以是 volatile 吗？请解释为什么。

② 一个指针可以是 volatile 吗？请解释为什么。

③ 下面的函数有什么错误：

```
int square(volatile int * ptr)
{
  return * ptr * * ptr;
}
```

下面是答案：

① 是的。一个例子是只读的状态寄存器。它是 volatile,因为它可能被意想不到地改变。它是 const,因为程序不应该试图去修改它。

② 是的,尽管这并不很常见。例如当一个中断服务子程序修改一个指向 buffer 的指针时。

③ 这段代码有个恶作剧。这段代码的目的是用来返指针 ptr 指向值的平方,但由于 ptr 指向一个 volatile 型参数,编译器将产生类似下面的代码：

```
int square(volatile int * ptr)
{
    int a,b;
    a= * ptr;
    b= * ptr;
    return a * b;
}
```

由于 ptr 的值可能会被意想不到地该变,因此 a 和 b 可能是不同的。结果,这段代码可能返回的不是你所期望的平方值！正确的代码如下：

```
long square(volatile int * ptr)
{
    int a;
    a= * ptr;
    return a * a;
}
```

2.2　C 语言的运算符

C 语言一共有 34 个运算符,我们可以按照这些运算符的功能将它们分类,如

表2-5所列。

表2-5 C语言的运算符

运算符的分类	运算符	单目/双目/三目	说 明
算术运算符	+、-、*、/、%、-(取负运算符)	除了取负运算符是单目外，其他为双目	虽然减法运算符和取负运算符在形式上是一样的，但却是不同的运算符，它们的优先级不一样
关系运算符	>、<、==、>=、<=、!=	双目	
逻辑运算符	!、&&、||	! 单目	
		&&||双目	
位运算符	<<、>>、~、|、^、&	~ 单目其他双目	
赋值运算符	=	双目	
条件运算符	?:	三目	
指针运算符	*、&	单目	注意：它们作为双目运算符时的含义是截然不同的
逗号运算符	,	双目	
求字节数	sizeof	单目	sizeof是关键字，在编译器内部将其看作运算符
类型转换	(类型名)	单目	在C语言中将类型转换也看作运算符
分量运算符	.、->	双目	
下标运算符	[]	单目	
自增自减	++、--	单目	
函数调用	()	单目	

关于C语言中各个运算符的作用和语法，读者可以在任何一本C语言教材中找到相应的参考，这里不再赘述。本节只讨论几个平时大家比较容易忽略的内容，比如几个容易搞错或者似是而非的运算符、C语言运算符的优先级问题以及与运算符相关的词法分析问题。

2.2.1 运算符中需要注意的问题

1. 移位运算符

关于移位运算符需要说明两个问题。一般而言，在C语言中不管是左移运算符"<<"还是右移运算符">>"都是对被操作数进行逻辑移位，也就是说不管被操作数是有符号数还是无符号数，在进行右移操作时都以零对移出位进行填充，这一点与机器指令中的算术右移指令的实现是不一样的。然而任何事情都有例外，某些编译器在处理有符号数右移是对移出位以符号位填充。因此，程序员在对有符号数进行右移操作时，应该注意所使用编译器在这个问题上的约定。在这个问题上的不同处理可能会带来移植上的问题，程序员需要格外注意。

另外，即使某个 C 语言的编译器将符号位填充到移出位，有符号整数右移操作也并不等同于除以 2 的某次幂。比如(－1) ＞＞ 1，这个表达式的结果一般不可能为 0；但是(－1)/2 在大多数 C 编译器中的结果都是 0。

关于移位运算符的第二个问题是移位运算符的移位计数的合法取值范围。C 语言规定如果被移位数是 N 位(比如，被移位数是一个 32 位整数)，那么移位计数的合法取值是大于或等于零，并且小于 N。总之，被移位数不能在一条语句中将所有的位全部移出，这样做的目的是为了能够在硬件上高效地实现移位运算。比如对于一个 32 位整数 n，n＜＜ 31 和 n＜＜0 是合法的，但 n＜＜ 32 或者 n＜＜ －1 就是非法的。事实上在某些编译器中，负数的移位值是允许的，比如左移－1 就是左移 31 位等。总之，对于移位运算符，程序员应该尽量避免使用这些与编译器相关的特性，这会使程序不具有移植性。

2. 复合赋值运算符

在 C 语言中允许将一些运算符与赋值运算符复合使用：

＋＝	－＝	*＝	/＝	%＝
＜＜＝	＞＞＝	&＝	^＝	|＝

下面以＋＝为例介绍复合赋值运算符的作用，其他复合赋值运算符的功能与此基本一致。复合赋值运算符的语法是：

a ＋＝ 表达式

在逻辑上，上面这个表达式的意思是：

a ＝ a ＋ (表达式)

注意：在表达式两边的括号是不可省略的，它们可以确保这个表达式在执行加法前已经被完整求值(要知道加法运算符的优先级是很高的)。另外，赋值运算符左边的 a 在使用复合赋值运算符时只计算一次，因此编译器有可能会产生更高效的代码。当然，对于简单的表达式而言，不管程序员采用简单的赋值运算符还是复合赋值运算符，现在的商用编译器都会做好优化，这两者间的区别不大。

采用复合赋值运算符的另一个优点是使代码更容易阅读和书写，比如以下这段代码：

```
array[b + myfunction(i)] = array[b + myfunction(i)] + 8;
array[b + myfunction(i)] += 8;
```

对于第一种写法，不管是程序员自己还是阅读程序的人都要非常小心地比较赋值等号两边的 array[]数组是否是同一个元素。另外，由于数组下标中引用了函数 myfunction()，编译器必须保守地在左边调用一次该函数以计算下标值，在等号的右边还得调用一次该函数，重新计算下标值。而对于第二种写法，程序员只需要录入一次 array[b + myfunction(i)]就可以了，而且对 myfunction()函数的调用只有一次。

3. 逗号运算符

不管你相信与否，逗号确实是合法的 C 运算符。逗号运算符的作用是将 2 个或多个表达式分隔开。这些表达式自左向右依次求值，整个逗号表达式的值是最后(也就是最右边的)那个表达式的值。比如：

```
If (a + 3, b / 2, c >= 0)
```

事实上，上述表达式的最终值仅仅取决于 c 是否大于或等于零。虽然在上面的例子中，前面两个表达式 a+3 和 b/2 没有实际的意义，它们的值将被忽略，但是逗号运算符在某些情况下还是有作用的。请看下面的两个例子：

```
/* 在 for 循环中，我们往往需要在完成一次循环后，进行一些重新赋值的操作。
   利用逗号运算符可以非常方便地将多个操作写在一行语句中 */
for(p = q->s.ptr; ; q = p, p = p->s.ptr){
    ......
}
a = get_value();
count_value( a );            /* 计算 a 的初值 */
while( a > 0 ) {             /* 比较 a 的值 */
    ......
    a = get_value();
    count_value( a );        /* 每次循环的最后，我们重新计算 a 的值 */
}
/* 如果采用逗号运算符，我们可以在 while 表达式中只书写一次 */
while (a = get_val(), count_value( a ), a > 0) {
    ......
}
```

合理地使用逗号运算符可以使源程序更易于维护。但是，在使用逗号运算符之前，程序员应该评估使用这个运算符是否真的能够使程序更易于阅读和理解，应该避免为了使程序看起来更有特色而滥用逗号运算符。比如下面这个例子：

```
while ( x < 10 )
    b+ =x,
    x+ =1;
```

请读者注意在 b += x 表达式后面是逗号而不是分号，这样写代码可以使程序员避免花括号。但是读程序的人很容易忽略逗号和分号的区别，从而造成对程序理解的困难，因此我们应该尽量避免这样的用法。

4. 条件运算符

条件运算符是 C 语言运算符中唯一的三目运算符。条件运算符有 3 个操作数，它的用法是：

表达式 1? 表达式 2:表达式 3

条件运算符的优先级非常低(仅比赋值运算符和逗号运算符要高)，因此作为各个操作数的表达式一般不需要加括号。C 语言首先计算表达式 1，如果这个表达式的值为真(非零)，那么整个条件运算符表达式的值就是表达式 2 的值，否则整个表达式的值就是表达式 3 的值。请看下面的例子：

```
If ( a > 5)
     b[2 * c + e / 5] = 3;
else
     b[2 * c + e / 5] = -20;
/* 我们可以将上面的语句通过条件运算符加以简化 */
/* 注意:不用担心数组 b 的赋值运算符,因为赋值运算符的优先级比条件运算符低 */
b[2 * c + e / 5] = a > 5 ? 3 : -20;
```

采用条件运算符一方面可以使程序的书写更简洁，另一方面条件运算符可能会产生更小的目标代码。但是请读者注意不要滥用条件运算符，因为这不仅会使程序变得晦涩难懂，而且未必能使程序的效率更高。请看下面这段代码：

```
void * memmove(void * pvTo,void * pv From,size_t size)
{
    byte * pbTo = (byte *)pvTo;
    byte * pbFrom = (byte *)pvFrom;
    (pbTo < pbFrom)? (tailmove:headmove)(pbTo,pbFrom,size);
    return (pvTo);
}
```

上面的代码似乎不是合法的 C 程序，但它确实是！通过条件运算符，程序可以调用不同的函数以处理不同的情况，虽然代码更加简洁了，而且事实上这样的代码的编译效率要比采用条件判断的语句要高，但是很多人在初看到这样的代码时都会有一种莫名其妙的感觉。因此我们强烈推荐的写法还是传统的判断语句的实现：

```
void * memmove(void * pvTo,void * pvFrom,size_t size)
{
    byte * pbTo = (byte *)pvTo;
    byte * pbFrom = (byte * ) pvFrom;
    if(pvTo < pbFrom)
         tailmove(pbTo,pbFrom,size);
    else
         headmove(pbTo,pbFrom,size);
```

```
    return (pbTo);
}
```


2.2.2　运算符的优先级

在 C 语言中，运算符的优先级问题是比较难以掌握的，也是程序员容易犯错的地方（这其中一个很重要的原因是 C 语言的 34 个运算符的优先级竟然多达 15 级）。表 2-6 给出了 C 语言运算符的优先级（由上至下，优先级依次递减）。

表 2-6　C 语言运算符的优先级

运算符	说　明	结合性
()、[]、->、.	特殊的运算符	自左向右
!、~、++、--、- (类型名) *、&、sizeof	单目运算符	自右向左
*、/、%	双目算术运算符	自左向右
+、-	双目算术运算符	自左向右
<<、>>	双目移位运算符	自左向右
<、<=、>、>=	双目关系运算符	自左向右
==、!=	双目关系运算符	自左向右
&	双目位与	自左向右
^	双目位异或	自左向右
|	双目位或	自左向右
&&	双目逻辑运算符	自左向右
||	双目逻辑运算符	自左向右
?:	三目运算符	自右向左
=	双目运算符	自右向左
,	双目运算符	自左向右

优先级最高的其实不能算是真正意义上的运算符，这些运算符一共有 4 个：数组下标“[]”、函数调用“()”以及结构成员运算符“->”和“.”。这 4 个运算符都是自左到右的结合，因此 a.b.c 的含义是(a.b).c，而不是 a.(b.c)。

比上述 4 个运算符优先级低的运算符是单目运算符。在所有真正意义上的运算符中，它们具有最高的优先级。现在大家可以理解函数指针的声明为什么要写成“(*fp)();”这样的形式了，这是因为函数调用运算符的优先级高于取内容运算符“*”。如果我们把函数指针的声明写成“*fp();”的话，编译器就会把这个表达式理解为*(fp())。单目运算符是自右向左结合的，所以*p++会被编译器理解为*(p++)，也就是先取 p 指针所指向的内容，然后指针 p 加 1；编译器不会将其理解为

(＊p)＋＋,也就是先取p所指向的内容,然后这个内容再加1。

双目运算符的优先级比单目运算符的优先级低,在这其中算术运算符的优先级最高,移位运算符次之,关系运算符再次之,接着是逻辑运算符、赋值运算符(条件运算符的优先级比赋值运算符要高)。这里面比较复杂的可能是介于关系运算符和逻辑运算符优先级之间的按位操作运算符的优先级,按位与"&"、按位异或"^"、按位或"|"的优先级依次递减。

注意: 两个相邻运算符的执行顺序首先由它们的优先级决定,如果优先级相同,则其执行顺序由它们的结合性决定。除此之外,编译器可以自由决定使用任何顺序来对表达式进行求值(当然,自由决定运算顺序的前提是不影响运算的正确结果),只要它不违背逗号、&&、||、和?:运算符所施加的限制。比如下面的例子:

```
int a, b, c, d, e, f, g;
g = a * b + c * d + e * f;
```

如果按照运算符的优先级,编译器首先要计算所有的乘法(a ＊ b)、(c ＊ d)和(e ＊ f),然后再将乘法的结果依照((a＊b) ＋ (c ＊ d)) ＋ (e ＊ f)的顺序自左而右地对整个表达式求值,最后将赋值运算符右边表达式求值的结果赋给变量g。实际上,编译器在不影响运算结果正确性的前提下,可以有更自由的求值顺序,比如:可以先计算(a ＊ b)和(c ＊ d)的值,然后计算(a ＊ b) ＋ (c ＊ d)的值,接着计算(e ＊ f),最后再将结果和前面的值进行加法运算。

由于表达式的求值顺序并非完全由运算符的优先级决定,因此像下面这样的代码是非常危险的:

```
int c;
c = c + --c;
```

在上面的代码中,运算符的优先级要求首先应该计算自减运算,然后再进行加法运算,但是我们并没有办法得知加法运算符的左操作数和右操作数哪一个应该被先求值。＋号两边的表达式c和 －－c谁先被求值,其结果是不同的。C语言标准认为这样的表达式是没有定义的,但是不同的编译器都会给出各不相同的结果,甚至不同的编译优化选项所得到的结果都不相同,而且这些结果到底哪个算是正确答案并无标准。因此,程序员必须尽可能避免在代码中书写此类表达式。

其实,如果记不清楚C语言中这些运算符的优先级,最好的解决办法就是采用加括号的办法来解决。这样做的好处是在程序员写代码的时候不用挖空心思地去记优先级,对于读代码的人而言也相对容易一些。因此,好的代码风格应该是鼓励程序员写括号,降低对写代码和读代码的人的要求。

2.2.3 表达式求值

在C语言的表达式中,如果一个运算符的各个操作数的类型不同,那么编译器就必须进行隐含的数据类型转换。问题的关键是应该如何转换，请看下面的例子：

```
void foo(void)
{
    unsigned int a = 6;
    int b = -20;
    (a + b > 6) ? printf("> 6\n") : printf("<= 6\n");
}
```

上面代码的输出是“>6”，这是因为编译器会将有符号整数 b 转换成为一个无符号数，那么 a + b 的结果当然是大于 6 的。C 语言按照一定的规则（通常被称为正常算术转换，即 Usual Arithmetic Conversion）来进行此类转换。这种转换的顺序是：

double > float > unsigned long > long > unsigned int > int

也就是说，如果表达式中有一个操作数的类型排名比较靠后，那么首先应该将这个操作数转换成更靠前的那个类型再进行运算。比如上面的例子，两个操作数一个是 unsigned int a，另一个是 int b，那么编译器会首先将 b 转换成为更高的那个类型，在本例中是 unsigned int。

避免这种隐式数据类型转换的方法有两个：第一，尽可能避免将两个不同类型的数进行运算；第二，如果程序要求必须这样做，那么程序员最好在程序书写时显式地进行类型转换。比如在上面的例子中可以写成 a+(unsigned int)b 或者(int)a+b 。注意：这两种写法的结果是不同的。

另一个与类型相关的问题是关于类型所能表示最大数的问题。请看下面这段代码：

```
int a = 5000;
int b = 50;
long c = a * b;
```

上面的这段代码中隐含了一个潜在的问题，请注意“a * b”这个表达式的运算是以 int 类型来进行的（因为 a 和 b 都是 int 类型），如果 int 类型是 32 位的，那么这段代码没有问题。但如果 int 类型是 16 位的（这对于 16 位 CPU 是非常正常的），那么“a * b”的结果已经超出了 int 所能表达的最大值而溢出，这时对 long 类型的 c 而言被赋予的初值就是错误的。解决这个问题的办法可以是“long c = (long)a * b;”，当然写成“long c = (long)a * (long)b;”也是可以的（虽然不是必须的，原因是什么？请读者想想看）。

2.2.4　运算符的词法分析

首先让我们来看看下列代码的意思是什么？

```
……
int a = 3, b = 4;
int c, y, *p;
c = a+++b;              /* +++之间没有空格 */
p = &a;
y = c/*p;               /* 这个表达式是什么意思? */
```

对于这段代码似乎会引起歧义,因为我们可以将"c = a+++b;"理解为"c = (a++) + b;",也可以理解为"c = a + (++b);"。到底哪种理解是正确的呢?对于"y = c/*p;"这个表达式,到底是将其理解为 y = c/(*p)呢?还是 y = c(也就是认为 /* 是一个注释的开始标志,当然如果将/*理解为注释的开始,这个表达式本身是有语法错误的,因为没有分号作为语句的结束)?这得从C语言的词法分析说起。

在C语言编译器中有"Token"这样一个概念,我们可以理解 Token 的意思类似于人类自然语言中的"词",它的作用相当于一个句子中的单词,是程序语义的一个基本信息单元。需要注意的是,组成 Token 的字符序列在某个上下文环境中属于一个 Token,而在另外一个上下文环境中可能属于完全不同的另外一个 Token。编译器中负责将程序分解为一个个符号的功能模块一般被称为"词法分析器"。

C语言的某些 Token(比如/、*、=等)只有一个字符长,称为单字符 Token。而C语言中的其他一些 Token(比如 /*、!=、&& 等)以及关键字、函数名、数组名、变量名包含了多个字符,称为多字符 Token。当C编译器的词法分析器在对于字符"!"后又跟了一个字符"=",那么编译器就需要判断是将这两个分别作为独立的 Token 处理还是合起来作为一个 Token 处理。C语言在处理这个问题时的解决方案(这也是 ANSI C 标准要求的)归结为这样一个规则:每一个 Token 应该包含尽可能多的字符。这也就是说词法分析器将程序分解为 Token 的方法时,从左到右一个字符一个字符地读入,如果该字符可能组成一个 Token,那么再读入下一个字符,判断已读入的两个字符组成的字符串是否能够组成新的 Token 或 Token 的一部分,如果可能则继续读下一个字符并重复上面的判断,直到读入的字符串已不再可能构成一个有意义的 Token。这种处理方法被称为"贪婪算法"。另外一点需要说明的是,除了字符串与字符串常量,Token 的中间是不能有空白的,比如空格字符、制表符和换行符。因此,当我们考虑这个限制时就会明白"y= c/*p;"中的"/*"无论上下文如何,这两个字符都会被词法分析器判断为一个 Token,也就是表示一段注释的开始。

到这里,我们对于"c = a+++b;"表达式应该有一个清晰的认识了,显然"c"、"="、"a"是3个独立的 Token,当编译器读入第一个"+"时,这是一个新的 Token,于是编译器会读入第二个"+"并与第一个"+"构成一个新的 Token 即"++",于是编译器会再尝试读入第三个"+"与前面的"++"合并,但显然"+++"不是一个合法的 Token，所以第三个“＋”是一个独立的 Token。所以对于上面的这个表达式正确的理解应该是“c = (a++) + b;”。

需要说明的是，虽然 ANSI C 要求所有符合该标准的 C 编译器都应该正确地编译“c = a+++b;”这样的表达式写法，但我们不推荐读者在实际的软件项目中编写类似的代码，因为这样的代码除了哗众取宠之外只会使程序的可读性变差。

2.3 C 语言的指针

如果你爱编程，你就应该爱 C 语言；如果你爱 C 语言，你就应该爱指针；如果你爱指针，你就应该爱函数指针。指针也许是 C 语言中最有魅力同时又是最具争议的元素，它是天使与魔鬼的统一体，正因为 C 语言对指针的灵活支持（至少这是一个非常重要的原因），C 语言几乎是编写系统软件（包括操作系统、编译器等软件）的首选语言；但也正是因为指针的灵活性以至于到了危险的地步，所以在 JAVA 语言中甚至干脆摒弃了指针的概念。无论如何，要学习 C 语言就势必要涉及指针，因此我们将在这一节中帮大家复习和总结一下 C 语言中指针的基本知识，包括指针的要素、类型、初始化以及运算。

我们将在第 5 章中进一步讨论指针的高级内容，包括指针与数组的关系、函数指针等内容，并且以工程实例的方式向读者介绍指针在 C 语言编程中的具体应用。

2.3.1 指针的 3 个要素

正如我们在前面强调的：理解 C 语言的关键是真正理解存储器。因为在一个冯·诺伊曼计算机中，程序和数据都是存放在存储器中的，所有的代码和数据结构都是存放在存储器中的“0”和“1”，就物理层而言这些比特没有本质的区别，他们都是计算机系统中保存的信息。

现代计算机系统一般采用线性编址的方式来组织存储器，通常程序员可寻址的最小单位是字节（也就是连续的 8 个比特），由字节可以组成短整数、整数、结构等更为复杂的存储单元。每一个存储单元都有 2 个属性，一是存储器里面存放的内容，二是这个存储单元的地址。这个存储单元的内容可以是代码，也可以是数据，甚至是另一个存储单元的地址（事实上，地址也是数据。只是因为地址的特殊性，我们将其单独列出），这时我们称这个存储单元里存放的是一个指针，而这个存储单元本身往往被称为指针变量。因此，指针的本质是一个地址，而指针变量就是存放这个地址的存储单元（这个地址也得保存在存储器的某个单元中）。关于指针和指针变量有以下 2 点需要注意：

① C 语言中没有真正的“常量”这个概念，使用 const 关键修饰的严格意义上应该被称为“只读”的变量，而采用 #define 宏定义的常量实际上是在编译前就被预处理模块替换为立即数再交给编译器处理。因此虽然在 C 语言中，尤其是在嵌入式 C

编程会对一个物理地址(通常是外设的控制寄存器或者状态寄存器)进行读/写,但总的来说,一个指针(地址)总是存放在存储器的某个存储单元(指针变量)中的。

② 通常情况下,指针和指针变量这两个名词会被混用,我们有时就直接将指针变量称为“指针”。比如“int ＊a;”声明的是一个指针变量 a,但我们往往就称 a 是一个指针,准确的说法应该是:a 的内容或者值是一个指向整数的指针。在本书中,除非特别声明,我们将不再严格区分指针与指针变量的含义。

每个指针变量都有 3 个基本要素:

指针变量的值(指针的内容)——指针变量的值是一个地址。

指针指向的地址上的内容——存放在指针变量值所表示的地址中的内容被称为指针所指向的内容。理论上来讲,因为存放在存储器中的任何内容都有地址,而这些地址都可以作为一个值存放在某个指针变量中,因此指针可以指向存放在存储器中的任何内容。指针可以指向一个整数、一个数组、一个字符串,甚至指针可以指向一段代码,这时这个指针被成为函数指针。指针也可以指向另外一个指针,这时我们称这个指针为二重指针。指针所指向内容的类型就是指针的类型,比如指针指向一个整数,那么这个指针的类型就是整数指针,如果指向一个函数,那么就称该指针为函数指针。关于指针类型,我们将在 2.3.2 小节中详细讨论。

指针变量本身的地址——指针变量本身也是存放在存储器中的,因此这个变量本身也必然地拥有某个地址。如果我们将指针变量的地址存放在另一个指针变量中,那么我们一般将另外一个指针变量成为指针的指针,或者二重指针。以此类推,还有三重指针、四重指针……但是在编程实践中一般很少会用到多于二重指针的多重指针,因为这会使程序变得难以理解。

关于指针的 3 个要素,请看图 2-1。在这个例子中定义了 2 个指针变量 int ＊pa 和 int ＊＊ ppb,其中 pa 中存放了变量 a 的地址。因此,我们说 pa 指向变量 a,pa 的值是变量 a 的地址(0x3000200C),pa 指向地址中的内容是 a 的值,也就是 0x4f;指针 ppb 中的值是另外一个指针变量 pb 的地址(0x30002010),ppb 指向地址中的内容

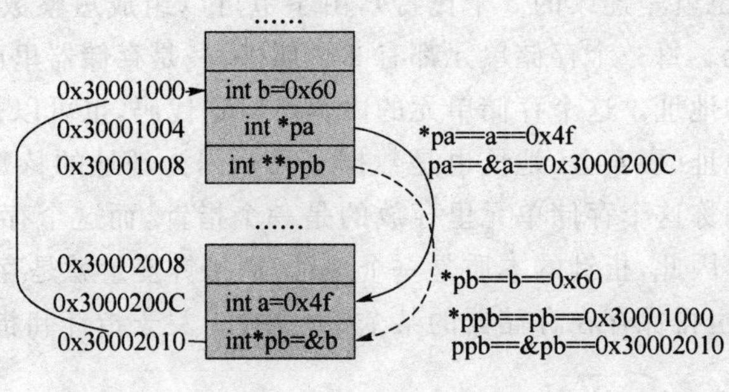

图 2-1　指针的 3 要素:指针的值、指针指向的内容、指针变量的地址

是指针变量 pb 的值，也就是地址 0x30001000，这个地址是变量 int b 的地址，因此 pb 指向地址中的内容是变量 b 的值 0x60。

2.3.2 指针的类型

理解指针的关键是真正理解指针变量的值是一个地址，这个地址中存放了另外一个程序单元，比如一个变量、一个缓冲区、一个链表的表项，甚至一段程序或者是另外一个指针等，这时我们称这个指针变量指向该程序单元。所谓指针的类型其实是指针所指向程序单元的类型，比如：如果指针指向一个整数，那么我们称这个指针的类型为指向整数类型；如果指针指向一个函数，那么我们就称这个指针的类型是函数指针。

空类型（void *）指针是 ANSI C 标准中引入的一个新的指针类型。"空类型指针"的名字常常会给人一种误导，认为这种类型的指针指向某些"空"的东西。其实所谓空类型是指该指针不指向某个特定的数据类型，而仅仅是作为一个内存的地址。当然，任何内存地址中存放的数据一定是具有类型的，空类型指针的引入实际上是为了程序编写的方便。比如：通过 malloc 函数申请了一块内存缓冲区，这个缓冲区对于 malloc 函数而言就是一个空类型的数据区，因为这块被申请的内存缓冲区中可以存放程序员希望存放的任何类型的数据。程序员应该在获得所申请的内存缓冲区后将指向该缓冲区的指针类型显示转换为希望存放的数据类型，请看下面的例子：

```
struct mystruct {
    int len;
    char buf[100];
}
......
struct mystruct * mybuf;
mybuf = (struct mystruct *)malloc(sizeof(struct mystruct));   //malloc 函数的返回值是 void *
                                                                //因此要进行类型转换
......
```

按照 ANSI（American National Standards Institute）标准，不能对 void 指针进行算法操作，即下列操作都是不合法的：

```
void * pvoid;
pvoid++ ;             //ANSI:错误
pvoid + = 1;          //ANSI:错误
```

ANSI 标准之所以这样认定，是因为它坚持：进行算法操作的指针必须是确定知道其指向数据类型大小的。例如：

```
int * pint;
pint++ ;              //ANSI:正确
```

pint++的结果是使其增大 sizeof(int)。

但是 GNU 的 Gcc 编译器则不这么认定，它指定 void * 的算法操作与 char * 一致。因此，下列语句在 GNU 编译器中皆正确：

```
pvoid++;             //GNU:正确
pvoid += 1;          //GNU:正确
```

pvoid++的执行结果是其增大了 1。

在实际的程序设计中，为迎合 ANSI 标准，并提高程序的可移植性，我们可以这样编写实现同样功能的代码：

```
void * pvoid;
(char *)pvoid++;      //ANSI:正确;GNU:正确
(char *)pvoid += 1;   //ANSI:错误;GNU:正确
```

GNU 和 ANSI 还有一些区别，总体而言 GNU 较 ANSI 更“开放”，提供了对更多语法的支持。但是我们在实际设计时，还是应该尽可能地符合 ANSI 标准。在后面的讨论中我们也将遵循这个原则。

2.3.3　指针的初始化

C 语言定义中说明，每一种指针类型都有一个特殊值——“空指针”，它与同类型的其他所有指针值都不相同，它与任何对象或函数的指针值都不相等。也就是说，取地址操作符 & 永远也不能得到空指针，同样对 malloc()的成功调用也不会返回空指针。如果失败，malloc()的确返回空指针，这是空指针的典型用法：表示“未分配”或者“尚未指向任何地方”的指针。空指针在概念上不同于未初始化的指针。空指针可以确保不指向任何对象或函数；而未初始化指针则可能指向任何地方。在所有 C 语言的实现中，误用 NULL 指针的结果都是没有定义的。

作为一种风格，很多人不愿意在程序中到处出现未加修饰的 0。因此，定义了预处理宏 NULL(在＜stdio.h＞和其他几个头文件中)为空指针常数，通常是 0 或者((void *)0)。许多程序员认为在所有的指针上下文中都应该使用 NULL，以表明该值应该被看作指针。另一些人则认为用一个宏来定义 0，只不过把事情搞得更复杂反而令人困惑，因而倾向于使用未加修饰的 0。关于这个争论没有正确的答案。C 程序员应该明白，在指针上下文中 NULL 和 0 是完全等价的，而未加修饰的 0 也完全可以接受。任何使用 NULL (跟 0 相对)的地方都应该看作一种温和的提示，是在使用指针。程序员(和编译器都) 不能依靠它来区别指针 0 和整数 0。

在需要其他类型的 0 时，即便它可能工作也不能使用 NULL，因为这样做发出了错误的格式信息。而且，ANSI 允许把 NULL 定义为((void *)0)，这在非指针的上下文中完全无效。特别是不能在需要 ASCII 空字符(NUL)的地方用 NULL。如果有必要，提供你自己的定义即 # define NUL‘\0’。

2.3.4 指针的运算

既然指针的本质是变量的地址，而指针变量就是用来存放这些地址的变量，那么我们就可以对这些指针变量进行一些简单的运算。在 C 语言中关于指针的运算一共有以下几种形式。

① 同类型的指针可以作减法运算。

同类型的指针之间的减法运算的含义是计算这两个指针间的“距离”，注意这个距离是以 sizeof(指针所指向的类型) 为单位的，而不是以字节为单位的。

② 同类型的指针可以比较大小。

如果同类型的指针间可以进行减法运算，那么这两个指针当然也可以进行比较大小的运算。一个指针比其同类型的另一个指针“大”的物理含义是该指针所指向的地址较之另一个指针所指向的地址处在高地址上；相应的，一个指针比另一个同类型指针“小”的物理含义是该指针指向的地址较之另一个指针所指向的物理地址处在低地址上。请看下面这段代码：

```
Typedef union header {
    struct {
        union header * ptr;
        unsigned long size;
    } s;
    char c[8]; //用于调试，同时也保证了头部的大小为 8 个字节
} HEADER;

HEADER * p, * q;
……
/ * Search the SysLfree list looking for the right place to insert * /
//从 Allocp FreeList 的头部开始搜索
for(q = Allocp; ! (p > q && p < q->s.ptr); q = q->s.ptr){
    / * Highest address on circular list? * /
    if(q >= q->s.ptr && (p > q || p < q->s.ptr))
        break;
}
……
```

上面的代码定义了两个同类型指针 p 和 q。指针 q 指向一个由内部指针 s.ptr 构建的链表 Allocp 中的一个节点，程序从 Allocp 的头部开始搜索，for 循环的目的是找到一个链表上的节点(程序中用 q 表示)，使得指针 p 所指向的节点在物理地址上比 q 所指向的节点要高，同时又比 q 的下一个节点(程序中用 q->s.ptr 表示)的物理地址要低。由于程序中的 Allocp 链表是一个首尾相连的循环链表，for 循环语句中的 if 语句是用来判断链表的最高地址的情况。其实这段代码是 free()函数的一

个片断，读者将在第 4 章中看到这段代码的全貌。

③ 除空类型指针（void *）外，指针可以加上一个整数或减去一个整数。

指针加上一个整数 n（假设 $n > 0$）或是减去一个整数 n 的物理含义是指针向高地址方向（加法）偏移 n * sizeof(指针所指向的类型）个字节或者是向低地址方向（减法）偏移 n * sizeof(指针所指向的类型）个字节。与指针间的减法类似，指针在加减一个整数的时候都是以sizeof(指针所指向的类型）为单位的。

④ 除空类型指针（void *）外，指针可以自增（++）或自减（--）运算。

指针的自增与自减运算是指针加上一个整数和减去一个整数情况的特例。关于空类型指针作加上一个整数或者是减去一个整数的问题，我们在 2.4.2 小节中已经作了说明。总的来说，不推荐程序员对空类型指针进行这样的操作。

2.3.5　指针与字符串

C 语言中没有关于字符串的数据类型，因此在 C 程序中所有的字符串都采用字符数组的形式来表示，当然这个数组的最后必须以'\0'字符作为整个串的结尾（因此，我们可以认为字符串本质上是一个以字符'\0'为结尾的字符数组）。C 的另外一个关于字符串的特色是所有关于字符串操作的功能都由标准库函数实现，一些在其他高级语言中便于实现的串操作在 C 程序中可能需要比较复杂的操作才能完成。因此，从这个角度上来说 C 也许并不非常适合串处理的实现，这也许是为什么许多脚本处理软件通常采用类似 Perl 等语言实现的原因之一。

字符串常量最常见的用法之一就是作为函数的入口参数，比如：

```
printf ("Hello,World!\n");
```

虽然看上去，我们将"Hello，World! \n"这个字符数组作为参数传递给 printf()函数，但实际上在 C 语言中所有以数组作为参数的函数最终实际上传递给函数内部的依然是这个数组的首指针，因此真正传递到 printf()函数内的是"Hello，World! \n"这个字符数组的首指针。需要注意的是，"Hello，World! \n"这个字符串（字符数组）并没有相对应的名字。这是 C 语言中一个很有意思的地方，事实上只有在编译器在编译的过程中会将这个串分配在内存中的一个特定位置（一般是一段专门存放常量串的内存空间，编译器一般将这块空间称为 String Literal Pool；嵌入式系统的编译器往往会将这个区域分配到不可写的只读存储器空间），并将这个串的首地址作为参数传给 printf()函数，但是从此之后再也没有人知道这个串存放在什么地方了，这是因为在 C 语言中对于全局元素的访问都是通过名字来进行引用的，比如：对于函数的访问是通过函数的名字（也就是函数的入口指针）；对全局变量或者全局数组的访问也是通过名字。

关于字符串常量另一个需要说明的问题是其不相等性及其引申出的字符串复制的问题。任意两个字符串之间的比较不能像整数之间的比较那样直接使用"=="，而是必须调用 strcmp()函数。很多初学者在没有领会 C 语言对字符串的处理过程时，习惯于将对字符串的比较简单类比于整数的比较，从而导致程序出错。事实上，正是因为 C 程序中所有字符串都采用字符数组的形式来表示，而不同数组在内存中的位置不同，所以直接用"=="肯定不能得到我们想要的结果。

而 strcmp()的函数原形是：int strcmp(const char * str1，const char * str)，如果两个字符串相等将会返回一个等于 0 的整数，不相等则会返回一个非 0 整数。其实质是逐一比较内存中(参与比较的两个字符串数组中)实际存放的值，这样才能真正达到程序员的目的。由此，我们还可以引申出关于字符串复制的问题。对于这个问题的分析，我想通过一个具体的例子来说明。

关于字符串的指针操作，初学程序员经常犯的错误就是混淆指针与指针所指向的内容，请看下面的例子：

```
char *p, *q;
p = "Hello!";
q = p;
q[0] = 'h';
```

对于 p ＝ "Hello!" 这样的赋值语句很容易使人产生将字符串赋值给 p 的错觉，实际的情况是这条语句只是将字符串常量的首指针赋给了变量 p。接下来的语句中，程序将 p 的值赋给指针变量 q，很多初学者都会误认为这个语句的作用是将字符串"Hello!"复制给了 q。其实这个赋值语句只是将 p 的值(也就是字符串的首地址)赋值给 q，因此这时 q 也是一个指向字符串常量的一个指针，如图 2-2 所示。理解这个问题的关键在于要能够清楚地区分指针和指针所指向的内容，比如在上面的例子中，p 和 q 是两个指向字符串常量数组首地址的指针，p 和 q 本身并不是字符串，而只是这个字符串的地址。

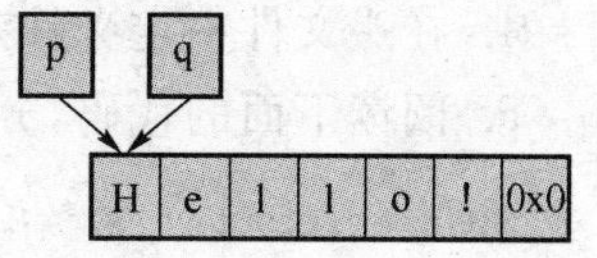

图 2-2　指向字符串的指针

上面代码的最后是通过数组下标引用字符串常量数组的第一个元素，并将该元素由字符'H'修改为字符'h'，注意 ANSI C 标准中禁止对 string literal pool 作出修改，因为对于上面例子中的字符串常量"Hello!"，编译器或者是连接器有可能会将这个常量串映射到 ROM 等只读的内存区，因此如果对这个区域进行写操作的话，很可能会引起总线错误(对于 ARM 而言可能是 Data Abort)。K&R C 中对这个问题的说明是，试图修改字符串常量行为是未定义的。某些 C 编译器允许 q[0] ＝ 'h'这种修改行为，但是我们不推荐程序员在代码中使用这样的表达。然而，当我们把代码改成下面的形式时，就会是另外一种情况了：

```
char p[] = "Hello!";
char *q;
q = p;
```

```
q[0] = 'h';
```

这段代码是完全合法的！注意：这时 p[]是一个字符数组，它的元素就是：p[0] = 'H'; p[1] = 'e'; …… p[5] = '!'; p[6] = '\0'。赋值语句将数组 p 的首地址赋给指针 q，这时 q 就指向数组 p 的第一个元素，也就是 p[0]，因此 *q = 'h'的表达式是合法的，而这个表达式与 q[0] = 'h'是完全等价的。这是因为如果我们显式定义 p 为一个字符数组的话，那么编译器就会为数组 p 在内存中分配一块空间。注意：p 不再像上面例子中只是一个指向字符常量的指针，而是一个被分配在可读可写内存中的字符数组的首地址。

由于 C 语言中本身没有字符串数据类型，因此对字符串的操作通常可以利用标准 C 库中的库函数进行。但是，程序员在使用库函数进行串操作时必须非常清楚地知道库函数的功能以及这些库函数的使用条件，否则会经常造成一些意想不到的错误。

2.4 思考题

1. 请问表达式 a+++++b 的含义是什么？

2. 写一个"标准"宏 MIN，这个宏输入 2 个参数并返回较小的一个。另外，当你写代码"least = MIN(*p++, b);"时会发生什么事？

3. 定义 int **a[3][4]，则 a[][]数组占有的内存空间为多少？

4. 在头文件中定义静态变量，可能产生什么问题？

5. 阅读下面的代码，分析它的作用：

```
int n = (count + 7) / 8;   /* count > 0 assumed */
switch (count % 8)
{
case 0:    do { *to = *from++;
case 7:    *to = *from++;
case 6:    *to = *from++;
case 5:    *to = *from++;
case 4:    *to = *from++;
case 3:    *to = *from++;
case 2:    *to = *from++;
case 1:    *to = *from++;
} while (--n > 0);
}
```

6. 请问"*&a = 30;"这个语句的含义是什么？

7. 请分析""xyz"+1;"这个语句的含义是什么？

8. 下面代码的输出结果是什么？

```
#define SQR(x) (x * x)
main()
{
    int a, b = 3;
    a = SQR(b + 2);
    printf("\n%d", a);
}
```

9. 请问下面这种定义结构正确否？如果有问题，请指出问题在哪里。

```
struct a {
    int x;
    char y;
    struct a z;
    struct a * p;
}
```

第3章

C 语言的函数

3.1 C 语言的函数

函数是 C 语言中最重要的程序单元，所有的 C 程序功能都是由函数实现的，从源码的角度看一个用 C 实现的软件就是由一组函数构成的。在 C 程序中不存在独立于函数之外的功能语句(程序员可以在函数外定义数据结构、变量以及函数原型，但是所有的可执行语句都必须在函数内部书写)。对于一般的编译器而言，main()函数是整个程序的入口(Windows 操作系统的用户程序入口是 WinMain()函数)，程序从 main()函数进入程序员编写的软件代码。需要说明的是在嵌入式系统中，系统复位后的第一条指令并不是从 main()函数开始，而是从系统中断向量表指定的指令开始运行，一般这段代码由程序员采用汇编代码完成，这些代码在完成必要的初始化后将跳转到 main()函数的入口地址，进入程序员编写的 C 代码。

3.1.1 函数的声明、原型与返回值

关于函数的声明，虽然为了兼容早期的 C 编译器，现有的 ANSI C 标准依然支持早期 K&R C 中形参类型单独以列表的形式进行说明，如：

```
int *
myfunc(key, array, array_len)
int key;
int array[];
int array_len;
{
    ……
}
```

但我们不推荐读者继续采用这样的声明方式，这主要有 2 个原因：第一，新标准中的声明方式消除了旧格式的冗余风格；第二，新声明的方式允许函数原型的使用，这在很大程度上提高了编译器在函数调用时检查错误的能力。因此，对于上面的这个例子，我们应该这样声明函数：

```
int * myfunc(int key, int array[], int array_len)
{
    ……
}
```

函数原型是用来向编译器传递函数的一些特定信息的手段。通常情况下,如果在同一个源文件中前面(也就是在调用者的前面)已经出现了该函数的定义,编译器就会记住这个被调函数的参数数量和类型,以及该函数的返回值类型。在这个源文件中,编译器会按照函数原型的声明检查后续调用的参数和返回值,确保调用者正确地按照函数原型的声明向函数传递了正确的参数数目和类型,并将返回值赋给类型匹配的变量。如果被调函数的定义与调用者不在同一个源文件中,那么就需要通过函数原型通知编译器被调函数的参数情况和返回值情况,比如我们可以将上面的函数的函数原型写在调用者之前:

```
int * myfunc(int key, int array[], int array_len);
int * myfunc(int, int *, int); /* 不带形参变量名的函数原型 */
```

注意:函数原型以分号结束,这是函数原型与函数定义不一样的地方。编译器在检查过函数原型后就可以检查该函数的调用是否被传递了正确的参数类型和个数,以及返回值类型是否正确。当出现不匹配时,编译器会将不匹配的实参或返回值转换成为原型所声明的类型(当然这样的转换必须可行才可以,并且编译器会给出一个类型不匹配的警告信息)。上面两种函数原型的写法都是正确的,C语言允许我们在函数原型的书写中带上形参的变量名,也允许不写形参变量名(因为编译器只需要知道形参的个数,类型以及返回值的类型就够了)。但是考虑到代码的可读性,我们推荐程序员在书写函数原型时应该保留形参变量名。对于那些需要在不同源文件中调用的函数,程序员可以将被调函数的原型书写在某个头文件中,这样在需要调用该函数的文件中只需要在文件起始处使用#include包含这个头文件就可以了(注意:如果被调函数与调用不在同一个源文件中,头文件中的函数原型前应该加上extern关键字以通知编译器该函数的定义在另一个文件中,否则编译器会给出undefined的错误报告)。

采用头文件包含函数原型的方法有这样几个优点:

- 放在头文件中的函数原型具有文件作用域,因此原型的一个复制可以作用于整个源文件,较之在该函数每次调用前单独书写一个函数原型要方便得多。
- 因为只需要一个函数原型,因此不会出现多个原型不一致的问题。
- 如果对函数的定义进行了修改,我们只需要修改头文件中的原型,并重新编译包含这个头文件的源文件就可以了(这个过程一般由Make程序自动完成,程序员要做的就是编写正确的make脚本,关于Make程序将在第3章中详细介绍)。
- 如果定义本函数的源文件同时也包含了这个头文件,那么编译器就可以检查出原型与定义不一致的错误。

总之，采用头文件组织源文件的方法是 C 语言编程中最常用也是最实用的技巧，通过头文件程序员可以方便地进行软件的结构划分，实现结构化的程序设计。这个技巧需要程序员慢慢地总结与体会，一个好的方法是仔细阅读和分析别人代码中的头文件组织，并在自己的程序中模仿这种组织方法。

3.1.2　函数的参数

C 语言中函数的所有参数都是以“传值调用”的方式进行传递的，也就是说函数将获得参数值的一份复制(编译器在传递参数时实际上是通过将参数的值压入堆栈或者传参寄存器进行传递)。因此，函数就可以放心地修改这些复制值，而不必担心会修改调用者(Caller)实际传递的参数。关于这个问题的一个比较特殊的例子是，函数的入口参数中包括数组时，实际上 C 语言在处理入口参数为数组时的做法是只传递这个数组的首地址，也就是数组名这个常量所指向的地址。这种情况下，被调用函数(Callee)如果在函数内部使用下标修改这个数组的元素，将真正修改调用者(Caller)中的数组元素。在处理数组参数时，C 语言的行为类似于其他高级语言的“传址调用”。

在数组参数问题的处理上，似乎与 C 语言的“传值调用”原则相矛盾。其实不然，因为 C 语言在处理数组参数时，实际上传递的是数组首地址的值(一个复制)，函数内部通过这个地址引用的数组当然是函数外面的那个数组了(关于数组和指针的问题将在第 4 章详细讨论)。关于“传值调用”，请看下面这个例子：

```
int a = 3;
int b = 5;
/*这是一个错误的交换数据的函数，原因就是传入的参数是原变量的一个复制，而不是变量本身*/
void fault_swap(int x, int y)
{
    int temp;
    temp = x;
    x = y;
    y = temp;
    return;
}
void main(void)
{
    fault_swap(a, b);           /*想想看，运行完这个函数后 a 和 b 的值会改变吗？ */
    return;
}
```

需要说明的是，不管编译器在函数 falut_swap()中 x 和 y 是通过寄存器还是堆栈来表示，x与y中存放的实际上是入口参数a和b变量的值，因此对于x与y的交换确实发生了，只不过这个交换与a和b变量无关(x与y只不过是a和b在寄存器或者堆栈中的一个复制而已，并不是a和b本身)。那么，如果我们真的需要写一个能够交换两个变量值的函数应该怎么办呢？读者可以自己尝试一下。

3.1.3 可变参数的函数

C语言支持函数接受数目可变的参数。这需要采用＜stdarg.h＞提供的辅助设施，例如printf()。这个函数定义是这样的：

```
int printf( const char * format, ……);
```

它除了有一个参数format固定以外，后面跟的参数的个数和类型是可变的，例如我们可以有以下不同的调用方法：

```
printf("%d",i);
printf("%s",s);
printf("the number is %d ,string is: %s", i, s);
```

可变参数列表是通过宏来实现的，这些宏被定义在stdarg.h头文件中，该文件是库函数的一部分。这个头文件中声明了1个类型va_list和3个宏va_start、va_arg和va_end。下面是一个把任意个字符串连接起来的函数，结果存在malloc的内存中：

```
#include <stdlib.h>                      /* 说明 malloc, NULL, size_t */
#include <stdarg.h>                      /* 说明 va_ 相关类型和函数 */
#include <string.h>                      /* 说明 strcat 等 */
char * vstrcat(const char * first, ……)
{
    size_t len;
    char * retbuf;
    va_list argp;
    char * p;
    if(first == NULL)
    return NULL;
    len = strlen(first);
    va_start(argp, first);
    while((p = va_arg(argp, char * )) != NULL)
    len += strlen(p);
    va_end(argp);
    retbuf = malloc(len + 1);            /* +1 包含终止符 \0 */
    if(retbuf == NULL)
```

```
    return NULL;                                  /* 出错 */
    (void)strcpy(retbuf, first);
    va_start(argp, first);                        /* 重新开始扫描 */
    while((p = va_arg(argp, char *)) != NULL)
    (void)strcat(retbuf, p);
    va_end(argp);
    return retbuf;
}
```

调用如下：

```
char * str = vstrcat("Hello, ", "world!", (char *)NULL);
```

由此可以总结出使用可变参数的步骤：

① 首先，在函数里定义一个 va_list 型的变量，这里是 arg_ptr，它是指向参数的指针。

② 其次，用 va_start 宏初始化变量 arg_ptr，这个宏的第二个参数是第一个可变参数的前一个参数，是一个固定的参数。

③ 然后，用 va_arg 返回可变的参数，并赋值给整数 p。va_arg 的第二个参数是要返回参数的类型，这里是 char* 类型。

④ 最后，用 va_end 宏结束可变参数的获取，然后你就可以在函数里使用第二个参数了。如果函数有多个可变参数的，依次调用 va_arg 获取各个参数。

3.1.4　递归函数

所谓递归是指函数直接或者间接地调用自己，相应的那些存在递归的函数被称为递归函数。

Kenneth A. Reek 在他的《C 和指针》[5]一书中有一段关于计算 Fibonacci 数列的论述，很好地解释了递归的问题。请看下面利用递归的方法实现的计算 Fibonacci 数的代码：

```
/* 采用递归的方法计算第 n 个 fibonacci 数的值 */
long fibonacci(int n)
{
    if (n <= 2)
        return 1;
    return fibonacci(n - 1) + fibonacci(n - 2);
}
```

看上去采用递归的方法计算 Fibonacci 数是一个不错的实现，但在上面的代码中存在一个陷阱：上面的代码使用的递归步骤计算 fibonacci(n－1)和 fibonacci(n－2)，但在计算 fibonacci(n－1)时也将计算 fibonacci(n－2)(因为 fibonacci(n－1)＝Fibonacci(n－2)＋Fibonacci(n－3))。问题的关键是:每个递归调用都会触发另外两个递归调用,而这两个递归调用中的任何一个又将触发另外两个递归调用。这些冗余计算的数量将呈指数上涨,比如:采用递归函数计算 fibonacci(10)时,fibonacci(3)函数的值将被计算 21 次;当用同样的方法计算 fibonacci(30)时,fibonacci(3)函数的值将被计算 317 811 次。更要命的是这些重复计算的每次结果都是一样的,除了第一次计算,其他的计算都是对计算资源的浪费,考虑到每次计算都会产生额外的调用开销,因此这对于效率的影响是非常之大的。

我们可以采用一个简单的循环来代替递归。虽然采用循环的形式不如递归的形式更复合 Fibonacci 数的抽象定义,但下面的这段代码比递归版本的效率提高了几十万倍!

```
/*采用迭代法计算第n个 fibonacci 数的值*/
long fibonacci(int n)
{
    long result;
    long previous_result;
    long next_older_result;

    result = previous_result = 1;
    while( n > 2) {
        n -= 1;
        next_older_result = previous_result;
        previous_result = result;
        result = previos_result + next_older_result;
    }
    return result;
}
```

当函数调用自己时,在栈中为新的局部变量和参数分配内存,函数的代码用这些变量和参数重新运行。递归调用并不是把函数代码重新复制一遍,仅仅参数是新的。当每次递归调用返回时,老的局部变量和参数就从栈中消除,从函数内此次函数调用点重新启动运行。可递归的函数被称作是对自身的“推入和拉出”。

大部分递归例程没有明显地减少代码规模和节省内存空间。另外,大部分例程的递归形式比非递归形式运行速度要慢一些。这是因为附加的函数调用增加了时间开销(在许多情况下,速度的差别不太明显)。对函数的多次递归调用可能造成堆栈的溢出。

3.2 标准库函数

ANSI C 标准要求符合该标准的 C 语言实现必须支持由其定义的标准库函数。

这些标准库函数定义了一些最基本的输入/输出操作、数学函数以及常用的工具函数，比如C语言中没有字符串类型，因此 string. h 中定义了一些最基本的关于字符串操作的函数。正如前面所介绍的，C语言本身没有任何与具体输入/输出有关的关键字，所有的输入/输出操作都由库函数实现；其次，C语言本身的关键字只定义了最基本的语言控制功能，其他的所有功能都由函数实现。因此，我们可以认为C语言是一种基于函数的高级语言，而这其中标准库函数实现了一些最基本的底层操作和常用工具。

需要说明的是，由于早期的C语言主要是运行在小型机和大型机上的，其主要的操作系统是 UNIX 系统，因此C语言的标准库函数在很大程度上带有 UNIX 系统的风格。对于嵌入式系统而言，许多在主机系统中的输入/输出概念很难直接套用，比如文件的概念等。另外由于 ANSI C 标准对于库函数实现的定义比较宽松，因此不同的C编译器在实现库函数的时候可能会有细微的区别，比如某个具体的函数是否可重入的问题等。程序员在使用一个新的C编译器时应该对照编译器手册关注这些细节。

标准库函数中的函数、类型、宏分别在表 3-1 这些标准头文件中定义。

表 3-1 C的标准库函数所对应的标准头文件

assert. h	float. h	math. h	stdarg. h	stdlib. h
ctype. h	limits. h	setjmp. h	stddef. h	string. h
errno. h	local. h	signal. h	stdio. h	time. h

我们将在本节的后续部分介绍常用的几个头文件中定义的库函数。stdio. h 中定义了标准的输入/输出函数，主要包括文件操作、格式化输入与格式化输出等；ctype. h 中定义了字符类测试函数；string. h 中定义了有关字符串操作的常用函数，其中最常用的函数就是 strlen()、strcpy()函数等；math. h 中定义了常见的数学函数，比如正弦函数、余弦函数等；stdlib. h 中定义了一些常用的工具函数，其中最著名的函数就是 malloc()函数与 free()函数；assert. h 中定义了与断言有关的函数；stdarg. h 中定义了可变参数的相关函数。

需要说明的是，由于嵌入式系统往往与传统的主机系统和 PC 系统在软硬件方面存在比较大的差异，因此对于嵌入式处理器的编译器提供商而言，他们在实现 ANSI 标准 C 库时往往会对标准规定的标准库函数的实现进行一定程度的改动，这些改动可能是非标准的，程序员应该仔细阅读目标处理器的编译器手册。比如对 68000 处理器而言，很多 I/O 操作都被简化为对内存的操作；而对 ARMCC 编译器而言则采用所谓的“半主机”(SemiHost)机制来实现 I/O 操作。

另外一个需要注意的问题是，ANSI C 标准并没有要求所实现的标准C库函数一定是可安全重入的，因此在编写中断处理程序和多任务程序时，程序员应该小心地处理潜在的重入风险。关于重入问题的讨论请参见 6.3 节。3.2.1～3.2.8 小节的主要内容译自 Brian W. Kernighan，Dennis M. Ritchie 所著的"The C Programming Language(Second Edition)"[8]一书。

3.2.1 输入与输出：<stdio.h>

头文件<stdio.h>中定义的输入和输出函数、类型以及宏的数目几乎占整个标准库的三分之一。流(stream)是与磁盘或其他外围设备关联的数据的源或目的地。尽管在某些系统中(如在著名的 UNIX 系统中)，文本流和二进制流是相同的，但标准库仍然提供了这两种类型的流。文本流是由文本行组成的序列，每一行包含 0 个或多个字符，并以'\n'结尾。在某些环境中，可能需要将文本流转换为其他表示形式(例如把'\n'映射成回车符和换行符)，或从其他表示形式转换为文本流。二进制流是由未经处理的字节构成的序列，这些字节记录着内部数据，并具有下列性质：如果在同一系统中写入二进制流，然后再读取该二进制流，则读出和写入的内容完全相同。

打开一个流，将把该流与一个文件或设备连接起来，关闭流将断开这种连接。打开一个文件将返回一个指向 FILE 类型对象的指针，该指针记录了控制该流的所有必要信息。在不引起歧义的情况下，我们在下文中将不再区分"文件指针"和"流"。

程序开始执行时，stdin、stdout 和 stderr 这 3 个流已经处于打开状态。

1. 文件操作

下列函数用于处理与文件有关的操作。其中，类型 size_t 是由运算符 sizeof 生成的无符号整型。

FILE * fopen(const char * filename, const char * mode)

fopen 函数打开 filename 指定的文件，并返回一个与之相关联的流。如果打开操作失败，则返回 NULL。

访问模式 mode 可以为下列合法值之一：

"r"　　打开文本文件用于读；
"w"　　创建文本文件用于写，并删除已存在的内容(如果有的话)；
"a"　　追加，打开或创建文本文件，并向文件末尾追加内容；
"r+"　　打开文本文件用于更新(即读和写)；
"w+"　　创建文本文件用于更新，并删除已存在的内容(如果有的话)；
"a+"　　追加，打开或创建文本文件用于更新，写文件时追加到文件末尾。

后 3 种方式(更新方式)允许对同一文件读和写。在读和写的交叉过程中，必须调用 fflush 函数或文件定位函数。如果在上述访问模式之后再加上 b，如"rb"或"w+b"等则表示对二进制文件进行操作。文件名 filename 限定最多为 FILENAME_MAX 个字符。一次最多可打开 FOPEN_MAX 个文件。

FILE * freopen (const char * filename, const char * mode, FILE * stream)

fopen 函数以 mode 指定的模式打开 filename 指定的文件，并将该文件关联到 stream 指定的流。它返回 stream；若出错则返回 NULL。freopen 函数一般用于改变与 stdin、stdout 和 stderr 相关联的文件。

int fflush(FILE * stream)

对输出流来说，fflush 函数将已写到缓冲区但尚未写入文件的所有数据写到文件中。对输入流来说，其结果是未定义的。如果在写的过程中发生错误，则返回 EOF，否则返回 0。Fflush(NULL)将清洗所有的输出流。

int fclose(FILE * stream)

fclose 函数将所有未写入的数据写入 stream 中，丢弃缓冲区中的所有未读输入数据，并释放自动分配的全部缓冲区，最后关闭流。若出错则返回 EOF，否则返回 0。

int remove(const char * filename)

remove 函数删除 filename 指定的文件，这样后续试图打开该文件的操作将失败。如果删除操作失败，则返回一个非 0 值。

int rename(const char * oldname, const char * newname)

rename 函数修改文件的名字。如果操作失败，则返回一个非 0 值。

FILE * tmpfile(void)

tmpfile 函数以模式"wb+"创建一个临时文件，该文件在被关闭或程序正常结束时将被自动删除。如果创建操作成功，则该函数将返回一个流；如果创建文件失败，则返回 NULL。

char * tmpnam(char s[L_tmpnam])

tmpnam(NULL)函数创建一个与现有文件名不同的字符串，并返回一个指向内部静态数组的指针。tmpnam(s)函数把创建的字符串保存到数组 s 中，并将它作为函数值返回。s 中至少要有 L_tmpnam 个字符空间。tmpnam 函数在每次被调用时均生成不同的名字。在程序执行的过程中，最多只能确保生成 TMP_MAX 个不同的名字。注意：tmpnam 函数只是用于创建一个名字，而不是创建一个文件。

int setvbuf(FILE * stream, char * buf , int mode , size_t size)

setvbuf 函数控制流 stream 的缓冲。在执行读、写以及其他任何操作之前必须调用此函数。当 mode 的值为 _IOFBF 时，将进行完全缓冲。当 mode 的值为 _IOLBF 时，将对文本文件进行缓冲，当 mode 的值为 _IONBF 时，表示不设置缓冲。如果 buf 的值不是 NULL，则 setvbuf 函数将 buf 指向的区域作为流的缓冲区，否则将分配一个缓冲区。Size 决定缓冲区的长度。如果 setvbuf 函数出错，则返回一个非 0 值。

void setbuf(FILE * stream , char * buf)

如果 buf 的值为 NULL，则关闭流 stream 的缓冲；否则 setbuf 函数等价于 (void)setvbuf(stream,buf,_IOFBF,BUFSIZ)。

2. 格式化输出

printf 函数提供格式化输出转换。

int fprintf(FILE *stream, const char *format, …)

fprintf 函数按照 format 说明的格式对输出进行转换,并写到 stream 流中。返回值是实际写入的字符数。若出错则返回一个负值。

格式串由两种类型的对象组成:普通字符(将被复制到输出流中)与转换说明(分别决定下一后续参数的转换和打印)。每个转换说明均以字符%开头,以转换字符结束。在%与转换字符之间可以依次包括下列内容:

标志——用于修改转换说明,可以以任意顺序出现。有以下几种:

- － 指定被转换的参数在其字段内左对齐;
- ＋ 指定在输出的数前面加正负号;
- 空格 如果第一个字符不是正负号,则在其前面加上一个空格;
- 0 对于数值转换,当输出长度小于字段宽度时,添加前导 0 进行填充;
- # 指定另一种输出形式。如果为 o 转换,则第一个数字为零;如果为 x 或 X 转换,则指定在输出的非 0 值前加 0x 或 0X;对于 e、E、f、g 或 G 转换,指定输出总包括一个小数点;对于 g 或 G 转换,指定输出值尾部无意义的 0 将被保留。

一个数值——用于指定最小字段宽度。转换后的参数输出宽度至少要达到这个数值。如果参数的字符数小于此数值,则在参数左边(如果要求左对齐的话则为右边)填充一些字符。填充的字符通常为空格,但如果设置了 0 填充标志,则填充字符为 0。

点号——用于分隔字段宽度和精度。

表示精度的数——对于字符串,它指定打印字符的最大个数;对于 e、E 或 f 转换,它指定打印的小数点后的数字位数;对于 g 或 G 转换,它指定打印的有效数字位数;对于整型数,它指定打印的数字位数(必要时可加填充位 0 以达到要求的宽度)。

长度修饰符 h、l 或 L——h 表示将相应的参数按 short 或 unsigned short 类型输出。l 表示将相应的参数按 long 或 unsigned long 类型输出;L 表示将相应的参数按 long double 类型输出。

宽度和精度中的任何一个或两者都可以用 * 指定,这种情况下该值将通过转换下一个参数计算得到(下一个参数必须为 int 类型)。

表 3-2 中列出了这些转换字符及其意义。如果%后面的字符不是转换字符,则其行为没有定义。

表 3-2 printf 函数的转换字符

转换字符	参数类型;转换结果
d,i	int;有符号十进制表示
o	unsigned int;无符号八进制表示(无前导 0)
x,X	unsigned int;无符号十六进制表示(无前导 0x 或 0X)。如果是 0x,则使用 abcdef;如果是 0X,则使用ABCDEF
u	int;无符号十进制表示
c	int;转换为 unsigned char 类型后为一个字符
s	char *;打印字符串中的字符,直到遇到'\0'或者已打印了由精度指定的字符数
f	double;形式为[-]mmm.ddd 的十进制表示,其中 d 的数目由精度确定,默认精度为 6。精度为 0 时不输出小数点
e,E	double;形式为[-]m.dddddd e±xx 或[-]m.dddddd E±xx 的十进制表示,其中 d 的数目由精度确定,默认精度为 6。精度为 0 时不输出小数点
g,G	double;当指数小于-4 或大于等于精度时,采用%e 或%E 的格式,否则采用%f 的格式。尾部的 0 与小数点不打印
p	void *;打印指针值(具体表示方法与实现有关)
n	int *;到目前为止,此 printf 调用输出的字符的数目将被写入到相应参数中。不进行参数转换
%	不进行参数转换;打印一个符号%

int printf(const char * format, …)

printf(…)函数等价于 fprintf(stdout, …)。

int sprintf(char * s , const char * format, …)

sprintf 函数与 printf 函数基本相同,但其输出将被写入到字符串 s 中,并以'\0'结束。s 必须足够大,以足够容纳下输出结果。该函数返回实际输出的字符数,不包括'\0'。Sprintf 函数在作字符串格式化输出时非常有用,是一个常用的函数,但是这个函数也存在一个非常大的隐患,也就是缓冲区 s 的大小,函数本身不会对缓冲区 s 的大小作任何限制,因此如果程序员提供的缓冲区不够大的话,sprintf 函数将在没有任何报错的情况下将 s 缓冲区写越界,关于这个问题我们将在 8.2.2 小节详细讨论。

int vprintf(const char * format , va_list arg)

int vfprintf(FILE * stream , const char * format , va_list arg)

int vsprintf(char * s , const char * format , va_list arg)

vprintf、vfprintf、vsprintf 这 3 个函数分别与对应的 printf 函数等价,但它们用 arg 代替了可变参数表。arg 由宏 va_start 初始化,也可能由 va_arg 调用初始化。详细信息参见 2.4.7 小节中对<stdarg.h>头文件的讨论。

3. 格式化输入

scanf 函数处理格式化输入转换。

int fscanf(FILE ＊stream, const char ＊format,⋯)

fscanf 函数根据格式串 format 从流 stream 中读取输入,并把转换后的值赋给后续各个参数,其中的每个参数都必须是一个指针。当格式串 format 用完时,函数返回。如果到达文件的末尾或在转换输入前出错,该函数返回 EOF;否则,返回实际被转换并赋值的输入项的数目。

格式串 format 通常包括转换说明,它用于指导对输入进行解释。格式字符串中可以包含下列项目:

- 空格或制表符;
- 普通字符(% 除外),它将与输入流中下一个非空白字符进行匹配;
- 转换说明,由 1 个%、1 个赋值屏蔽字符＊(可选)、1 个指定最大字段宽度的数(可选)、1 个指定目标字段宽度的字符(h、l 或 L)(可选)以及 1 个转换字符组成。

转换说明决定了下一个输入字段的转换方式。通常结果将被保存在由对应参数指向的变量中。但是,如果转换说明中包含赋值屏蔽字符＊(例如%＊s),则跳过对应的输入字段,并不进行赋值。输入字段是一个由非空白符字符组成的字符串,当遇到下一个空白符或达到最大字段宽度(如果有的话)时,对当前输入字段的读取结束。这意味着,scanf 函数可以跨越行的边界读取输入,因为换行符也是空白符(空白符包括空格、横向制表符、纵向制表符、换行符、回车符和换页符)。

转换字符说明了对输入字段的解释方式。对应的参数必须是指针。合法的转换字符如表 3-3所列。如果参数是指向 short 类型而非 int 类型的指针,则在转换字符 d、i、n、o、u 和 x 之前可以加上前缀 h。如果参数是指向 long 类型的指针,则在这几个转换字符前可以加上字母 l。如果参数是指向 double 类型而非 float 类型的指针,则在转换字符 e、f 和 g 前可以加上字母 l。如果参数是指向 long double 类型的指针,则在转换字符 e、f 和 g 前可以加上字母 L。

表 3-3 Scanf 函数的转换字符

转换字符	参数类型;转换结果
d	十进制整型数;int ＊
i	整型数;int ＊。该整型数可以是八进制(以 0 打头)或十六进制(以 0x 或 0X 打头)
o	八进制整型数(可以带或不带前导 0);int ＊
u	无符号十进制整型数;unsigned int ＊
x	十六进制整型数(可以带或不带前导 0x 和 0X);int ＊

续表 3-3

转换字符	参数类型;转换结果
c	字符;char *,按照字段宽度的大小把读取的字符保存到指定的数组中,不增加字符'\0'字段宽度的默认值为1。在这种情况下,读取输入时将不跳过空白符。如果要读取下一个非空白字符,则可以使用%ls
s	由非空白符组成的字符串(不包含引号);char *。它指向一个字符数组,该字符数组必须有足够的空间,以保存该字符串以及在尾部添加的'\0'字符
e、f、g	浮点数;float *。float类型浮点数的数的输入格式为:一个可选的正负号、一个可能包含小数点的数字串、一个可选的指数字段(字母e或E后跟一个可能带正负号的整型数)
p	printf("%p")函数调用打印的指针值;void *
n	将到目前为止该函数调用读取的字符的数写入到对应参数中;int *。不读取输入字符。不增加已转换的项目计数
[...]	与方括号中的字符集合匹配的输入字符中最长的非空字符串;char *。末尾将添加'\0'。[]...]表示集合中包含字符"]"
[^...]	与方括号中的字符集合不匹配的输入字符中最长的非空字符串;char *。末尾将添加'\0'。[^]...]表示集合中不包含字符"]"
%	表示"%",不进行赋值

int scanf(const char * format, ...)

scanf(...)函数与 fscanf(stdin, ...)相同。

int sscanf(const char *s, const char * format, ...)

sscanf(s, ...)函数与 scanf(...)等价,所不同的是,前者的输入字符来源于字符串 s。

4. 字符输入/输出函数

int fgetc(FILE * stream)

fgetc 函数返回 stream 流的下一个字符,返回类型为 unsigned char(被转换为 int 类型)。如果到达文件末尾或发生错误,则返回 EOF。

char * fgets(char *s, int n, FILE * stream)

fgets 函数最多将 $n-1$ 个字符读入到数组 s 中。当遇到换行符时,把换行符读入到数组 s 中,读取过程终止。数组 s 以'\0'结尾。fgets 函数返回数组 s。如果到达文件的末尾或发生错误,则返回 NULL。

int fputc(int c, FILE * stream)

fputc 函数把字符 c(转换为 unsigned char 类型)输出到流 stream 中。他返回写入的字符,若出错则返回 EOF。

int fputs(const char *s, FILE * stream)

fputs 函数把字符串 s(不包含字符'\n')输出到流 stream 中;它返回一个非负

值,若出错则返回 EOF。

int getc(FILE * stream)

getc 函数等价于 fgetc。所不同的是,当 getc 函数定义为宏时,它可能多次计算 stream 的值。

int getchar(void)

getchar 函数等价于 getc(stdin)。

char * gets(char * s)

gets 函数把下一个输入行读入到数组 s 中,并把末尾的换行符替换为字符'\0'。它返回数组 s,如果到达文件的末尾或发生错误,则返回 NULL。

int putc(int c, FILE * stream)

putc 函数等价于 fputc。所不同的是,当 putc 函数定义为宏时,它可能多次计算 stream 的值。

int putchar(int c)

putchar(c)函数等价于 putc(c, stdout)。

int puts(const char * s)

puts 函数把字符串 s 和一个换行符输出到 stdout 中。如果发生错误,则返回 EOF;否则返回一个非负值。

int ungetc(int c, FILE * stream)

ungetc 函数把 c(转换为 unsigned char 类型)写回到流 stream 中,下次对该流进行读操作时,将返回该字符。对每个流只能写回一个字符,且此字符不能是 EOF。ungetc 函数返回被写回的字符;如果发生错误,则返回 EOF。

5. 直接输入/输出函数

size_t fread(void * ptr, size_t size, size_t nobj, FILE * stream)

fread 函数从流 stream 中读取最多 nobj 个长度为 size 的对象,并保存到 ptr 指向的数组中。它返回读取的对象数目,此返回值可能小于 nobj。必须通过函数 feof 和 ferror 获得结果执行状态。

size_t fwrite(const void * ptr, size_t size, size_t nobj, FILE * stream)

fwrite 函数从 ptr 指向的数组中读取最多 nobj 个长度为 size 的对象,并输出到流 stream 中。它返回输出的对象数目。如果发生错误,返回值将会小于 nobj 的值。

6. 文件定位函数

int fseek(FILE * stream, long offset, int origin)

fseek 函数设置流 stream 的文件位置,后续的读/写操作将从新位置开始。对于二进制文件,此位置被设置为从 origin 开始的第 offset 个字符处。Origin 的值可以为 SEEK_SET(文件开始处)、SEEK_CUR(当前位置)或 SEEK_END(文件结束处)。对于文本流,offset 必须设置为 0,或者是由函数 ftell 返回的值(此时 origin 的值必须是 SEEK_SET)。fseek 函数在出错时返回一个非 0 值。

long ftell(FILE * stream)

ftell 函数返回 stream 流的当前位置。出错时该函数返回－1L。

void rewind(FILE * stream)

rewind(fp)函数等价于语句 fseek(fp, 0L, SEEK_SET); clearer(fp)的执行结果。

int fgetpos(FILE * stream, fops_t * ptr)

fgetpos 函数把 stream 流的当前位置记录在 * ptr 中,供随后的 fsetpos 函数调用使用。若出错则返回一个非 0 值。

int fsetpos(FILE * stream, const fops_t * ptr)

fsetpos 函数将流 stream 的当前位置设置为 fgetpos 记录在 * ptr 中的位置。若出错则返回一个非 0 值。

7. 错误处理函数

当发生错误或到达文件末尾时,标准库中的许多函数都会设置状态指示符。这些状态指示符可被显式地设置和测试。另外,整型表达式 errno(在<errno. h>中声明)可以包含一个错误编号,据此可以进一步了解最近一次出错的信息。

void clearer(FILE * stream)

clearerr 函数清除与流 stream 相关的文件结束符和错误指示符。

int feof(FILE * stream)

如果设置了与 stream 流相关的文件结束指示符,则 feof 函数将返回一个非 0 值。

int ferror(FILE * stream)

如果设置了与 stream 流相关的错误指示符,则 ferror 函数将返回一个非 0 值。

void perror(const char * s)

perror(s)函数打印字符串 s 以及与 errno 中整型值相应的错误信息,错误信息的具体内容与具体的实现有关。该函数的功能类似于执行下列语句:

```
(fprintf(stderr, "%s: %s\n", s, "error message")
```

有关函数 strerror 的信息,参见 2.4.3 小节中的介绍。

3.2.2 字符类别测试:<ctype. h>

头文件<ctype. h>中声明了一些测试字符的函数。每个函数的参数均为 int 类型,参数的值必须是 EOF 或可用 unsigned char 类型表示的字符,函数的返回值为 int 类型。如果参数 c 满足指定的条件,则函数返回非 0 值(表示真),否则返回 0(表示假)。这些函数包括:

isalnum(c) 函数 isalpha(c) 或 isdigit(c) 为真;

isalpha(c) 函数 isupper(c)或 islower(c)为真；

iscntrl(c) c为控制字符；

isdigit(c) c为十进制数字；

isgraph(c) c是除空格外的可打印字符；

islower(c) c是小写字母；

isprint(c) c是包括空格的可打印字符；

ispunct(c) c是除空格、字母和数字外的可打印字符；

isspace(c) c是空格、换页符、换行符、回车符、横向制表符或纵向制表符；

isupper(c) c是大写字母；

isxdigit(c) c是十六进制数字。

在7位ASCII字符集中，可打印字符是从0x20(' ')到0x7E('～')之间的字符；控制字符是从0(NUL)到0x1F(US)之间的字符以及字符0x7F(DEL)。

另外，下面两个函数可用于字母大小写的转换：

int tolower(int c) 将c转换为小写字母；

int toupper(int c) 将c转换为大写字母。

如果c是大写字母，则tolower(c)返回相应的小写字母；否则返回c。如果c是小写字母，则toupper(c)返回相应的大写字母；否则返回c。

3.2.3 字符串函数：<string.h>

头文件<string.h>中定义了两组字符串函数。第一组函数的名字以str开头；第二组函数的名字以mem开头。除函数memmove外，其他函数都没有定义重叠对象间的复制行为。比较函数将把参数作为unsigned char类型的数组看待。

在下列函数中，变量s和t的类型为char *，cs和ct的类型为const char *，n的类型为size_t；c的类型为int(将被转换为char类型)。

char *strcpy(s,ct) 将字符串ct(包括'\0')复制到字符串s中，并返回s；

char *strncpy(s,ct,n) 将字符串ct中最多*n*个字符复制到字符串s中并返回s，如果ct中少于*n*个字符，则用'\0'填充；

char *strcat(s,ct) 将字符串ct连接到s的尾部，并返回s；

char *strncat(s,ct,n) 将字符串ct中最多*n*个字符连接到字符串s的尾部并以'\0'结束，该函数返回s；

int strcmp(cs,ct) 比较字符串cs和ct，当cs<ct时返回一个负数，当cs==ct时返回0，当cs>ct时返回0；

int strncmp(cs,ct,n) 将字符串cs中至多前*n*个字符与字符串ct相比较，当cs<ct时返回一个负数，当cs==ct时返回0，当cs>ct时，返回0；

char ＊strchr(cs,c)　返回指向字符 c 在字符串 cs 中第一次出现位置的指针，如果 cs 中不包含 c 则该函数返回 NULL；

char ＊strrchr(cs,c)　返回指向字符 c 在字符串 cs 中最后一次出现位置的指针，如果 cs 中不包含 c 则该函数返回 NULL；

size_t strspn(cs,ct)　返回字符串 cs 中包含 ct 中的字符的前缀的长度；

size_t strcspn(cs,ct)　返回字符串 cs 中不包含 ct 中的字符的前缀的长度；

char ＊strpbrk(cs,ct)　返回一个指针，它指向字符串 ct 中的任意字符第一次出现在字符串 cs 中的位置，如果 cs 中没有与 ct 相同的字符则返回 NULL；

char ＊strstr(cs,ct)　返回一个指针，它指向字符串 ct 第一次出现在字符串 cs 中的位置，如果 cs 中不包含字符串 ct 则返回 NULL；

size_t strlen(cs)　返回字符串 cs 的长度；

char ＊strerror(n)　返回一个指针，它指向与错误编号 *n* 对应的错误信息字符串(错误信息的具体内容与具体实现相关)；

char ＊strtok(s,ct)　strtok 函数在 s 中搜索由 ct 中的字符界定的记号。

对 strtok(s,ct)进行一系列调用，可以把字符串 s 分成许多记号，这些记号以 ct 中的字符为分界符。第一次调用时，s 为非空。它搜索 s，找到不包含 ct 中字符的第一个记号，将 s 中的下一个字符替换为'\0'，并返回指向记号的指针。随后，每次调用 strtok 函数时(由 s 的值是否为 NULL 来指示)，均返回下一个不包含 ct 中字符的记号。当 s 中没有这样的记号时，返回 NULL。每次调用时字符串 ct 可以不同。

以 mem 开头的函数按照字符数组的方式操作对象，其主要目的是提供一个高效的函数接口。在下列函数中，s 和 t 的类型均为 void ＊，cs 和 ct 的类型均为 const void＊，n 的类型为 size_t，c 的类型为 int(将被转换为 unsign char 类型)。

void＊memcpy(s,ct,n)　将字符串 ct 中的 *n* 个字符复制到 s 中，并返回 s；

void＊memmove(s,ct,n)　该函数的作用与 memcpy 相似，所不同的是当对象重叠时，该函数仍能正确执行；

int memcmp(cs,ct,n)　将 cs 的前 *n* 个字符与 ct 进行比较，其返回值与 strcmp 的返回值相同；

void＊memchr(cs,c,n)　返回一个指针，它指向 c 在 cs 中第一次出现的位置。如果在 cs 的前 *n* 个字符中找不到匹配，则返回 NULL；

void＊memset(s,c,n)　将 s 中的前 *n* 个字符替换为 c，并返回 s。

3.2.4　数学函数：<math.h>

头文件<math.h>中声明了一些数学函数和宏。

宏 EDOM 和 ERANGE(在头<error.h>中声明)是两个非 0 整型常量，用于指示函数的定义域错误和值域错误；HUGE_VAL 是一 double 类型的正数。当参数位于函数定义的作用域之外时，就会出现定义域错误。在发生定义域错误时，全局变量 errno 的值将被设置为 EDOM，函数返回值与具体的实现有关。如果函数的结果不能用 double 类型表示，则会发生值域错误。当结果上溢时，函数返回 HUGE_VAL 并带有正确的正负号，errpo 的值将被设置为 ERANGE。当结果下溢时，函数返回 0，而 errno 是否设置为 ERANGE 要视具体的实现而定。

在下列函数中，x 和 y 的类型为 double，n 的类型为 int，所有函数返回值的类型均为 double。三角函数的角度用弧度表示。

sin(x)	x 的正弦值；
cos(x)	x 的余弦值；
tan(x)	x 的正切值；
asin(x)	$\sin^{-1}(x)$，值域为$[-\pi/2,\pi/2]$，其中 $x\in[-1,1]$；
acos(x)	$\cos^{-1}(x)$，值域为$[0,\pi]$，其中 $x\in[-1,1]$；
atan(x)	$\tan^{-1}(x)$，值域为$[-\pi/2,\pi/2]$；
atan2(y,x)	$\tan^{-1}(y/x)$，值域为$[-\pi,\pi]$；
sinh(x)	x 的双曲正弦值；
cosh(x)	x 的双曲余弦值；
tanh(x)	x 的双曲正切值；
exp(x)	幂函数 e^x；
log(x)	自然对数 $\ln(x)$，其中 $x>0$；
log10(x)	以 10 为底的对数 $\log_{10}(x)$，其中 $x>0$；
pow(x,y)	x^y。如果 $x=0$ 且 $y\leqslant 0$，或者 $x<0$ 且 y 不是整型数，将产生定义域错误；
sqrt(x)	x 的平方根，其中 $x\geqslant 0$；
ceil(x)	不小于 x 的最大整型数，其中 x 的类型为 double；
floor(x)	不大于 x 的最大整型数，其中 x 的类型为 double；
fabs(x)	x 的绝对值$\|x\|$；
ldexp(x,n)	计算 $x\cdot 2^n$ 的值；
frexp(x,int * exp)	把 x 分成一个在[1/2,1]区间内的真分数和一个 2 的幂数，结果将返回真分数部分并将幂数保存在 * exp 中，如果 x 为 0，则这两部分均为 0；
modf(x,double * ip)	把 x 分成整数和小数两部分，两部分的正负号均与 x 相同，该函数返回小数部分，整数部分保存在 * ip 中；
fmod(x,y)	求 x/y 的浮点余数，符号与 x 相同，如果 y 为 0，则结果与具体的实现相关。

3.2.5 实用函数：<stdlib.h>

头文件<stdlib.h>中声明了一些执行数值转换、内存分配以及其他类似工作的函数。

double atof(const char *s)

atof函数将字符串s转换为double类型。该函数等价于strtod(s,(char **)NULL)。

int atoi(const char *s)

atoi函数将字符串s转换为int类型。该函数等价于(int)strtol(s,(char **)NULL,10)。

long atol(const char *s)

atol函数将字符串s转换为long类型。该函数等价于strtol(s,(char **)NULL,10)。

double strtod(const char *s,char **endp)

strtod函数将字符串s的前缀转换为double类型，并在转换时跳过s的前导空格符。除非endp为NULL，否则该函数将把指向s中未转换部分(s的后缀部分)的指针保存在*endp中。如果结果上溢，则函数返回带有适当符号的HUGE_VAL；如果结果下溢，则返回0。在这两种情况下，errno都将被设置为ERANGE。

long strtol(const char *s, char **endp, int base)

strtol函数将字符串s的前缀转换为long类型，并在转换时跳过s的前导空白符。除非endp为NULL，否则该函数将把指向s中为转换部分(s的后缀部分)的指针保存在*endp中。如果base的取值在2～36之间，则假定输入是以该数为基底的；如果base的取值为0，则基底为八进制、十进制或十六进制。以0为前缀的是八进制，以0x或0X为前缀的是十六进制。无论在哪种情况下，字母均表示10～(base－1)之间的数字。如果base值是16，则可以加上前导0x或0X。如果结果上溢，则函数根据结果的符号返回LONG_MAX或LONG_MIN，同时将errno的值设置为ERANGE。

unsigned long strtoul(const char *s, char * *endp, int base)

strtoul函数的功能与strtol函数相同，其结果为unsigned long类型，错误值为ULONG_MAX。

int rand(void)

rand函数产生一个0～RAND_MAX之间的伪随机整数。RAND_MAX的取值至少为32 767。

void strand(unsigned int seed)

strand函数将seed作为生成新的伪随机数序列的种子数。种子数seed的初值为1。

void *calloc(size_t nobj,size_t size)

calloc 函数为由 nobj 个长度为 size 的对象组成的数组分配内存,并返回指向分配区域的指针;若无法满足要求,则返回 NULL。该空间的初始长度为 0 字节。

void *malloc(size_t size)

malloc 函数为长度为 size 的对象分配内存,并返回指向分配区域的指针;若无法满足要求,则返回 NULL。该函数不对分配的内存区域进行初始化。

void *realloc(void *p, size_t size)

realloc 函数将 p 指向的对象的长度修改为 size 个字节。如果新分配的内存比原内存大,则原内存的内容保持不变,增加的空间不进行初始化。如果新分配的内存比原内存小,则新分配内存不被初始化。realloc 函数返回指向新分配空间的指针;若无法满足要求则返回 NULL,在这种情况下原指针 p 指向的单元内容不变。

void free(void *p)

free 函数释放 p 指向的内存空间。当 p 的值为 NULL 时,该函数不执行任何操作。p 必须指向先前使用动态分配函数 malloc、realloc 或 calloc 分配的空间。

void abort(void)

abort 函数使程序非正常终止。其功能与 raise(SIGABRT)类似。

void exit(int status)

exit 函数使程序正常终止。atexit 函数的调用顺序与登记的顺序相反,这种情况下所有已打开的文件缓冲区将被清洗,所有已打开的流将被关闭,控制也将返回给环境。status 的值如何返回给环境要视具体的实现而定,但 0 值表示终止成功。也可使用值 EXIT_SUCCESS 和 EXIT_FAILURE 作为返回值。

int atexit(void(*fcn)(void))

atexit 函数登记函数 fcn,该函数将在程序正常终止时被调用。如果登记失败,则返回非 0 值。

int system(const char *s)

system 函数将字符串 s 传递给执行环境。如果 s 的值为 NULL,并且有命令处理程序,则该函数返回非 0 值。如果 s 的值不是 NULL,则返回值与具体的实现有关。

char *getenv(const char *name)

getenv 函数返回与 name 有关的环境字符串。如果该字符串不存在,则返回 NULL。其细节与具体的实现有关。

void *bsearch(const void *key,const void *base, size_t n, size_t size, int (*cmp)(const void *keyval, const void *datum))

bsearch 函数在[0]~base[$n-1$]之间查找与 *key 匹配的项。在函数 cmp 中,如果第一参数(查找关键字)小于第二参数(表项),它必须返回一个负值;如果第一参数等于第二参数,它必须返回零;如果第一参数大于第二参数,它必须返回一个正值。

数组 base 中的项必须按升序排列。bsearch 函数返回一个指针,它指向一个匹配项;如果不存在匹配项,则返回 NULL。

void qsort(void * base, size_t n, size_t size, int (* cmp)(const void * , const void *))

qsort 函数对[0]～base[$n-1$]数组中的对象进行升序排列,数组中每个对象的长度为 size。比较函数 cmp 与 bsearch 函数中的描述相同。

int abs(int n)

abs 函数返回 int 类型参数 n 的绝对值。

long labs(long n)

labs 函数返回 long 类型参数 n 的绝对值。

div_t div(int num, int denom)

div 函数计算 num/denom 的商和余数,并把结果分别保存在结构类型 div_t 的两个 int 类型的成员 quot 和 rem 中。

ldiv_t ldiv(long num, long denom)

ldiv 函数计算 num/denom 的商和余数,并把结果分别保存在结构类型 div_t 的 2 个 long 类型的成员 quot 和 rem 中。

3.2.6 断言:＜assert. h＞

assert 宏用于为程序增加诊断功能。其形式如下:

void assert(int 表达式)

如果执行语句“assert(表达式)”时,表达式的值为 0,则 assert 宏将在 stderr 中打印一条消息,比如:

Assertion failed: 表达式,file 源文件名,line 行号

打印消息后,该宏将调用 abort 终止程序的执行。其中的源文件名和行号来自于预处理器宏_FILE_及_LINE_。

如果定义了宏 NDEBUG,同时又包含了头文件＜assert. h＞,则 assert 宏将被忽略。

3.2.7 可变参数表:＜stdarg. h＞

头文件＜stdarg. h＞提供了遍历未知数目和类型的函数参数表的功能。

假定函数 f 带有可变数目的实际参数,lastarg 是它最后一个命名的形式参数,那么在函数 f 内声明一个类型为 va_list 的变量 ap,它将依次指向每个实际参数:

va_list ap;

在访问任何未命名的参数前,必须用 va_start 宏初始化 ap 一次:

va_start(ap,lastarg);

此后,每次执行宏 va_arg 都将产生一个与下一个未命名的参数具有相同类型和数值的值,它同时还修改 ap,以使得下一次执行 va_arg 时返回下一个参数:

类型 va_arg(va_list ap,类型);

在所有的参数处理完毕之后、退出函数 f 之前,必须调用宏 va_end 一次,如下:

void va_end(ap);

3.2.8　非局部跳转:<setjmp.h>

头文件<setjmp.h>中的声明提供了一种不同于通常的函数调用和返回顺序的方式,特别是它允许立即从一个深层嵌套的函数调用中返回。

int setjmp(jmp_buf env)

setjmp 宏将状态信息保存到 env 中,供 longjmp 使用。如果直接调用 setjmp,则返回值为 0;如果在 longjmp 中调用 setjmp,则返回值为非 0。setjmp 只能用于某些上下文中,如用于 if 语句、switch 语句、循环语句的条件测试以及一些简单的关系表达式中。

例如:

```
if(setjmp(env) == 0)
        /* 直接调用 setjmp 时,转移到这里 */
else
        /* 调用 longjmp 时,转移到这里 */
```

void longjmp(jmp_buf env, int val)

longjmp 通过最近一次调用 setjmp 时保存到 env 中的信息恢复状态,同时程序重新恢复执行,其状态等同于 setjmp 宏调用刚刚执行完并返回非 0 值 val。包含 setjmp 宏调用的函数的执行必须还没有终止。除下列情况外,可访问对象的值同调用 longjmp 时的值相同;在调用 setjmp 宏后,如果调用 setjmp 宏的函数中的非 volatile 自动变量改变了,则它们将变成未定义状态。

3.2.9　标准库函数与系统调用

随着 32 位嵌入式微处理器越来越得到广泛的应用,越来越多的嵌入式应用需要更加复杂的功能,比如图形用户界面、TCP/IP 网络协议栈、USB 链接、文件系统等,而这些新的复杂功能一般都需要借助操作系统的支持才能完成,因此嵌入式系统的发展趋势是基于嵌入式操作系统来进行整个软件项目的开发。许多刚接触 OS 的嵌入式系统程序员往往对标准 C 库提供的库函数调用和由操作系统提供的系统调用之间的关系不是非常清晰。

从应用程序员的角度上看,库函数的调用与系统调用的调用在形式上是完全一致的,因为从 C 代码的实现上看,这两种调用都是以函数调用的形式出现的。请看下面的代码:

```
……
/* 为分配的内存空间填写固定的数据以检测可能的写溢出 */
```

```
for(i = 1;i<p - >s.size;i + + )
    memcpy(p[i].c,Debugpat,sizeof(Debugpat));
//注意:我们在这里进入临界区,将调用 OS 提供的 API 关闭任务调度
vDisableDispatch();
……
```

从代码中看,程序调用了函数 memcpy(),然后又调用了 vDiableDispatch()函数,实际上 memcpy()是由编译器厂商提供的标准 C 函数,而 vDiableDispatch()却是由操作系统提供的系统调用。这两者的区别在于它们的实现机制不同,C 的库函数(也包括其他所有用户自己编写的函数)是与用户的程序代码链接在一个可执行印象中的,对于函数调用,系统只是将程序流转向了库函数的二进制代码而已;系统调用的情况就要复杂一些了,通常情况下用户程序中调用的系统调用函数(比如上例中的 vDisaleDispatch 函数,或者是图 3-1 中的 Sendmsg 函数)只是真正系统调用的一个"外壳",一旦程序的流程进入该函数内部,将调用一个软件中断指令(对于 ARM 处理器而言就是 SWI 指令)将控制权交给操作系统内核来完成相应的功能,因此从本质上来说,系统调用实际上是一段通过软件中断实现的内核代码。关于这一点请参考图 3-1。

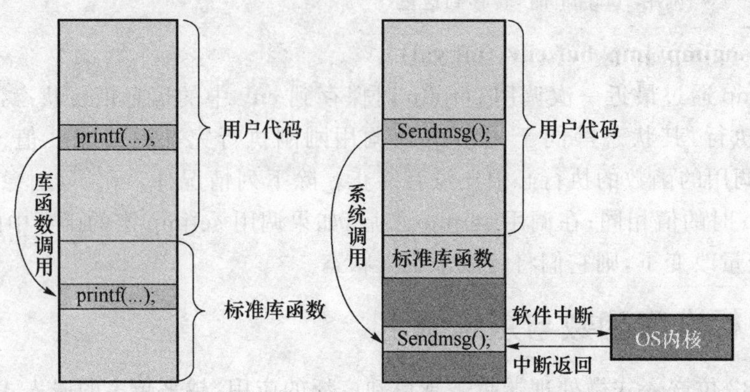

图 3-1 标准库函数调用

为什么操作系统的系统调用要通过这样的形式来进行实现呢?这是因为很多操作系统会将用户的程序代码运行在用户模式(对于 ARM 处理器而言就是 User 模式),这是一个非特权模式,用户的程序将不能直接访问或者修改一些硬件资源(比如程序状态字 CPSR 中的一些字段);但是操作系统的内核必须运行在特权模式,在这个模式下 OS 的代码将能够访问所有的硬件资源。通常情况下,一个处理器在复位时都会将处理器的状态设置为特权状态(对于 ARM 处理器而言,系统复位时 CPU 的状态为 SVC 态,这是 CPU 调用软中断指令后进入的一种特权态),在完成基本的 BOOT 过程后,控制权会交给操作系统内核,操作系统在完成必要的初始化后会启动用户的应用程序,并将 CPU 的状态由特权态切换到非特权态。这种状态的切换

一般是通过修改程序状态字寄存器中的几个特定位来完成的，但是一旦 CPU 的状态被切换到用户态(也就是非特权状态)，此时软件将无法修改程序状态字，因为此时软件已经处于非特权模式了。但是应用程序需要访问操作系统的内核，而内核必须工作在特权态，如何才能从用户态切换到特权态呢？对于绝大多数 CPU 而言，从用户态切换到特权态的唯一方法就是中断，一旦进入中断，CPU 的硬件将自动将用户态切换到特权态，而在中断返回的时候也会自动从特权态重新恢复成为用户态(这个过程实际上是通过恢复程序状态字来完成的)。通常情况下，系统调用的实现是首先构建一个普通函数的"外壳"(我们把这些函数叫作应用程序接口，API)，一旦用户程序调用这些由操作系统提供的函数后，在这些函数内部做完一些必要的初始化之后就会调用软中断指令将系统的状态由用户态切换到特权态，并将控制权交给操作系统内核。因此，在 Tanenbaum 的《操作系统设计与实现》[16]一书中称"中断是操作系统的入口"。表 3-4 是标准库函数与系统调用的一个比较。

表 3-4 标准库函数与系统调用的比较

标准库函数	系统调用
在所有的 ANSI C 编译器版本中，标准库函数都是相同的(至少大部分是相同的)	各个操作系统的系统调用是不同的。虽然现在已经有关于系统调用的一些标准，比如 POSIX 标准；在嵌入式系统领域比如日本的 uITRON 标准等等，但关于系统调用的标准化工作还远未达到库函数的水平
标准库函数是标准函数库中的一段代码	系统调用则调用操作系统内核的相关服务
标准库函数被链接在用户程序中	系统调用则是用户程序通往操作系统的一个入口(往往这个入口以操作系统提供的函数形式存在，但是一旦程序的执行流程进入该函数内部，该函数会通过软中断的方式陷入操作系统内核)，系统调用的代码是操作系统内核的一部分，并不与用户程序链接在一个可执行印象中
标准库函数运行在用户程序的地址空间	系统调用则通常运行在内核地址空间，系统调用一般是通过执行一条软陷指令(软中断指令)将用户空间切换到内核地址空间。因此，我们可以认为实际上系统调用是运行在软中断处理程序中的
标准库函数的运行时间属于"用户"时间	系统调用的运行时间属于"内核"时间
标准库函数的调用属于函数调用，开销比较小	系统调用由于本质上属于中断处理，因此需要更多的时间处理上下文的切换等等，开销比较大
典型的标准 C 库函数：strlen()；strcpy()；memset()；malloc()等	典型的系统调用(以 Linux 为例)：fork()；chdir()；brk()；等

虽然库函数的调用通常比内联函数要慢，但是往往要比系统调用快很多。这是因为系统调用除了需要有函数调用的固定开销外，还必须处理由于软陷(软件中断)而引起的上下文切换。因此，从性能的角度考虑，程序员应该尽可能少地使用系统调

用。对于嵌入式系统而言，这个问题会变得更加复杂一些。这是因为对于一些比较简单的嵌入式操作系统，比如 μCOS、ASIX OS 等，由于目标处理器没有 MMU 内存管理单元，OS 内核与用户程序运行在同一个内存空间，因此没有必要进行用户空间与内核空间的切换，这时系统调用的实现方法与函数调用的实现是一样的。另外，一般在操作系统的实现上，任务的调度只会发生在两个地方，第一是中断返回前，第二是系统调用返回前。因此，对于采用软陷实现系统调用的系统而言，任务的切换只需要采用一种方法就可以完成（也就是通过中断栈帧进行任务的上下文切换）；而对于不采用软陷方法实现系统调用的嵌入式操作系统而言，要么在实现上区分中断栈帧的上下文切换和系统调用栈帧（实际上就是函数调用栈帧）的上下文切换，要么在系统调用的入口人为地将系统调用栈帧修改为和中断栈帧一致，这样就可以在系统调用返回时采用与中断返回相同的上下文切换方法。

3.3 声　明

任何 C 语言变量、数组、函数的声明（declaration）都是由 2 部分组成的：类型以及其后跟着的一组类似表达式的声明符。声明符从表面上看与表达式有些类似，对它求值应该返回一个声明中给定类型的结果。比如“int a, b;”。这个声明的含义是当对其求值时，表达式 a 和 b 的类型为有符号整型。因为声明符与表达式的相似，所以我们也可以在声明符中任意使用括号“int a, ((b));”。

将这个规则外推就可以构建更为复杂的声明，比如：“int myfunc( );”这个声明的含义是，表达式 myfunc()求值的结果是一个有符号整型数，也就是说 myfunc 是一个返回值为有符号整型数的函数。

类似的，“int *iptr;”这个声明的含义是 *iptr 这个表达式的值是一个有符号整型数，也就是说 iptr 是一个指向有符号整型数的指针。以上这些形式在声明中还可以组合起来，就像在表达式中进行组合一样，比如：“int *f(), (*pf)();”表示 *f() 与(*pf)()是一个有符号整型数。因为括号()结合优先级高于运算符 *，*f()也就是 *(f())，这说明 f 是一个函数，这个函数的返回值是一个指向有符号整型数的指针。而对于(*pf)()这个表达式，首先(*pf)表示一个函数名，该函数的返回值是一个有符号整型数，因此 pf 是一个函数指针。同样的道理，如果我们将变量声明中的变量名去掉，再将剩余的部分用括号括起来，就可以得到一个类型转换符，比如：“int *ptr;”是一个指向整型数的指针变量的声明，那么(int *)就是一个类型转换符，它可以将一个其他类型的指针转换成为指向整型数的指针，比如可以将 malloc()函数分配的存储空间的首地址强制转化成为一个指向整型数的指针：

```
……
int *ptr;
ptr = ( int * )malloc( 1024 * sizeof(int) ); /* 注意 malloc()函数的返回值类型是
```

```
void * */
……
```

更复杂一点,如果"int (* pf)();"是一个函数指针的声明,那么(int (*)())就是一个类型转换符,它的作用是将一个其他类型的数据转化成为一个指向入口参数为空、返回值为整型数函数的指针。

下面我们再来看一个关于声明的例子,请用变量 a 给出下面的定义:

- 一个整型数;
- 一个指向整型数的指针;
- 一个指向指针的的指针,它指向的指针是指向一个整型数;
- 一个有 10 个整型数的数组;
- 一个有 10 个指针的数组,该指针是指向一个整型的数;
- 一个指向函数的指针,该函数有一个整型参数并返回一个整型数;
- 一个有 10 个指针的数组,该指针指向一个函数,该函数有一个整型参数并返回一个整型数。

正确答案是:

```
int a;                    // 一个整数
int * a;                  // 一个指向整数的指针
int * * a;                // 一个指向某指针的指针,该指针指向一个整数
int a[10];                // 一个 10 个整数的数组
int * a[10];              // 一个 10 个指针的数组,其中的每个指针指向整数
int ( * a)(int);          // 一个指向函数的指针(函数指针),该函数入口参数为整数,返
                          回值为整数
int ( * a[10])(int);      // 一个由 10 个函数指针构成的数组,被指向的函数入口参数
                          为整数,返回值为整数
```

关于函数指针的问题将在第 4 章进行详细讲解。

3.4 作用域与链接属性

每一个变量在被声明后,只能在程序的某一个特定区域内才能被访问。比如函数内部的局部变量只能在函数内部才能被访问,而在函数外是不可见的。变量的作用区域由作用域(Scope)决定。变量被声明的位置决定了该变量的作用域,C 语言编译器一共规定了 4 种不同类型的作用域:代码块作用域、文件作用域、函数作用域和原型作用域。

3.4.1 代码块作用域

位于一对大括号之间的所有语句构成一个代码块(Block)。任何在代码块开始

位置声明的标识符都具有代码块作用域(Block Scope),该作用域表示这些标识符可以被这个代码块中的所有语句访问。函数定义的形参在函数内部也具有代码块作用域。

```
1  int a;
2  int b(int c);
3  int d(int e)
4  {
5      int f;
6      int g(int h);
7      ……
8      {
9          int f, g, i;    //注意:此处的整数 f 与 g 与第 5 行和第 6 行定义的不是同一个变量!
10         ……              //而且在本代码块中将无法访问第 5 行定义的 f 变量
11     }
12
13     {
14         int i = 4;      //注意:此处的 i 和第 9 行定义的 i 是 2 个不同的变量
15         f = i + 3;      //注意:此处访问的 f 是第 5 行定义的 f,而不是第 9 行的 f
16         ……
17     }
18 }
```

当代码块处于嵌套状态时,声明于内层代码块的标识符的作用域到达该代码块的尾部便告终止。通常情况下,在外层代码块声明的标识符可以被内层代码块访问;但是,如果内层代码块中有一个标识符的名字与外层代码块的一个标识符重名,那么内层代码块中声明的标识符将屏蔽外层的同名标识符,也就是说在内层代码块无法在该内层代码块中通过这个名字来访问外层代码块中定义的同名变量。

对于非嵌套的情况,在某个代码块中声明的标识符将无法被另一个代码块中的代码访问,因为它们的作用域没有重叠。由于两个代码块的变量不可能同时存在,因此编译器可以将它们存放在同一个内存地址。比如上面代码的第 9 行中声明的 f、g、i 这 3 个变量中的任何一个和第 14 行中声明的 i 可以共享同一个内存地址,因为这两个声明所处的代码块在任意时刻只能有一个处于激活状态。

3.4.2 文件作用域

任何在所有代码块之外声明的标识符(也就是这个标识符不属于任何代码块)都具有文件作用域(File Scope)。它表示这些标识符在整个声明这些标识符的文件中都可以被访问。注意:在文件中被定义的函数的函数名也具有文件作用域,因为函数本身并不属于任何代码块。

在很多C语言书上都没有说明文件作用域或者只是略微提到一点，其实文件作用域在较大程序中很有作用(在多文件系统中)。文件作用域是指外部标识符仅在声明它的同一个转换单元内的函数汇总可见。所谓转换单元是指定义这些变量和函数的源代码文件(包括任何通过＃include指令包含的源代码文件)。static存储类型修饰符指定了变量具有文件作用域。

```
static int num;
static void add(int);
main()
{
  scanf("%d",&num);
  add(num)
  printf("%d\n",num);
}
void add(num)
{
  num++;
}
```

上面的程序中变量num和函数add()在声明时采用了static存储类型修饰符，这使得它们具有文件作用域，仅在定义它们的文件内可见。

如果项目中仅包含这一个编译文件，上面的这种写法没有实际意义。但是实际工程上的文件有很多，它们不是由一个人写成而是由很多人共同完成的，这些文件都是各自编译的，这难免使得某些人使用了一样的全局变量名，那么为了以后程序中各自的变量和函数不互相干扰就可以使用static修饰符，这样对链接到同一个程序的其他代码文件而言就是不可见的。

3.4.3　函数作用域

函数的作用域不但决定了可以在程序中的什么位置调用函数，而且还决定了函数可以访问哪些定义。适用于变量标识符的作用域规则同样也适用于函数标识符。在全局作用域中声明的函数在整个代码中都可用。

3.4.4　原型作用域

C语言程序中，函数的应用分为函数定义和函数服务(调用)两部分。文件定义通常在文件作用域。C＋＋语言编译器要求函数调用之前，首先要用该函数原型进行函数说明，以使编译器能够利用函数原型所提供的信息去检查函数调用的合法性，保证参数的正确传递。

```
int mul(int i,int j);          //函数原型的声明处
```

```
……
s = mul(a,b);                    //函数调用处
……
int mul(int x,int y)             //函数定义处
{
    return ( x * y );
}
```

注意：函数原型中参数名可以省略，参数名对编译器无意义，比如在第一行的函数原型声明中 mul(int ,int)等同于 mul(int i,int j)。

3.4.5　链接属性

在普通的C语言程序中，转换单元内的实体常常被另一个转换单元中访问，最明显的例子就是函数。还有其他例子，例如在全局作用域中定义的、在若干个转换单元中共享的变量。由于编译器一次只能处理一个转换单元，所以这种两个甚至多个转换单元之间的引用是不能被编译器解析的。只有当程序里所有转换单元中的对象文件都可用时，链接程序才能解析它。

这就要求转换单元中的名称在编译、链接过程中处理的方式由某种特性的属性来确定。Linkage 表示由一个名称表示的实体可以在程序代码的什么地方使用。程序中使用的每个名称要么有链接属性，要么没有链接属性。当某个名称用于在声明该名称的作用域外部的代码块中访问程序的变量或函数时，就有链接属性；否则就没有链接属性。如果某个名称有链接属性，就可以有内部链接属性或着外部链接属性。因此，转换单元中的每个名称都有内部链接属性、外部链接属性，或者没有链接属性。

需要注意的一点是，无论名称是在头文件中声明还是在源文件中声明，应用于名称的链接属性都不受影响。事实上在转换单元中，每个名称的链接属性都是在C文件中插入了头文件的内容后才确定。

名称的3个链接属性有如下含义：

内部链接属性——该名称表示的实体可以在同一个转换单元的任何地方访问。例如：在全局作用域中定义的、声明为 const 的变量名在默认情况下具有内部链接属性。

外部链接属性——具有这种链接属性的名称除可以在定义它的转换单元中访问外，还可以在另一个转换单元中访问。换言之，该名称表示的实体可以在整个程序中共享，访问就称之为该实体具有外部链接属性。前面编写的所有函数以及在全局作用域中定义的非 const 变量都有外部链接属性。

没有链接属性——名称如果没有链接属性，它表示的实体只能在应用于该名称的作用域中访问。在块中定义的所有名称（即局部名称）都没有链接属性。

现在的问题是，在函数内部如何访问在另一个转换单元中定义的变量？这涉及

到变量如何声明为外部的问题。

在由几个文件组成的程序中，一个源文件的函数调用与另一个文件中的函数定义之间的连接由链接程序建立(或解析)。在链接程序开始动作之前，编译器会编译函数的调用，为此编译器要从函数原型中提取需要的信息。编译器并不介意函数的定义是在同一个文件中还是在另一个C文件中，这是因为函数名在默认情况下具有外部的链接属性。如果函数没有在调用它的转换单元中定义，编译器就会把这个调用标记为外部，让链接程序处理它。

变量名是不同的。编译器需要某种提示：某个名称的定义对于当前转换单元来说是外部的。如果希望用一个名称访问当前转换单元外的变量，就必须用extern关键字来声明该变量，如："extern double x;"。这个语句声明名称x在当前块的外部定义。类型必须对应于定义中的类型。在extern声明中不能有初始值。把变量声明为extern，表示它是在另一个转换单元中定义的。因此编译器就把变量标记为具有外部链接属性。链接程序就会在名称和它引用的变量之间建立链接。名称x的extern声明表示，该函数中对x的后续使用都引用的是在当前块(这里就是函数块)外部定义的x。注意：extern声明并没有定义x，只是表示x是在其他地方定义的。这里，名称x具有外部链接属性，因为它引用了另一个转换单元中的变量。编译器不能把名称和变量定义链接起来，因为该定义在另一个转换单元中。编译器会把该变量标记为外部，在链接对象文件以创建一个可执行模块时，由链接程序建立该链接。

注意：如果给定块中的一个名称有extern声明，就不能在同一个块中定义该名称。关于extern关键字的作用，读者还可以参考2.1.3小节中的内容。

3.5 C的预编译处理

C语言的预编译处理器在开始真正意义的编译之前，首先要对源代码作必要的转换处理。预处理器使得程序员可以简化某些工作，它的重要性可以由以下几个原因来说明。

第一个原因是在某些情况下，我们需要将某个特定的数在程序中出现的所有实例统统加以修改。通过预处理器中支持的宏定义可以非常方便地定义这个数为某个特定的宏，在代码中所有需要应用这个常数的地方使用这个宏定义，这样只要修改这个宏定义本身这一处代码并且重新编译整个系统，就可以完成对代码中所有需要修改的地方进行修改。这样一方面大大降低了程序员的工作量，另一方面也是更重要的，如果程序在多处引用了这个常量，就可以确保所有的地方都作了修改，不会因为程序员的疏忽而造成代码的不一致。

第二个原因是对于一个较大型的软件项目，我们需要条件编译的功能。所谓条件编译是指通过预处理器，程序员可以指定哪些代码段需要编译，哪些代码不要编译。这个功能是非常实用的，比如程序员可以定义一个调试宏(这个问题将在第8章详细讨论)，将程序的调试代码统统都放在对这个宏是否有定义的条件判断中。这样，如果我们定义了调试宏，这些调试代码就会被编译；反之，如果我们已经调试结束准备正式发布了，只需要关闭这个调试宏，则所有的调试代码将不会被编译。另外一个有说服力的例子与嵌入式系统的特性相关，由于嵌入式系统的硬件配置往往与应用紧密相关，因此需要在一套代码中支持多种不同的硬件配置，这是一件比较难以管理的工作，如果我们采用条件编译的方法对不同的硬件配置打开不同的编译选项，就可以比较方便地解决这个问题。

第三个原因是对于某些实现比较简单却频繁地被使用的代码段，程序员可以将它们定义为函数，但是在C语言中函数的调用都会带来比较大的系统开销(因为函数的调用过程必须构建相应的调用栈帧，用以存储返回地址、传递参数、保存临时寄存器的值、分配被调用函数的局部变量等)。C语言的预处理器允许程序员将上述代码利用宏定义的形式加以实现，这样既保存了类似于函数调用的便捷，又避免了函数调用而造成的系统开销。当然，天下没有免费的午餐，宏定义的代价是预处理器会在每一个引用这个宏的程序点将宏定义的代码复制到程序中，这样无疑增加了代码的size。

3.6 思考题

1. 用你所使用的编译器编译一段C代码，反汇编后仔细阅读编译器对于参数传递、栈帧操作及返回值的操作，注意Caller(调用函数)和Callee(被调函数)的代码所进行的不同操作。如果可能，尝试换一个不同的编译器，比较两个编译器在处理函数调用问题时的不同。

2. 递归函数是C算法中非常常用的手段，请阅读相关资料，看看在其他什么样的场合还会经常用到递归？

3. 仔细阅读 sprintf()函数的原型声明，可能的话请阅读该函数的源码，思考这个函数的用途。

第 4 章

编译、汇编与调试

任何计算机系统的调试都是一项复杂的任务。调试有两种基本的方法，一种简单的方法是使用如逻辑分析仪之类的测试仪器从外部监视系统，另一种更有效的方法是使用支持单步执行、设置断点等功能的工具从内部观察系统。

嵌入式系统的软件开发与调试相对于 PC 软件的调试是比较困难的，调试工具必须在远程主机上运行，通过某种通信方式与目标机(也就是被调试的嵌入式系统，有时称为目标系统，即 Target System)连接，并通过在主机上运行交叉编译工具生成运行在目标系统上的可调试映像文件。由于目标系统中常常没有进行输入/输出处理所必要的人机接口，故需要在另外一台计算机上运行调试程序。这个运行调试程序的计算机通常是一台 PC，称为主机。在主机和目标机之间需要一定的信道进行通信。因此，一个嵌入式系统的调试系统应该包括 3 部分，即主机以及目标机、目标机和主机之间的通信信道。在主机上运行的调试程序用于接收用户的命令，把用户命令通过主机和目标机之间的通信通道发送到目标机，同时接收从目标机返回的数据并按照用户指定的格式进行显示。在主机和目标机之间需要一定的通信信道，通常使用的是串行端口、并行端口、以太网卡或者 JATG。

作为嵌入式软件程序员，首先必须对嵌入式软件开发的流程、工具非常熟悉，包括在嵌入式软件开发过程中所使用的工具链(主要包括编译器、汇编器、链接器、库生成器以及 ANSI C 运行库函数等等)以及这些工具的基本工作原理；另外还需要对可执行映像的内存布局等非常清楚。其次，由于一个稍微复杂的嵌入式软件系统一定是由多个源文件构成的项目，如何理解这些源文件之间的关系，尤其是如何构建整个项目对于程序员而言也是非常重要的。第三，虽然 ANSI C 标准规范了 C 语言的实现，但是各个编译器在具体实现 C 语言的过程中依然存在非常多的个性特点，程序员应该非常了解自己所使用的编译器的这些特性，这样才能为目标处理器编写出高效的代码。在本章中，我们将介绍以上 3 个方面的内容。

4.1 嵌入式软件开发流程与工具

4.1.1 嵌入式软件开发的一般流程

嵌入式系统的一般开发流程如图 4-1 所示。

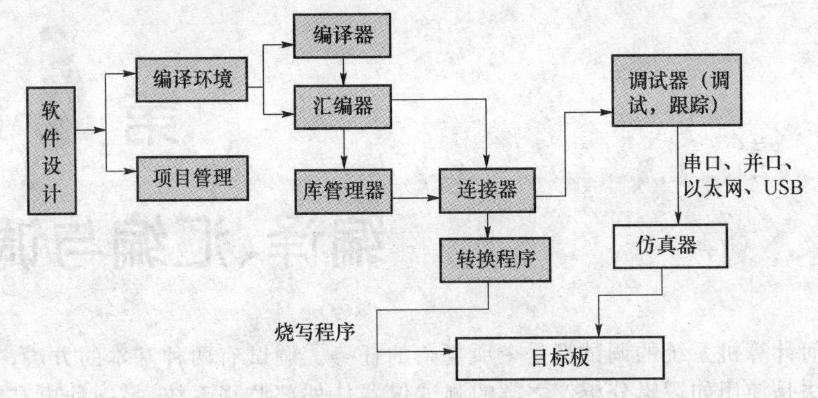

图4-1 嵌入式软件的开发流程

在面向嵌入式系统开发的软件流程中，首先是软件设计（包括编辑环境的选择、项目管理、代码编写等），代码编写完成之后经过编译器、汇编器、库管理工具生成一组与目标系统存储器地址无关的目标文件，然后由链接器连接后生成与目标系统存储器地址相关的可调试文件。这个可调试文件可以以两种方式在目标板上运行。

① 将该文件送给调试器，调试器通过并口、串口、以太网口或USB口与仿真器Emulator通信，通过仿真器把这个可调试文件下载到目标板运行并调试。

② 将二进制文件烧录到目标板上，并在离开调试器、仿真器的情况下独立运行。一般而言，链接器生成的可调试文件通常并不是可以直接烧录到目标板上的二进制格式，因为由链接器输出的可调试文件包含了很多给调试器的调试信息，为了将其烧录到目标系统的非易失性存储器（如Flash、ROM或EEPROM等）中需要一个转换程序把该可调试文件转换成纯二进制的代码和数据格式，从而烧录到目标板上运行。

嵌入式软件开发的最大特点就是广泛采用的所谓“交叉编译”（Cross Compiling）和“交叉调试”的开发方式。由于嵌入式目标系统的硬件配置千差万别，很多深嵌入（Deep Embedded）的系统甚至没有键盘和屏幕作为人机交互的工具；另一方面，由于嵌入式系统在CPU的处理能力、存储器容量以及操作系统平台上都较传统的PC平台要差很多，因此直接在目标系统上编辑、编译、链接和调试嵌入式软件几乎是不可能的。所谓交叉编译和交叉调试是指嵌入式软件的编辑、编译、链接以及调试工具都运行在功能强大的主机（一般是PC机）上，而编译的结果却运行在目标系统上。这和在PC上开发软件有非常大的区别，PC的程序开发过程是在PC上完成的，并且对这些代码的调试以及最终开发的程序都是运行在同一个PC平台上的。

图4-2以文件的形式进一步描述了嵌入式系统的交叉开发过程。

如图4-2所示，对C语言源文件利用C编译器生成file.s汇编文件，如何管理由多个C文件构成的软件项目的编译需要一个make文件（有时也称这个文件为make脚本，后面会专门来介绍make）来指定，有些集成开发环境需要用户自己编写make脚本，有些集成开发环境只需要用户输入一些选项，由集成开发环境来生成

make 脚本。汇编文件(包括汇编语言源文件和 C 语言编译后生成的汇编文件)经过汇编器生成 file. o 文件。file. o 文件需要经过链接器生成与目标系统存储器地址相关的可调试文件 file. out,此文件包含很多调试信息,如全局符号表、C 语句所对应的汇编语句等。调试信息的格式可以是厂商自己定义的,也可以是遵循标准的(如 IEEE695)。事实上,不同的厂商链接器输出的可调试文件的格式是不一定相同的,比如 Freescale 公司的 68000 链接器输出的是后缀名为 *. out 的文件;而 ARM 公司的链接器输出的则是标准的 ELF(Extended Linker Format,扩展的链接器格式)格式。

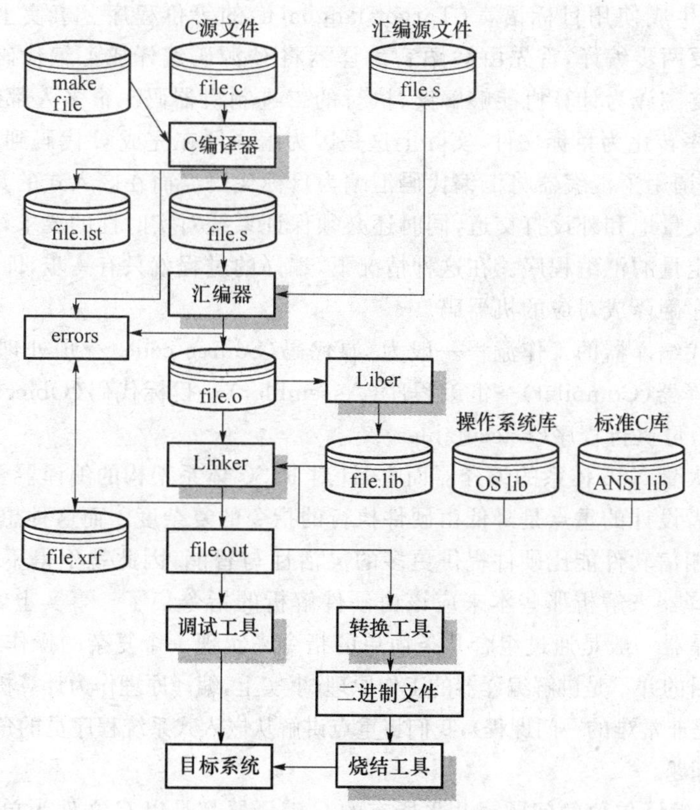

图 4-2 嵌入式软件的开发流程中的文件

软件开发人员还可以利用库管理工具将若干个目标文件合并成为一个库文件。一般来说,库文件提供了一组功能相对独立的工具函数集,比如操作系统库、标准 C 函数库、手写识别库等。用户在使用链接工具时,可以将所需要的库文件一起链接到生成的可调试文件中。在图 4-2 所示的流程中,这些软件工具还会生成一些辅助性文件。编译器在编译一个 C 文件时,会生成该文件的列表文件(*. lst,扩展名可能因不同的编译器而不同)。该列表文件采用纯文本的方式将 C 文件的语句翻译成为一组相应的汇编语句。这个工具有助于程序员分析编译器将 C 文件转化成为汇编的过程。链接器除生成内存映像文件外，一般还会生成一个全局符号表文件（*.xrf，扩展名可能因不同的链接器而不同），开发人员可以利用该文件查看整个映像文件中的任意变量、任意函数在内存映像中的绝对地址。File.out 文件可以由调试器下载到目标系统的 SDRAM 中进行调试，也可以通过转换工具转换为二进制文件，再利用烧结工具烧录到目标系统的 Flash 中。

4.1.2 编译器简介

一般认为所谓编译就是将便于程序员编写、阅读、维护的高级计算机语言翻译为计算机能解读、运行的低级机器语言的特定程序。编译器将源代码（Source Code）作为输入，翻译生成使用目标语言（Target language）的等价程序。事实上，一般的 C 语言程序需要两步编译，首先由 C 语言编译器将 C 源码编译成汇编代码，再使用汇编器将其最终翻译为计算机能够解读、执行的二进制机器码。很多人都认为编译器直接将 C 程序转化为目标文件，实际上这是因为编译器在完成 C 代码到汇编代码的转化后，直接调用了汇编器将汇编代码汇编为目标代码。而在嵌入式的具体应用中，程序员需要大量地和外设打交道，同时还必须保证系统对实时性的要求，这就不得不直接书写一定量的汇编程序。在这种情况下，编译的过程就只有一步，即将程序员书写的汇编程序翻译成对应的机器码。

一个现代编译器的工作流程一般为：源代码（Source code）→预处理器（Preprocessor）→编译器（Compiler）→汇编程序（Assembler）→目标代码（Object code）→连接器（Linker）可执行程序（Executables）。

相较于大量 X86 体系的编译器而言，针对 RISC 体系架构的编译器要复杂一些。这是因为后者设计的重点是降低由硬件执行的指令的复杂度。而这种想法的出发点在于设计者相信软件能比硬件提供更多的灵活性与智能，因此就不得不使用相对复杂一些的编译器来解析那些本来应该由硬件解析的指令集了。事实上，像 ARM 这类 RISC 编译器一般是通过组合几条简单的指令来实现一个复杂的操作。

本节的目的并不是讲解编译器的工作原理（事实上，编译原理作为计算机科学这个专业的基础课是非常难的一门课程），我们将重点讲解从嵌入式系统程序员的角度应该理解的几个关键问题。

首先，是编译单位的问题。几乎所有的 C 编译器都是以 C 文件为单位进行编译的，也就是说当编译器在编译某个 C 文件的时候，编译器不知道项目中有其他 C 文件的存在。C 编译器只针对当前正在被编译的 C 文件，它并不知道还有多少个其他 C 文件，也不知道这些 C 文件之间的关系（主要是调用关系）。因此，当某个 C 文件中引用了（如访问或是调用）其他 C 文件中定义的全局变量或函数时，编译器并不清楚被引用的全局变量或函数是否真的存在，存在于何处。那么编译器是如何处理这个问题的呢？对于这种情况，编译器要求被编译的 C 文件必须采用 extern 关键字显式地声明这些外部定义的全局变量和函数，告诉编译器这些变量和函数来自于当前被编译 C 文件之外（参见 2.1.3 小节）。

其次，就是编译器对于存储器的布局。我们都知道在 C 程序中指令和数据是混合在一起的，程序中几乎可以在任何地方声明和定义新的数据。但是对于机器指令而言，数据和指令是分开存放的，一般在指令部分不会存放数据（对于 ARM 这样的 RISC 处理器而言，有时会在指令段存放部分常量用于实现立即数和长跳转时的偏移量或是绝对地址，但这种情况毕竟是特例），而在数据部分也不会存放指令。因此，编译器在将 C 程序转化为汇编程序的时候要做的一个非常重要的工作就是将 C 程序中的指令和数据分开，并分别映射到不同的程序段中，比如对 ARM 编译器而言，将程序分为 RO 段即指令段、ZI 段即没有初值的全局变量段、RW 段即有初值的全局变量段。

最后，是编译器对于堆栈的处理。堆栈对于 C 程序而言有着非常重要的作用，通常 C 编译器利用堆栈实现传递参数、保存返回地址、保存 Caller 函数已经使用的寄存器、实现 Callee 函数的局部变量（关于堆栈的讨论参见 5.3 节）。可以说编译器在处理函数调用这个问题上主要是依靠堆栈，但是不同的编译器在处理调用栈时的方法可能略有不同，因此程序员应该仔细阅读所使用编译器的手册，了解该编译器在处理调用栈时的具体方法。

4.1.3 链接器简介

通常情况下，我们将编译器、汇编器、链接器和库管理器统称为工具链（Tool Chain）。这些工具顺序地处理用户所编写的 C 源程序并最终生成可供调试器（Debugger）使用的可调试文件。

下面重点介绍一下链接的过程，也就是从 file.o 文件到 file.out 文件的过程。每个目标文件 file.o 实际上都是独立的机器码文件，它内部的地址空间是独立于其他目标文件的，所有符号的定位都是相对地址，所以单个的目标文件实际上是无法运行的。也就是说每个目标文件的第一条指令都从相同的地址开始存放，一个具体的目标文件 file.o 的结构如图 4-3 所示，图中以 Freescale 的 68K 系列微处理器和 ARM 系列微处理器为例说明了目标文件的结构。

程序经过编译后主要由 2 部分组成：代码和数据。汇编器进行汇编后，得到的数据和代码分开存放，一般低地址端放代码，高地址端放数据，数据又可分为有初值的全局变量（或静态变量）和无初值的变量两种，系统初始化时会自动将无初值变量初始化为 0（如图 4-3 所示），Freescale 的 68K 系列微处理器汇编后分类较多，而 ARM 系列微处理器经汇编后的文件格式只有 3 种，分为只读段 RO（包括代码和常量）、有初值的全局变量 RW 可读可写段及无初值的变量零初始化段 ZI。这 3 种格式的段从 0 地址开始顺序存放。

链接器将编译或汇编通过的目标文件以及操作系统库文件、标准 C 函数库文件等库文件链接到一起，链接的过程实际上是将各个独立的目标地址空间编排到一个

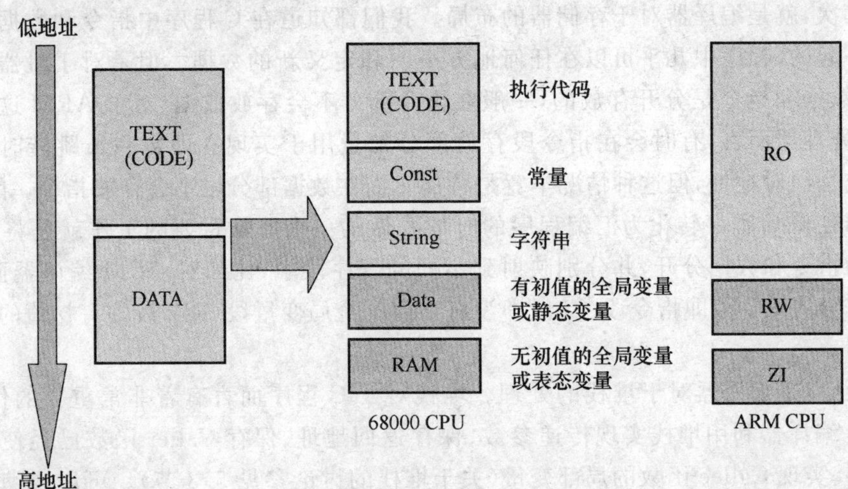

图 4-3 目标文件结构图

统一的地址空间中去，生成一个完整的与实际物理内存相符合的内存映像文件(file.out 文件)，同时在有 MMU 的系统中可以为每个任务单独分配一个地址空间。图 4-4 是以 68K 为例说明默认情况下链接器如何将不同的目标文件链接起来。各个不同的目标文件都有各自不同的代码、常量、数据和存储空间，经链接器连接后，所有的代码、数据等文件格式都统一存放在一个绝对的物理地址中。

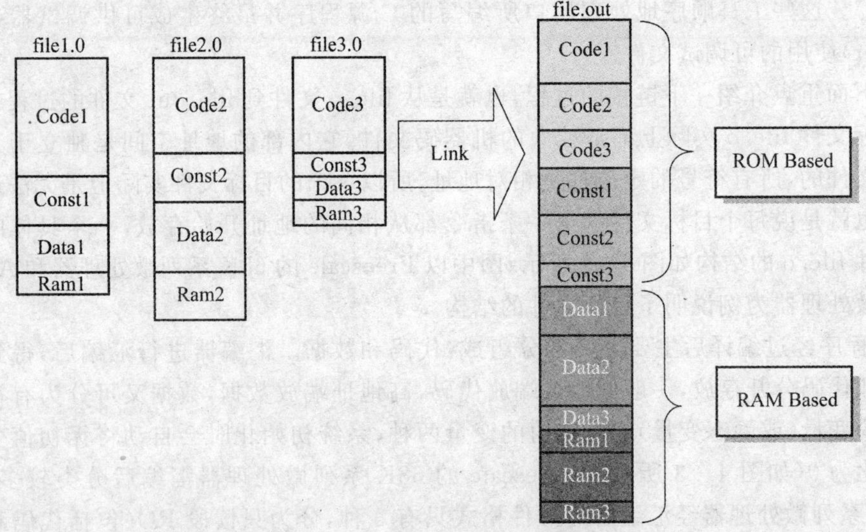

图 4-4 链接器的配置规则(68K)

图 4-5 以 ARM 为例说明链接器在决定代码和数据的存放时要遵守的规则。地址映射本着“RO 第一、RW 第二、ZI 最后”的原则来进行配置。在同一模块里，代

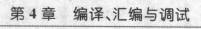

码的配置要优先于数据。之后，链接器按名字字母的顺序来配置输入部分，输入部分的命名根据汇编程序的指令性管理文件来进行。在输入部分，不同目标文件的代码和数据要在链接器命令队列对目标文件的规范下有秩序地配置。

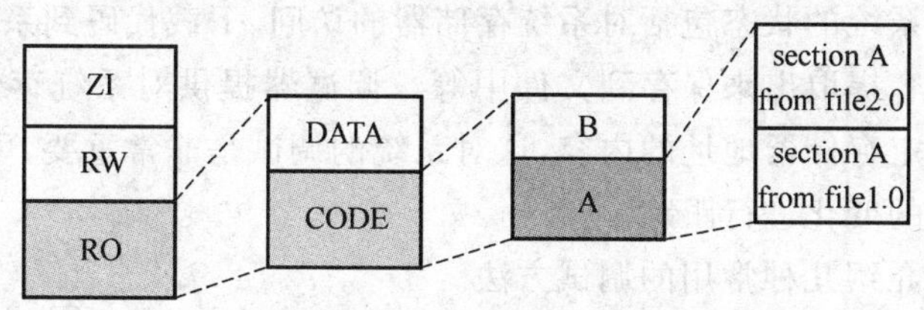

图4-5 链接器的配置原则(ARM)

一旦要求对代码和数据进行精确配置，这时候用户可以不受这些原则约束，可以通过ARM提供的调试工具AXD中的scatterloading机制实现对代码和数据的完全配置。通过scatter文件，用户可以自行决定不同目标文件的存放位置。

4.1.4 嵌入式软件开发的调试环境

自计算机诞生以来，人们就编写了各种各样的程序在计算机上运行以实现不同的功能。这就决定了对程序的调试是工程设计中不可缺少的一个步骤，并且随着软件设计在工程设计中所占比例的日益增大，软件调试也就受到越来越多的关注。一般的调试系统都应该具有以下几个基本特点：

- 控制程序的执行。
- 检查与改变处理器的状态。
- 检查与改变整个系统的状态。

其中，对程序执行的控制包括对感兴趣的数据进行观察、对感兴趣的指令设置断点以及对程序的单步执行的控制。值得大家关注的是，现在大部分程序都是基于C源码级的调试，在具体程序的单步执行过程中一条C语句可能对应若干条汇编语句，所以在具体的调试过程中应尽量选择最低的调试优化级，这样可以比较直观地观察到整个程序的运行状态。目前ARM公司ADS提供的AXD调试系统，还提供了通过查看编译后的符号表实现对变量的监测功能，它不仅提供了断点(breakpoint)功能，还实现了观察点(watchpoint)功能。关于断点大家可能都比较熟悉，在VC、Turbo C中断点都有所应用，它主要是针对程序而言的；而观察点主要是针对数据而言的，在C程序中任何一个变量尤其是全局变量都对应着一个存储地址，所以总是可以用一个指针来表述的，通过watchpoint这个功能可以将任何一个数据对应的地址设为观察点，当观察点的数据发生改变时程序就会停止执行，这在软件开发中是相当重要的，因为它可以监视数据的改变，防止对数据的误操作导致程序的不可用，这在查询缓冲区溢出、内存泄漏等错误时是非常有效的。

检查与改变处理器的状态是指在调试器中可以对处理器内部的寄存器进行读/

写操作，可以看到并修改这些寄存器的值。ARM 体系是 RISC 结构，它有自己特定的参数传递规则，一般使用寄存器传递参数，所以可以利用调试器通过跟踪寄存器的变化来加深对程序执行过程的认识。

检查与改变系统的状态包括对系统存储器的访问、下载代码到系统存储器中、把系统存储器的内容提取出来保存到文件中等。调试器提供对系统存储器的访问，可以查看并改变特定存储器地址的内容，这对系统的调试是非常重要，可以实现对局部变量和全局变量的变化进行跟踪。

下面向大家介绍几种常用的调试方法。

1. 基于模拟器的调试(Simulator)

基于模拟器的调试方法用于设计的最初阶段，这期间设计人员会借助它来对初始代码进行评估。模拟器的指令都在 PC 上运行，不需要下载到目标系统上运行。开发人员需在设计进程的初期阶段(一般在获得硬件前的几个月)使用模拟器对复杂的系统进行建模。这使得在没有目标系统硬件的情况下在 PC 上模拟运行程序成为可能。此外，当设计人员运行核心代码并对之进行不同的更改时，软件模拟可以采集到大量的调试数据。软件模拟有可能确定最有效的应用设计。基于模拟器的调试主要有基于指令集的调试和基于操作系统的调试 2 种方式。

基于指令集模拟器的调试方法主要是利用宿主机(通常为 PC)的资源来构建一个虚拟的目标机系统，该系统通过解释执行目标机的二进制代码来仿真执行目标系统的程序。模拟器构建了一个虚拟环境，用户目标机的实时操作系统、应用程序等运行在虚拟环境中，这个虚拟环境包括了用 C 语言模拟出来的目标机的存储器、寄存器等。也就是用 C 模拟运行不同的微处理器核的指令系统，比较有代表性的有以下 2 种：

ARMulator——用 C 语言模拟运行 ARM 内核的指令系统。

Palm OS 模拟器——可以模拟运行 68K 微处理器的指令系统。

指令集模拟器的实现架构如图 4－6 所示。图中的 VM(虚拟机)即指令集模拟器，运行在 PC 的 windows 操作系统上。虚拟机构建了目标系统硬件的一个虚拟环境，包括寄存器、存储器等，可以运行目标系统上微处理器的指令。针对目标系统所编写的程序(包括在目标系统上运行的嵌入式实时操作系统 RTOS、应用程序等)，可以在虚拟机上来模拟其在目标系统上运行的效果。

除了指令集模拟器之外还有操作系统模拟器，例如 Sybian OS 模拟器和国家 ASIC 中心自主研发的 ASIX OS 模拟器。它们在操作系统层次上进行模拟，将 Windows 的 API 封装成嵌入式系统的 API，实现起来比较抽象，如图 4－7 所示。在操作系统模拟器中，由于是在操作系统层面上进行仿真，应用程序运行的是 PC 的二进制代码(指令集模拟器中应用程序运行的是目标系统上微处理器的二进制代码)，所以在目标系统上运行时需要重新编译。

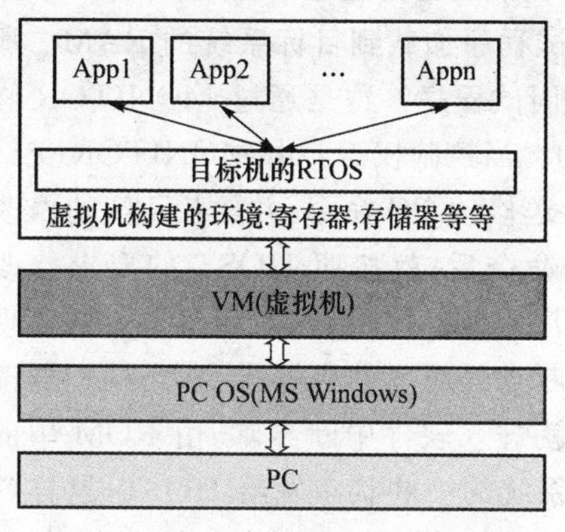

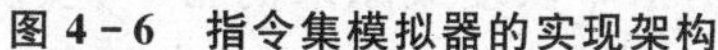

图4-6 指令集模拟器的实现架构

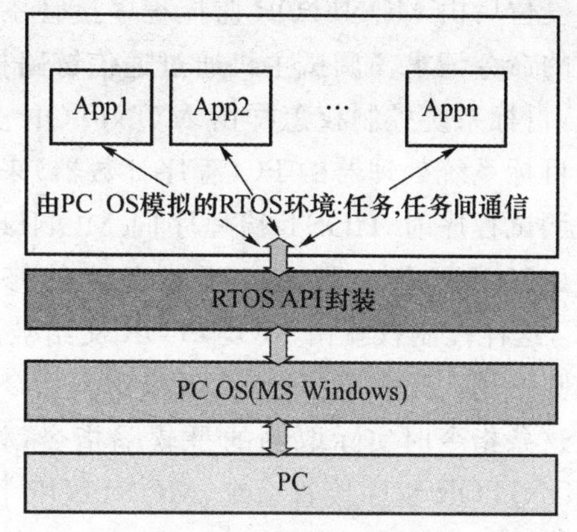

图4-7 ASIX OS模拟器

指令集模拟器和操作系统模拟器都可以用于系统的前期算法分析和体系结构分析,例如mp3的播放测试、体系结构的模拟等。利用模拟器可以模拟各个模块的功能,分析其瓶颈,进而实现各个功能模块的优化。利用模拟器还可以方便地进行应用程序的开发,由于上层应用程序是通过驱动程序和硬件打交道,并不直接和硬件打交道,所以可以用模拟器来进行应用程序的开发,无须硬件支持。

基于模拟器的调试方法也有其缺点:

- 模拟器难以真实地反映所有的外设,也就是说通过PC的外设模拟目标系统外设时会有难度。目标系统外设的中断在PC端模拟也是非常困难的。
- 模拟器也难以进行实时系统仿真,因为程序是在模拟器上运行而不是在真实的目标系统硬件上运行。
- 模拟器难以进行设备的驱动开发,由于模拟器难以真实地反映所有的外设,因此进行设备的驱动开发也是非常困难的。

2. 基于驻留监控软件的调试(MONITOR)

驻留监控软件调试方式的组成框图如图4-8所示,主要由两部分组成:一部分是HOST端,主要提供友好的用户界面,处理用户命令,与目标机通信;另一部分是目标机,目标机上被调试的程序放在RAM中,监控程序(MONITOR)放在ROM中。监控程序提供软件调试功能、保存系统状态、读/写RAM、修改处理器状态(处理器寄存器)等基本功能。

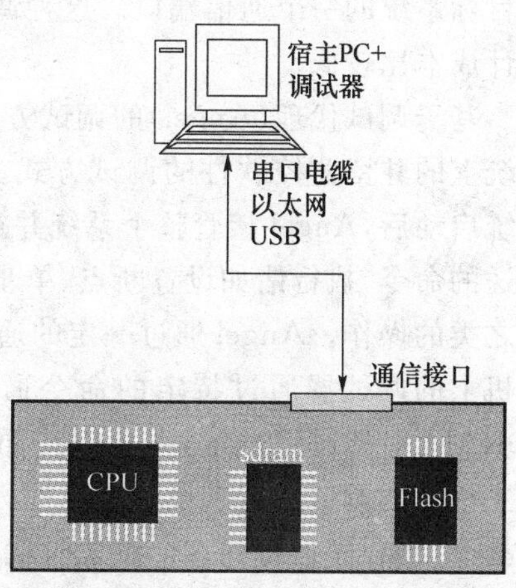

图4-8 驻留监控软件调试方式

驻留监控软件调试的基本原理是目标机上

电复位后由 MONITOR 监控程序接管系统并与调试主机建立通信链路，等待调试主机的命令请求。调试主机通过通信链路把被调试程序加载到目标系统的 RAM。那么，目标系统控制权怎样由 MONITOR 交给被调试程序？这是通过 MONITOR 修改目标系统处理器的 PC（程序计数器）来实现的。当控制权需要由 MONITOR 交给被调试程序时，HOST 端程序向 MONITOR 发送修改 PC 命令，并给出 PC 的修改值。MONIOR 收到 HOST 发过来的修改 PC 命令后，就按照 HOST 的要求修改 PC，这样控制权就由 MONITOR 交给被调试程序。RAM 中程序断点又是怎样实现的呢？用一条软陷指令（或者未定义指令）替代断点处原来的机器指令，当处理器读取这条指令时实际取到的是软陷指令，处理器就进入软件中断异常，由 ROM 中的 MONITOR 程序接管系统，MONITOR 程序把系统的一些状态发给 HOST，这样就完成了简单的断点功能。程序需要运行时再把软陷指令恢复成原来的指令，恢复处理器的 PC 和现场，让处理器恢复原来的运行。那么又怎样查看系统的存储器内容呢？主要通过 HOST 程序向 MONITOR 程序发读存储器命令来完成，MONITOR 按照命令的要求读取给定地址范围的存储器的内容，然后再把这些内容发给 HOST，HOST 再调用显示函数把这些内容显示出来。怎样修改目标系统处理器的寄存器值呢？在进入 MONITOR 程序后，MONITOR 程序把处理器的各个寄存器值保存在固定地址的 RAM 中，所以处理器的每个寄存器在 RAM 中都有一个 32bit 的存储空间和它相对应。要修改处理器的寄存器时，首先修改寄存器所对应的 RAM 内容，然后再把 RAM 的内容加载到寄存器中。HOST 和 MONITOR 间的硬件链路可用串口，也可以用并口，还可以用网口，只是相应的驱动不同。同时为了保证通信的可靠性，它们间也需要有保证通信可靠的协议。从上面的原理可以看出这种驻留监控软件调试方法只能对 RAM 程序调试（因为无法把 ROM 中的指令替换成软陷指令），同时需要占用目标系统的 ROM 空间和一部分 RAM 空间，也需要占用目标系统的一个通信端口。这种调试方法的优点在于，它不需要特别的硬件支持，设计成本比较低。

基于调试代理（Angel）的调试方式是运行在基于 ARM 系列微处理器的嵌入式系统上的驻留监控软件的调试方式。Angel 是一段驻留在开发板 ROM 中的程序，系统启动后，Angel 接管整个系统并初始化系统和通信接口，可以接收主机上调试器发送的命令，执行诸如设置断点、单步执行目标程序、观察或者修改寄存器/存储器内容之类的操作。Angel 通过一定的通信协议（ADP 协议）与主机的调试器进行通信。主机上的调试器通过特定的命令通知 Angel 将用户调试的程序下载到目标板的 SDRAM 中的特定地址，并可以按照调试器的要求将控制权交给相应的代码地址。当主机上的调试器请求设置断点时，Angel 在目标程序的相应位置插入一条未定义的指令，当程序运行到这个位置时就会产生未定义指令异常，在未定义指令异常处理程序中完成断点需要的功能，由 Angel 接管系统并将系统当前的寄存器的值传给主机调试器。如果调试器需要查看内存，也将通过 Angel 读取后将存储器的值上传给主机调试器。类似于PC调试中程序单步运行的实现，基于Angel的程序单步运行的实现也是通过2个断点的相互控制实现的。

Angel调试监控程序需要占用一定的目标系统资源，如内存、串行端口等。使用Angel调试监控程序可以调试在目标系统上运行的ARM程序或者Thumb程序。

驻留监控软件调试方式不需要额外的调试硬件，成本比较低。目标系统上运行一个监控软件(比如ARM系统所支持的Angel)，须占用一定的目标系统资源(目标系统的内存等)。该监控软件通过串口或者网口等与PC机相连，通过一定的通信协议(ARM系统支持的与Angel通信的协议是ADP协议)与PC机的调试器进行通信。这种驻留监控软件调试方式仅需要编写PC端的调试器软件和目标系统上的监控软件，再通过串口或者网口连接PC和目标系统即可。由此可见，驻留监控软件调试方式的实现是非常简单的，是基于真实硬件的调试方式中最简单的一种。

驻留监控软件的调试方式也有其缺点：

- 监控软件需要占用目标系统的资源：处理器、存储器和通信接口等。
- 无法在ROM区设置断点。因为驻留监控软件方式是通过把下一条要执行的指令替换成未定义指令来实现调试功能的，所以只能修改RAM区的指令，而不能修改ROM区的指令。
- 无法设置数据观察点(watchpoint)。由监控软件接管正常程序执行的唯一途径就是设置了指令断点把下一条要执行的指令替换成未定义指令，当程序遇到未定义指令停止运行时才能观察存储器的内容。这样就无法在指定的存储器处设置断点，当存储器的内容发生变化时正常程序停止运行进入调试状态。

3. 在线仿真调试(In－Circuit Emulator)

传统的仿真调试采用在线仿真器ICE(In－Circuit Emulator)方式。在这种调试方式中，目标系统中的处理器被仿真器取代。在线仿真器自己就是一个嵌入式系统，有它的目标处理器、RAM、ROM和嵌入式软件。仿真器上的处理器可以是一个与目标板处理器相同的芯片，也可以是一个有更多引脚的变型芯片(对内部状态有更高的可观察性)。仿真器上还有缓冲器，以便将总线上的活动复制到跟踪缓冲器(保存若干周期之内所有引脚上每个时钟周期的信号)中，这对于网络协议的调试是非常有效的，同时可以用来观察诸如执行通过一个断点之类的特殊事件。跟踪缓冲器和硬件资源由运行在主桌面系统上的软件来管理。总之就是通过硬件的方法侦测处理器上的所有信号，包括断点的设置等也是通过逻辑控制硬件来完成的，如图4－9所示。

利用在线仿真器可以完成比驻留监控软件调试更为强大的仿真功能。尽管利用驻留监控软件调试方式可以在程序中设置断点，但是这些断点只能到指令提取级别，也就相当于“在提取指令前停止运行”。相比之下，在线仿真器同时支持硬件断点。硬件断点允许响应多种事件来停止运行程序。这些事件不仅包括指令提取，还有内存和I/O读/写以及中断。例如：利用软件断点只能调试RAM中的程序(因为要把指令改为软件断点指令)，而利用硬件断点还可以调试ROM中的程序(无须更改指令)。在线仿真器的另一个特性是实时跟踪,利用这个功能可以得知事件发生的精确次序,进一步提高了系统程序运行时的可观察性。这就能帮助回答诸如计时器中断是发生在变量 bar 变成 94 之前还是之后这类问题了。除此之外,这种调试方法不占用目标资源,所以在单片机系统中得到了广泛的应用。

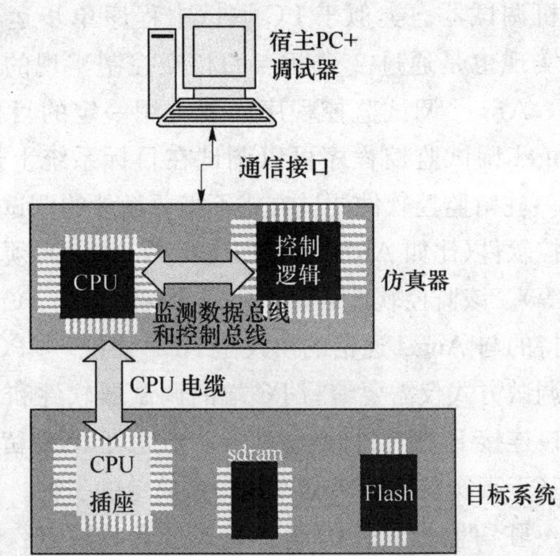

图 4-9 在线仿真调试

但是这种传统的在线仿真器有一些明显的缺点:

- 为了观测一个深嵌入的核心信号,需要引出许多引脚。在实际工程中,虽然很多 8 位、16 位单片机通常采用这样的方式进行仿真,但是对于将 CPU 内核深嵌到芯片内部的 32 位处理器而言,由于芯片引出的引脚可能根本与 CPU 无关(比如对于一些 32 位嵌入式处理器,CPU 的数据总线和地址总线根本就没有引出到芯片之外),想要通过外接的控制逻辑监测数据总线和地址总线就非常困难了。
- 在线仿真器中的嵌入式微处理器并不是目标系统中的处理器,所以传统的在线仿真器无法真实地仿真目标系统中的嵌入式微处理器。
- 在线仿真器在单片机领域的应用非常广泛,这一方面是因为单片机的封装相对来说比较简单(很多还采用双列直插的封装形式),另一方面是因为单片机系统的主频相对较低,比较易于实现片外的信号检测。但是,对于 32 位系统的在线仿真器却是非常昂贵的。这一点对于 SEP3203 和 SEP4020 这类多达 176 个引脚的 32 位处理器而言尤其难以实现,比如如何在仿真的过程中将目标系统上的处理器拔下并通过仿真器的 CPU 电缆将仿真器内部处理器的引脚连接到目标系统。设计过硬件系统的工程师应该知道这种专用的 176 引脚管座(Socket)非常昂贵,而且插拔的使用寿命也非常有限。

既然通过片外的控制逻辑可以实现对 CPU 信号的检测从而实现调试功能,那为什么不把这个控制逻辑做在芯片内呢?一方面,对于将 CPU 深嵌在芯片内部的处理器而言可以就近解决对 CPU 信号的检测问题。另一方面,由于检测 CPU 信号的控制逻辑与 CPU 是制造在同一片硅片上的,要实现与 CPU 同样速度的监控功能也将非常容易。基于这个理念,人们提出了片上在线仿真(On Chip In Circuit Emulator)的调试方案,下面就来详细介绍这种调试方法。

4. 片上在线仿真调试(On Chip In Circuit Emulator)

片上在线仿真的调试方法是目前 32 位嵌入式处理器比较常见的调试方法,其基本原理是通过在嵌入式微处理器芯片内部设计一个在线仿真(ICE)模块来实现对CPU数据总线和地址总线的检测,也就是将传统的在线仿真逻辑嵌入到芯片内部(这也是为什么片上ICE有时也被称为嵌入式在线仿真即Embedded ICE的原因)。另外,为了能够将调试命令输入给片内的仿真逻辑,同时也为了能够将芯片内部的信息输出,我们还必须为片内的仿真逻辑提供一个数据接口,目前最常用的方法就是采用JTAG接口来实现这个功能。这样做的好处是显而易见的:

- 通过标准的JTAG接口来访问芯片上的ICE模块,不需要目标资源或者特殊硬件。
- 这种芯片上的在线仿真器所用的处理器是用户实际使用的处理器,可以发现一些实际的问题。其实这个时候已经不是"仿"真了,因为被检测的CPU就是系统中真正运行的CPU。
- 芯片上在线仿真的成本比传统的在线仿真器要低许多。
- 可以重复利用JTAG硬件测试接口,不需要占用额外的引脚资源;也不需要通过占用特定的通信接口与目标板系统进行通信。
- 可以提供JTAG接口访问系统状态和内核状态。
- 在进行调试时不需要在目标系统上运行程序。这样对于一个"裸的"目标系统也可以进行调试。而驻留监控软件调试方式则需要在目标系统上运行监控程序,这就需要一个可以工作的最小系统。
- 除了可以在RAM中设置断点外,还可以在ROM中设置断点。
- 可以通过在目标处理器中添加一些硬件扩展调试功能。

要支持基于JTAG的调试,在微处理器芯片上要设计ICE硬件模块。调试主机也需要运行一个调试程序,其主要功能是提供友好的人机界面、处理用户命令、向目标系统发命令。目标系统上的ICE电路的主要功能是在断点处向处理器内核发出调试请求,让处理器进入调试状态。ICE电路是通过判断处理器的地址/数据总线来确定是否该向处理器发出调试请求。如:用户在一条指令处设了程序断点,处理器去取这条指令时发出指令地址,ICE把该地址和断点指令处地址作比较,如果相等就在这条指令上加上标识,当处理器运行这条指令时就会进入调试状态。进入调试状态后,处理器的状态(寄存器值)可以通过边界扫描电路而获得。这种边界扫描方法需要增加扫描电路,但不占用系统的ROM和RAM。

片上ICE调试方法用得比较普遍,ARM公司的ARM7、ARM9系列处理器核和Freescale公司的EZ、VZ、SZ系列等都在处理器里集成了ICE电路。在这种调试架构下,除了可以完成驻留监控软件方式所能完成的所有调试功能外,还可以支持硬件断点、数据断点、硬件方式的单步执行指令等多种调试类型。其中嵌入式市场应用最多的方法是把ICE模块和JTAG模块一起使用,ICE模块主要负责判断断点,JTAG模块主要用来扫描处理器内部状态。

基于JTAG的调试系统结构如图4-10所示,它包括3部分:①位于主机上的调试器，例如 ARM 公司的 AXD 等；②包括硬件嵌入式调试部件的目标系统；③在主机和目标系统之间进行协议分析、转换的模块。下面分别介绍这些组成部分。

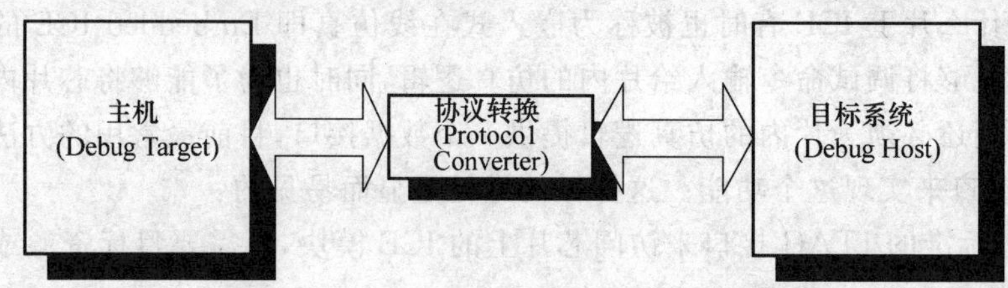

图 4-10　基于 JTAG 的调试系统结构图

位于主机上的调试器主要用来接收用户的命令，并将其发送到目标系统中的调试部件，接收从目标系统返回的数据，并以一定的格式显示给用户。ARM 公司的 AXD 就是一个基于 Windows 操作系统的调试器。

目标机以 ARM7TDMI 为例来介绍。ARM7TDMI 是一款 32 位 RISC 处理器，采用 3 级流水线，具有 Von Neumann 架构、Thumb 结构扩展，内核带有 debug 功能扩展、有增强型乘法器可以产生 64 位乘法结果，具有 Embedded ICE 逻辑扩展，包括了 3 条基本的扫描链 0、1 和 2，分别用于测试、仿真和对嵌入式 ICE 模块的编程。目标机的结构如图 4-11 所示。它主要包括下面 3 部分：

- 需要进行调试的处理器内核。
- Embedded ICE 逻辑电路包括一组寄存器和比较器，它可以用来产生调试时需要的异常，如产生断点等。
- TAP 控制器可以通过 JTAG 接口控制各个硬件扫描链。

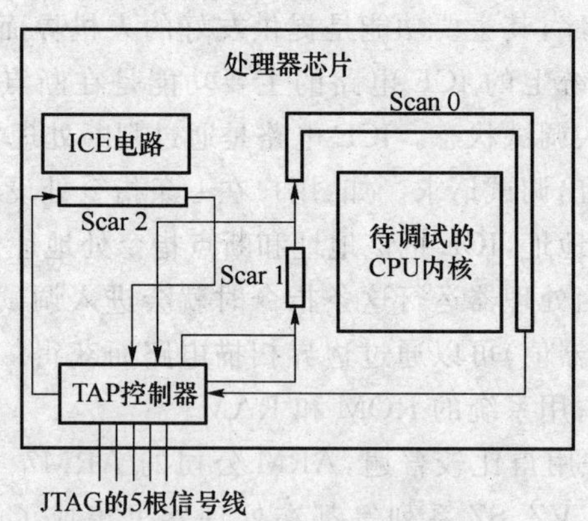

图 4-11　被调试的目标系统结构

目标机包含的硬件调试功能扩展部件可以完成实现下面的功能：

- 停止目标程序的执行。
- 查看目标内核的状态。

➢ 查看和修改存储器的内容。

➢ 继续程序的执行。

图4-11中3条扫描链的含义如下：

扫描链0——可以用来访问ARM7TDMI的所有外围部件和嵌入式微处理器核心的所有输入/输出引脚，主要用于设备间测试(EXTEST)和核心内部测试(INTEST)，整个扫描链从输入到输出包含3部分：数据总线从位0到位31；控制信号；地址总线从位0到位31。

扫描链1——该扫描链的扫描单元共33个，为扫描链0的一个子集，包括了数据总线的0位到31位和一个DBGBREAK信号。BREAKPT信号在进入仿真状态之初移出扫描链时告诉仿真主机核心是因为指令断点还是因为数据断点进入仿真状态。DBGBREAK信号在仿真过程中移入扫描链时告诉核心是否同步系统时钟执行指令，若低则表示核心以调试速度执行，若高则表示以正常速度执行。访问数据总线的32个扫描单元可以在仿真状态下把核心和存储器系统分离，核心访问的数据都是通过扫描单元送来的，核心要输出的数据也是通过扫描单元移出送给仿真主机的。这样在仿真状态下可以把指令插入到核心的指令流中，从而执行一些仿真指令。

扫描链2——主要用于访问Embedded ICE逻辑部件中的各个寄存器。

位于主机和目标系统之间的协议转换器完成主机和系统之间的信息沟通，实现了PC协议与JTAG协议的协议转换功能，它接收主机发来的高级命令以及目标机的处理器发来的低级命令。通常它是一个独立硬件模块，与主机之间通过串行口或者并行口连接，与目标机之间通过JTAG接口相连。

5. 与OS相关的调试工具

上面所介绍的调试方法和工具一般都和具体的嵌入式操作系统无关，一般都是由处理器厂商随着相关的编译器一同发布的。使用这些工具可以调试从汇编到C语言编写的代码，也可以调试一些简单的嵌入式操作系统以及应用程序，比如μCOS、Nucleus等。但一些操作系统厂商也推出了与自己操作系统绑定在一起的调试工具，比如微软Windows CE和Windows Mobile的调试工具EVC；风河(WindRiver)公司VxWorks操作系统的Tornado调试工具等。这些与OS绑定在一起的开发环境一般能够提供更加丰富的调试信息，不仅可以设置断点，单步且往往还具备OS级的分析功能，比如线程的运行时间分析、任务间互斥与通信的跟踪与分析等。这些操作系统厂商推出的专用调试工具一般不使用JTAG接口下载程序印象，我个人的理解是为了保证在不同厂商处理器之间保持兼容，取而代之的方法是采用标准的通信接口比如USB、以太网等。这就要求用户在使用这些调试工具前首先要将移植好的板级支持包(BSP)烧写到目标系统的Flash或ROM中，BSP会在上电后首先接管板上的通信接口，与相关的调试工具进行通信，并执行由主机端调试工具所下发的调试命令。从这个角度上来说，这种调试方法有些类似于基于驻留监控软件的调试方法，只不过功能更多，并且能够收集操作系统的相关信息。

4.1.5 ARM 处理器的开发工具

ARM 所提供的嵌入式开发工具基本上都统一在 RealView 这个品牌下。RealView 产品又可以分为 3 个产品线:软件开发工具 ADS(最新的版本称为 RVDS)、调试用仿真器和跟踪器(Realview ICE 和 Realview Trace)、硬件原型验证平台(Integrator)。最近 ARM 公司收购了在单片机集成开发环境非常有口碑的 Keil 公司,并将 RVDS 的编译器嵌入到 Keil 的开发工具中。因此,Keil 的开发工具有可能成为未来 ARM 处理器的主要应用开发工具;而 RVDS 则将逐渐融合 ARM 最新的 ESL(Electronics System Level,电子系统层次)设计工具,这些设计工具将基于 System C 的高层模型与 ARM 的内核模拟器 Armulator 集成,主要将用于新的 SOC 处理器的设计架构验证,以前在芯片生产前的底层软件和操作系统移植。

下面简单介绍一下 ADS(ARM Developer Suit,ARM 开发工具套件)集成开发环境,其调试环境如图 4-12 所示。

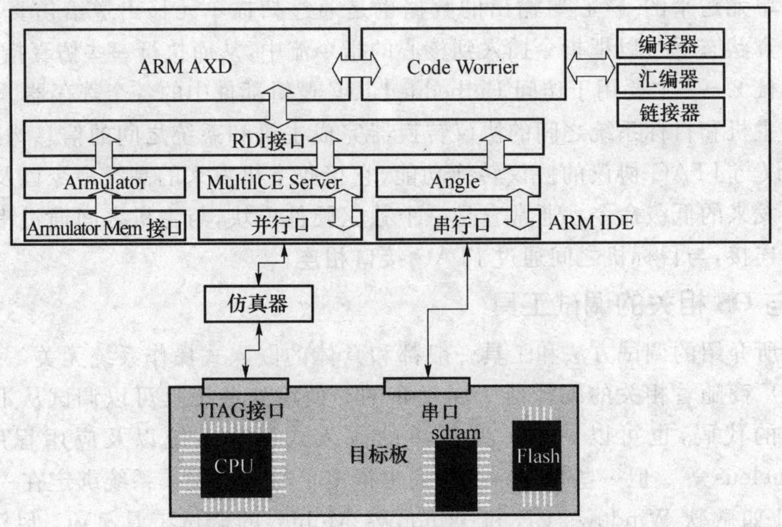

图 4-12 基于 ARM 的 ADS 调试环境

ADS 本身是一个工具集合,主要包括:工具链(编译器、汇编器、链接器)、项目管理器 Code Warrior、调试工具 AXD、ARM 模拟器 ARMulator 和标准 C 库等。ADS 调试环境中一个重要的工具是 Code Warrior,它提供了项目管理的功能,并为编译、链接提供一个环境,对应实现了编译器、汇编器和链接器的功能。除此之外,ARM 还提供了 AXD 工具(即 ARM 扩展调试器),在 AXD 中定义了一个接口 RDI。ARM 支持的所有调试方式,诸如 Angle 调试、Armulator 模拟器调试、MultiICE 仿真器调试等调试接口都直接与 RDI 接口实现通信。不管使用的是哪种调试方法,由于直接与 AXD 通信的都是同一个 RDI 接口,所以得到的调试信息是相同的,包括断点的设置、单步程序执行的控制等,其调试机制都是相同的,这在很大程度上降低了学习

AXD的难度。

在使用ADS进行嵌入式系统开发时，ANSI C中有很多涉及到输入/输出的标准C函数。这些函数如何在嵌入式系统中实现？比如最常用的printf()函数，在PC上运行时调用printf()函数可以在PC屏上显示出输出的结果。但在一些嵌入式系统中并不会提供屏幕，这时如何实现printf()函数呢？ARM给出了一个解决方案，称为半主机功能（如图4-13所示）。它利用调试主机的屏幕（控制台）作为这些函数的输出，让代码在ARM目标上运行，但使用运行了ARM调试器的主机上I/O设备的方法，也就是让ARM目标将输入/输出请求从应用程序代码传递到运行调试器的主机的一种机制。通常这些输入/输出设备包括键盘、屏幕和磁盘I/O。这种机制对于程序调试而言是非常重要的。其工作原理如下。

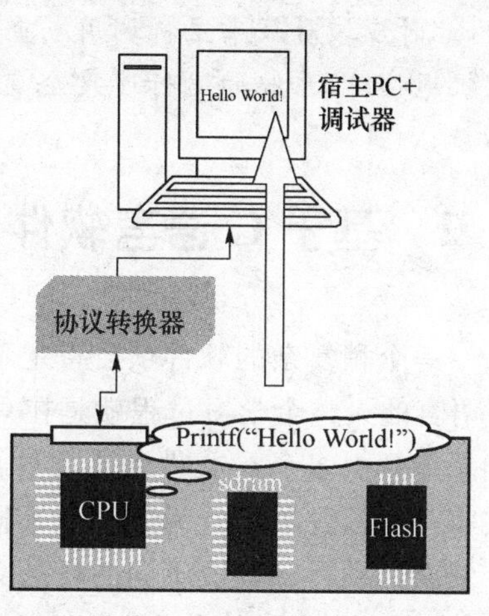

图4-13　ADS SemiHost 半主机功能

在C程序中，printf()是一个函数，被定义为fprintf，实现将一个字符串送到一个标准输出文件中的功能。图4-14表示了该函数semihosting的实现过程。

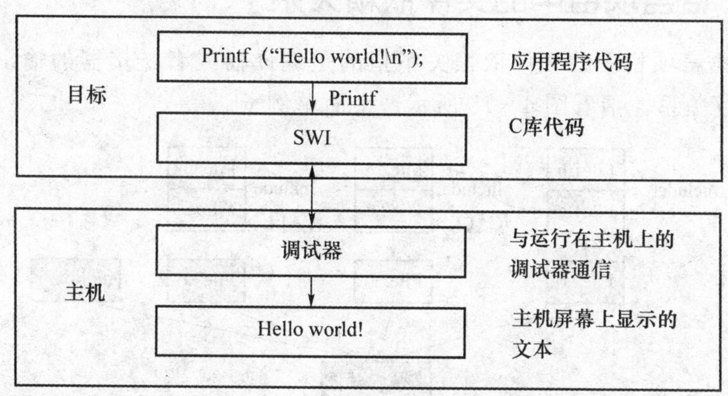

图4-14　Semihosting的实现过程

半主机由一组在ARM C库函数中已定义的SWI操作来实现。当半主机SWI执行时，目标系统上的调试代理（Angel）、Armulator或者MultiICE sever就会识别SWI并且暂时将执行程序挂起。在执行代码被恢复之前，调试代理（Angel）、Armulator或者MultiICE sever会服务于半主机操作，将要显示的东西传送到主机上显示。在这个过程中，因为程序一部分运行在主机上，一部分在目标板上，故称为半主机机制。

注意：并不是所有ICE调试器都支持半主机操作，只有完全兼容ARM原装协议的处理器才可以实现半主机操作；另外在目标系统脱机运行时，半主机是无法实现的，此时应该屏蔽半主机调用或重定向输出；还有，当目标系统使用半主机的SWI与主机通信时，系统的运行速度会变慢，因此不要在中断处理程序ISR中调用半主机函数。

4.2 基于C语言软件项目中的文件组织

一个稍复杂的软件项目肯定不会只有一个C文件，然而令人遗憾的是很多初学C语言的人整个学习过程就是在只有一个C文件的软件工程中写程序。因此，当他们接触到由多个C文件和头文件构成的复杂软件系统时往往会变得不知所措。其实将一个软件项目分为若干个不同的C文件的好处是显而易见的：第一、可以将一个复杂的项目分割成不同的任务交给不同的程序员去完成，以便于多人协同工作；第二、有利于实现模块化，每个C文件中的函数完成相对独立的一组工作，这样在测试、维护和移植这个C文件的时侯都比较方便；第三、有利于将实现细节封装在C文件的内部（用static变量和static函数），而将需要对外公开的函数和变量放在头文件中声明。

下面介绍C语言项目中的文件依赖关系以及与之对应的Make过程。

4.2.1 C语言项目中的文件依赖关系

所谓C语言项目中的文件依赖关系指的是编译器或者链接器的输出文件对于源文件的依存关系。请看图4-15所示这个简单例子。

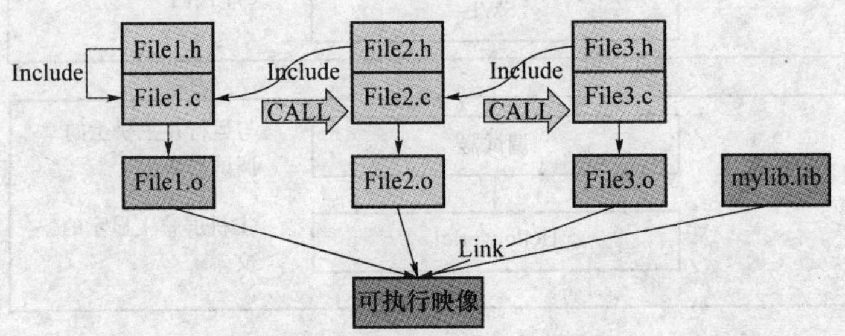

图4-15 项目中文件的依赖关系

假设在这个项目中一共有3个C文件，分别是file1.c、file2.c、file3.c；与C文件相对应的有3个头文件即file1.h、file2.h、file3.h。假设file1.c中的函数调用了在file2.c文件中定义的函数或者变量，那么为了能够实现对这些函数和变量的应用，file1.c需要包含file2.h，因为在file2.h中对file2.c需要公开的函数和变量进行了声明。同样的，file2.c中也调用了file3.c中的函数，因此需要包含file3.h。现在我们需要编译file1.c生成file1.o目标文件，显而易见的是这个输出文件file1.o一定依赖于file1.c，因为如果 file1.c 发生了变化就必须重新生成 file1.o。但这个输出文件仅仅依赖于一个 C 文件吗？在 file1.c 所包含的两个头文件 file1.h 和 file2.h 中可能定义了 file1.c 文件需要用到的宏定义、函数原型、数据结构等，因此如果修改了这 2 个头文件就要重新生成 file1.o 文件。这时我们说 file1.o 这个输出文件不仅仅依赖于 file1.c 文件，还依赖于 file1.h 和 file2.h 这两个头文件。

上面分析了编译器的输出文件对于源文件的依赖关系，下面介绍链接器输出文件对于 *.o 文件的依赖关系。正如我们在上例中看到的，如果将 file1.o、file2.o、file3.o 以及库文件 mylib.lib 链接起来生成一个输出的可执行映像，那么上述任何一个 *.o 文件或者是库文件发生了改变(比如重新编译了一下，生成了新的版本)，那么都应该重新链接这些模块。这时我们说输出的可执行映像依赖于这些 *.o 文件和这个库文件。

问题的关键是，我们如何才能得到最终的可执行映像？这个问题犹如宋丹丹在她小品中的名句："说，把大象装进冰箱里拢共分几步？"我们完全可以像宋丹丹一样给出一个现成的答案："首先把冰箱门打开，然后把大象装进去，最后把冰箱门关上。"对于我们的软件项目，可以首先分别编译 file1.c、file2.c 和 file3.c，然后用链接器将编译器输出的 3 个 *.o 文件以及库文件 mylib.lib 通过链接器链接起来得到输出的可执行映像文件。但是上面的步骤至少有两个问题：

第一，如果项目中的文件非常多(在一个复杂一些的项目中包含上百个 C 文件和头文件是非常正常的)，我们由于仅仅修改其中的一个 C 文件或者头文件，就得将所有的文件都编译一遍，显然是非常低效的。当然，我们可以通过批处理的方式来解决每个 C 文件编译都采用命令行输入的繁琐问题，但即使这样在我们构建一个大项目时依然是非常耗时的。我在参加"蓝火"PDA 项目时，每次彻底重新构建这个项目的时间大概要花 30 min，如果每次修改一个文件都需要重新构建的话，项目的进度是无法想象的。

第二，事实上，从前面关于项目文件的依赖关系可以知道，如果程序修改了某个 C 文件或者头文件，我们只要重新生成依赖于这些文件的输出文件即可，没有必要将所有的项目文件都重新构建。但是在一个有上百个文件的软件项目中，文件间的依赖关系错综复杂，仅仅依靠程序员记住这些关系是非常不可靠的。

为了解决项目中多个文件的依赖关系而造成的编译和链接问题，传统的做法是通过采用 Make 文件的方式。在有集成开发环境(IDE)的系统中往往采用项目管理器来进行管理项目中的多个文件，其实在很多此类系统中这些项目管理器也都在底层通过 Make 文件来进行管理，只不过用户不需要自己编写 Make 文件而已。下面我们将向大家介绍 Make 文件的基本知识。

4.2.2 Make 文件

Make 文件的本质是一个纯文本的脚本文件，所以有时我们也把 Make 文件称为 Make 脚本。这个脚本利用一定的格式把项目中某个输出文件的依赖关系描述出来，并且给出了生成这个输出的方法。因此，Make文件的最基本的语法就是：用一行描述某个输出文件依赖于哪些文件，然后下一行给出生成这个输出文件的方法。请看下面的例子：

```
gpcfont.o: ..\..\syssrc\sys\gpc\gpcfont.c ..\..\include \sys\gpc.h
    cc68000 ..\..\syssrc\sys\gpc \gpcfont.c -V 68000 -f -o list = $ *.lst -E errs -I ..
    \..\include
```

上面例子中的第一行描述了 gpcfont.o 这个输出文件依赖于 gpcfont.c 文件和 gpc.h 文件，也就是说若对这两个文件进行了修改就应该重新生成 gpcfont.o 这个文件。那么如何生成这个 *.o 文件呢？第二行给出了方法，其中 cc68000 是 Freescale 68000 处理器的 C 编译器，gpcfont.c 是编译器所要编译的文件，后面的字符串"-V 68000 -f -o list＝$ *.lst -E errs -I ..\..\include"是编译器的编译选项。整个 Make 脚本主要是由这样的格式写成。为了编写脚本方便，一般的 Make 脚本语言还支持宏定义，这样像前面编译选项这么长的一个字符串就可以定义成为一个宏。此外，Make 脚本也支持注释符等。比如我们可以将上面的脚本写成：

```
BASE_DIR = c:\sds65
TOOL_DIR = $(BASE_DIR)\cmd
# 编译选项
CFLAGS = -V 68000 -f -o list = $ *.lst -DEZ328 -DMHZ16 -E errs
CCOMPILER = $(TOOL_DIR)\cc68000
# 头文件的包含路径
INCLUDE_PATH = ..\..\include
INCLUDE = -I ..\..\include
# 源文件的路径
GPC_SRC = ..\..\syssrc\sys\gpc
################################################################
gpcfont.o: $(GPC_SRC)\gpcfont.c $(INCLUDE_PATH)\sys\gpc.h
    $(CCOMPILER) $(GPC_SRC)\gpcfont.c $(CFLAGS) $(INCLUDE)
```

Make 脚本本身是纯文本文件，自己不会执行，因此还必须有一个解释执行 Make 脚本的程序来按照脚本的要求调用具体的编译器、汇编器、链接器等工具链软件生成用户所需的输出文件。这个脚本执行文件一般被称为 Make 程序，不同的厂商有不同的 Make 程序，相应的 Make 脚本的语法也有一定的差别，但是大同小异。比较有代表性的 Make 程序包括微软的 nMake 程序以及 GCC 的 Make 程序。nMake 的脚本语法比较严格，程序员需要小心编写；GCC 的 Make 程序的脚本增加了较多的功能，整个 Linux 的编译都是基于这些脚本的。

细心的读者可能会问，Make 脚本只是描述了输出文件的依赖关系以及生成这个输出文件的方法，并没有解决只编译需要编译文件的问题啊？其实这个问题的解决要依靠 Make 程序，Make 程序读取脚本中的某一行，比如：

```
gpcfont.o: $(GPC_SRC)\gpcfont.c $(INCLUDE_PATH)\sys\gpc.h
```

然后，Make 程序会比较 gpcfont.o 文件以及该文件所依赖文件 gpcfont.c 和 gpc.h 的生成时间。如果 gpcfont.o 文件比 C 文件和头文件要“新”，则说明这个 *.o 文件是最新的版本，不需要重新生成，Make 程序会读下一行依赖关系；如果 gpcfont.o 文件的生成时间比后面的 C 文件或者头文件要“旧”，则说明程序员对 C 文件或者头文件进行了修改，因此需要重新生成 *.o 文件，Make 程序将按照紧接的下一行描述调用相关编译器重新生成 gpcfont.o 文件。

因此，Make 程序是根据时间来决定是否需要重新生成输出文件的。如果程序员编辑程序和编译程序的计算机不是同一台，并且时间又不同步的话，就有可能出问题。我以前负责的一个项目就出现过这个问题：由于这个项目采用 μCLinux 作为操作系统，因此需要在一台 Linux 服务器上编译程序，但是程序员习惯在 Windows 上进行程序的编写，因此我们采用了一个折中的办法，程序员在 Windows 平台上编辑程序，然后通过 FTP 将编辑完成的源文件上传到 Linux 服务器，再通过 Windows 上的 Telnet 远程登陆到该服务器，通过远程终端对我们的代码进行构建。然后问题就出现了，有一天我的一个研究生惊呼编译器可能有问题！因为他明明修改了他的 C 代码，但是构建之后，当把程序下载到目标系统时，竟然发现什么都没改变，似乎编译器根本就没有理会他所作的任何修改。其实这是由于 Linux 服务器的时间比他的 Windows 机器时间要快一些而造成的，Make 程序认为某个 *.o 文件的生成时间比他上传的最新版本的 C 文件还要“新”，因此根本就不会调有相关的编译器对这个 C 文件进行编译。为了解决这个问题，最笨的办法是手工将两台机器的时间校准一致；还有一个办法就是通过时间服务来同步项目组中所有计算机的时间，这是一劳永逸的解决方案。

```
BASE_DIR = c:\sds65
TOOL_DIR = $(BASE_DIR)\cmd

CFLAGS = -V 68000 -f -o list = $*.lst -DEZ328 -DMHZ16 -E errs
CCOMPILER = $(TOOL_DIR)\cc68000
ASMCOMPILER = $(TOOL_DIR)\as68000
LINKERTOOL = $(TOOL_DIR)\linker
INCLUDE_PATH = ..\..\include
INCLUDE = -I ..\..\include
LIB_PATH = ..\..\lib
USERLIB = $(LIB_PATH)\hw.a
INIT_SRC = ..\..\syssrc\init\drball
ATV_SRC = ..\..\syssrc\sys\atv
GPC_SRC = ..\..\syssrc\sys\gpc
LMALLOC_SRC = ..\..\syssrc\sys\lmalloc
```

```
LMALLOCOBJ = lmalloc.o
GPCOBJ = gpcbmp.o gpccurs.o gpcdrv.o gpcdraw.o gpcfont.o palette.o vram2b.o font_2.o
ATVOBJ = atv.o

ALLOBJ = $(ATVOBJ) $(GPCOBJ) $(LMALLOCOBJ)

pda.out: $(ALLOBJ) $(SYSLIB) $(USERLIB) dram.spc flash.spc pda.mak pda.obj
    $(LINKERTOOL) -y -E errs -F pda.obj $(USERLIB) -o pda.out -f dram.spc -X
    $(LINKERTOOL) -y -E errs -F pda.obj $(USERLIB) -o fpda.out -f flash.spc -X
    flash fpda

##################################################################
#                         ATV
##################################################################
atv.o:    $(ATV_SRC)\atv.c    $(ATV_SRC)\xatv.h    $(INCLUDE_PATH)\asixwin.h
 $(INCLUDE_PATH)\sys\systsk.h        $(INCLUDE_PATH)\sys\ppsmmsg.h $(INCLUDE_
PATH)\sys\atv.h $(INCLUDE_PATH)\sys\lmalloc.h $(INCLUDE_PATH)\sys\gpc.h
 $(INCLUDE_PATH)\sys\systmr.h $(INCLUDE_PATH)\sys\sysdebug.h
    $(CCOMPILER) $(ATV_SRC)\atv.c $(CFLAGS) $(INCLUDE)

##################################################################
#                         GPC
##################################################################
gpcbmp.o:    $(GPC_SRC)\gpcbmp.c    $(INCLUDE_PATH)\sys\gpc.h $(INCLUDE_
PATH)\sys\taskdsp.h        $(INCLUDE_PATH)\sys\systsk.h
 $(INCLUDE_PATH)\sys\lmalloc.h $(INCLUDE_PATH)\sys\vramop.h
    $(CCOMPILER) $(GPC_SRC)\gpcbmp.c $(CFLAGS) $(INCLUDE)

gpccurs.o:    $(GPC_SRC)\gpccurs.c    $(INCLUDE_PATH)\sys\gpc.h $(INCLUDE_
PATH)\kernel\ros33\ros33.h     $(INCLUDE_PATH)\sys\systsk.h
 $(INCLUDE_PATH)\sys\lmalloc.h $(INCLUDE_PATH)\sys\systmr.h
    $(CCOMPILER) $(GPC_SRC)\gpccurs.c $(CFLAGS) $(INCLUDE)

gpcdrv.o:    $(GPC_SRC)\gpcdrv.c    $(INCLUDE_PATH)\sys\gpc.h $(INCLUDE_
PATH)\sys\systsk.h     $(INCLUDE_PATH)\sys\vramop.h
 $(INCLUDE_PATH)\hardware\drball\lcd68k.h
    $(CCOMPILER) $(GPC_SRC)\gpcdrv.c $(CFLAGS) $(INCLUDE)

gpcdraw.o:    $(GPC_SRC)\gpcdraw.c    $(INCLUDE_PATH)\sys\gpc.h $(INCLUDE_
PATH)\kernel\ros33\ros33.h     $(INCLUDE_PATH)\sys\systsk.h
 $(INCLUDE_PATH)\sys\lmalloc.h $(INCLUDE_PATH)\sys\taskdsp.h
    $(CCOMPILER) $(GPC_SRC)\gpcdraw.c $(CFLAGS) $(INCLUDE)

gpcfont.o: $(GPC_SRC)\gpcfont.c $(INCLUDE_PATH)\sys\gpc.h
    $(CCOMPILER) $(GPC_SRC)\gpcfont.c $(CFLAGS) $(INCLUDE)

palette.o: $(GPC_SRC)\palette.c $(INCLUDE_PATH)\sys\gpc.h
    $(CCOMPILER) $(GPC_SRC)\palette.c $(CFLAGS) $(INCLUDE)
```

```
vram2b.o:    $(GPC_SRC)\vram2b.c     $(INCLUDE_PATH)\sys\gpc.h $(INCLUDE_PATH)\
      sys\lmalloc.h $(INCLUDE_PATH)\sys\vramop.h
      $(CCOMPILER) $(GPC_SRC)\vram2b.c $(CFLAGS) $(INCLUDE)

##########################################################################
#                              LMALLOC
##########################################################################
lmalloc.o:    $(LMALLOC_SRC)\lmalloc.c      $(LMALLOC_SRC)\xlmalloc.h $(IN-
      CLUDE_PATH)\sys\lmalloc.h $(INCLUDE_PATH)\sys\systsk.h
      $(CCOMPILER) $(LMALLOC_SRC)\lmalloc.c $(CFLAGS) $(INCLUDE)

clean:
      del *.o
```

4.3 C代码与汇编

4.3.1 ATPCS

为了使单独编译的C语言和汇编语言之间能够相互调用，必须为子程序间的调用制定一定的规则。ATPCS就是ARM程序和Thumb程序中子程序调用的基本规则。

1. ATPCS概述

ATPCS规定了一些子程序间调用的基本规则。这些基本规则包括子程序调用过程中寄存器的使用规则、数据栈的使用规则、参数的传递规则。

有调用关系的所有子程序必须遵守同一种ATPCS。编译器或汇编器在ELF格式的目标文件中设置相应的属性，标识用户选定的ATPCS类型。不同类型的ATPCS规则对应有相应的C语言库，链接器根据用户指定的ATPCS类型连接相应的C语言库。

使用ARM的C语言编译器编译的C语言子程序满足用户指定的ATPCS类型。而汇编语言程序，要完全依赖用户来保证各子程序满足选定的ATPCS类型。具体来说，汇编语言子程序必须满足下面的3个条件：

- 在子程序编写时必须遵守相应的ATPCS规则。
- 数据栈的使用要遵守相应的ATPCS规则。
- 在汇编编译器中使用-apcs选项。

下面介绍基本ATPCS。基本ATPCS规定了在子程序调用时的一些基本规则，包括以下3方面的内容：

- 各寄存器的使用规则及其相应的名称。
- 数据栈的使用规则。

> 参数传递的规则。

2. 寄存器的使用规则

寄存器的使用必须满足以下规则。

- 子程序间通过寄存器 R0～R3 来传递参数。这时寄存器 R0～R3 可以记作 A0～A3。被调用的子程序在返回前无须恢复寄存器 R0～R3 的内容。
- 在子程序中,使用寄存器 R4～R11 来保存局部变量。这时寄存器 R4～R11 可以记作 V1～V8。如果在子程序中使用到了寄存器 V1～V8 中的某些寄存器,则子程序进入时必须保存这些寄存器的值,在返回前必须恢复这些寄存器的值;子程序中没有用到的寄存器则不必进行这些操作。在 Thumb 程序中,通常只能使用寄存器 R4～R7 来保存局部变量。
- 寄存器 R12 用作子程序间的 scratch 寄存器,记作 ip。在子程序间的连接代码段中常有这种使用规则。
- 寄存器 R13 用作数据栈指针,记作 sp。在子程序中寄存器 R13 不能用作其他用途,寄存器 sp 进入子程序的值和退出子程序的值必须相等。
- 寄存器 R14 称为连接寄存器,记作 Lr。它用作保存子程序的返回地址。如果在子程序中保存了返回地址,则寄存器 R14 可以用作其他用途。
- 寄存器 R15 是程序计数器,记作 PC。它不能用作其他的用途。

表 4-1 总结了在 ATPCS 中各寄存器的使用规则及其名称。这些名称在 ARM 编译器和汇编器中都是预定义的。

表 4-1　寄存器的使用规则

寄存器	别　名	特殊名称	使用规则
R15		Pc	程序计数器
R14		Lr	连接寄存器
R13		Sp	数据栈指针
R12		Ip	子程序内部调用的 scratch 寄存器
R11	V8		ARM 状态局部变量寄存器 8
R10	V7	Sl	ARM 状态局部变量寄存器 7; 在支持数据检查的 ATPCS 中为数据栈限制指针
R9	V6	Sb	ARM 状态局部变量寄存器 6; 在支持 RWPI 的 ATPCS 中为静态基址寄存器
R8	V5		ARM 状态局部变量寄存器 5
R7	V4	Wr	ARM 状态局部变量寄存器 4 Thumb 状态工作寄存器
R6	V3		局部变量寄存器 3

续表 4-1

寄存器	别 名	特殊名称	使用规则
R5	V2		局部变量寄存器 2
R4	V1		局部变量寄存器 1
R3	A4		参数/结果/scratch 寄存器 4
R2	A3		参数/结果/scratch 寄存器 3
R1	A2		参数/结果/scratch 寄存器 2
R0	A1		参数/结果/scratch 寄存器 1

3. 数据栈使用规则

栈指针通常可以指向不同的位置。当栈指针指向栈顶元素(即最后一个入栈的数据元素)时,称为 FULL 栈;当栈指针指向与栈顶元素(即最后一个入栈的数据元素)相邻的一个可用数据单元时,称为 EMPTY 栈。

数据栈的增长方向也可以不同。当数据栈向内存地址减小的方向增长时,称为 DESCENDING 栈;当数据栈向内存地址增加的方向增长时,称为 ASCENDING 栈。

综合这两种特点可以有以下 4 种数据栈:

FD(FULL Descending)、ED(Empty Descending)、FA(Full Ascending)、EA(EmptyAscending)。

ATPCS 规定数据栈为 FD 类型,并且对数据栈的操作是 8 字节对齐的。下面是一个数据栈的示例(如图 4-16 所示)及其相关的名词。

数据栈指针(stack pointer)——是指最后一个写入栈的数据的内存地址。

数据栈的基地址(stack base)——是指数据栈的最高地址。由于 ATPCS 中数据栈是 FD 类型的,实际上数据栈中最早入栈的数据占据的内存单元是基地址的下一个内存单元。

数据栈界限(stack limit)——是指数据栈中可以使用的最低的内存单元的地址。

已占用的数据栈(used stack)——是指数据栈的基地址和数据栈栈指针之间的区域。其中包括数据栈栈指针对应的内存单元,但不包括数据栈的基地址对应的内存单元。

未占用的数据栈(unused stack)——是指数据栈栈指针和数据界限之间的区域。其中包括数据栈界限对应的内存单元,但不包括数据栈栈指针对应的内存单元。

数据栈中的数据帧(stack frames)——是指在数据栈中,为子程序分配的用来保存寄存器和局部变量的区域。

异常的处理程序可以使用被中断程序的数据栈,这时用户要保证被中断程序的数据栈足够大。

使用 ARMCC 中的编译器产生的目标代码中包含了 DRFT2 格式的数据帧。在调试过程中，调试器可以使用这些数据帧来查看数据栈中的相关信息。而对于汇编语言来说，用户必须使用 FRAME 伪操作来描述数据栈中的数据帧。ARM 汇编器根据伪操作在目标文件中产生相应的 DRAFT2 格式的数据帧。

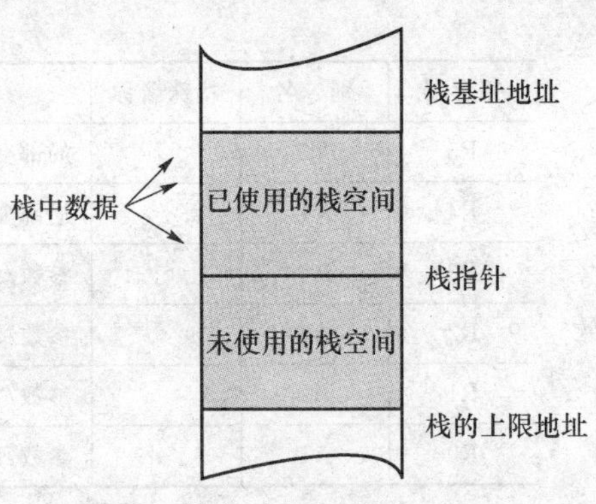

图 4-16　一个数据栈的示意图

在 ARMv5TE 中，批量传送指令 LDRD/STRD 要求数据栈是 8 字节对齐的，以提高数据传送的速度。用 ARMCC 编译器产生的目标文件中，外部接口的数据栈都是 8 字节对齐的，并且编译器将告诉链接器：本目标文件中的数据栈是 8 字节对齐的。而对于汇编程序来说如果目标文件中包含了外部调用，则必须满足下列条件：外部接口的数据栈必须是 8 字节对齐的。也就是要保证在进入该汇编代码后，直到该汇编代码调用外部程序之前，数据栈的栈指针变化个数为偶数(如栈指针加 2 个字，而不能加 3 个字)。

在汇编程序中使用 PRESERVE8 伪操作告诉链接器，本汇编程序数据栈是 8 字节对齐的。

4. 参数传递规则

根据参数个数是否固定可以将子程序分为参数个数固定的(nonvariadic)子程序和参数个数可变的(variadic)子程序。这两个子程序的参数传递规则是不同的。

(1) 参数个数可变的子程序参数传递规则

对于参数个数可变的子程序，当参数不超过 4 个时可以使用寄存器 R0～R3 来传递参数，当参数超过 4 个时还可以使用数据栈来传递参数。

在参数传递时，将所有参数看作是存放在连续的内存单元中的字数据，然后依次将各字数据传送到寄存器 R0、R1、R2、R3 中。如果参数多于 4 个，则将剩余的字数据传送到数据栈中，入栈的顺序与参数顺序相反，即最后一个字数据先入栈。

按照上面的规则，一个浮点参数可以通过寄存器传递，也可以通过数据栈传递。

(2) 参数个数固定的子程序参数传递规则

对于参数个数固定的子程序，参数传递与参数个数可变的子程序参数传递的规则不同，如果系统包含浮点运算的硬件部件，浮点参数将按下面的规则传递：

① 各个浮点参数按顺序处理。

② 为每个浮点参数分配 FP 寄存器。分配的方法是，满足该浮点参数需要的编号最小的一组连续的 FP 寄存器。

③ 第一个整数参数通过寄存器 R0～R3 来传递，其他参数通过数据栈传递。

(3) 子程序结果返回规则

子程序中结果返回的规则如下：

① 结果为一个 32 位的整数时，可以通过寄存器返回。

② 结果为一个 64 位整数时，可以通过寄存器 R0 和 R1 返回，依次类推。

③ 结果为一个浮点数时，可以通过浮点运算的寄存器 f0、d0 或者 s0 来返回。

④ 结果为复合型的浮点数（如复数）时，可以通过寄存器 f0～fN 或者 d0～dN 来返回。

⑤ 对于位数更多的结果，需要通过内存来传递。

4.3.2　C 与汇编的混合编程

在嵌入式系统开发中，目前使用的主要编程语言是 C 语言和汇编语言。在稍大规模的嵌入式软件中（如含有嵌入式操作系统），大部分的代码都是用 C 语言编写的，这主要是因为 C 语言的结构比较好，便于理解，而且有大量的支持库。尽管如此，很多地方还是要用到汇编语言，例如开机时硬件系统的初始化，包括 CPU 状态的设定、中断的使能、主频的设定以及 RAM 的控制参数及初始化。一些中断处理方面也可能涉及汇编。另外一个使用汇编的地方就是一些对性能非常敏感的代码块，这是不能依靠 C 编译器来生成代码的，而要手工编写汇编，达到优化的目的。而且汇编语言是和 CPU 的指令集紧密相连的，作为涉及底层的嵌入式系统开发，熟练掌握汇编语言的使用也是必须的。

在需要 C 与汇编混合编程时，若汇编代码较简单，则可以直接使用内嵌汇编的方法混合编程；否则，可以将汇编文件以文件的形式加入项目中，通过 ATPCS 规定与 C 程序相互调用、访问。

这里主要讨论 C 和汇编的混合编程，包括相互之间的函数调用。下面分 4 种情况来进行讨论。

1. 在 C 语言中加入汇编程序

这里介绍在 C/C＋＋里加入汇编程序的两种方法：内联汇编（Inline Assemble）和嵌入式汇编（Embedded Assemble）。

内联汇编是指在 C/C＋＋函数定义中插入汇编语句的方法，如下面的例子所示：

```
void enable_IRQ(void)
{
  int tmp;
  _asm                        //内联汇编定义
  {
    MRS tmp,CPSR              //可以引用外部的 C 变量定义
    BIC tmp,tmp,#0x08
    MSR CPSR_c,tmp
  }
}
```

内联汇编的用法跟真实汇编之间有很大的区别，并且不支持 Thumb。在内联汇编中不能直接访问物理寄存器(CPSR 除外)，即使使用寄存器名进行编程，也会被编译器进行重新分配。

与内联汇编不同，嵌入式汇编具有真实汇编的所有特性，同时支持 ARM 和 Thumb，但是不能直接引用 C/C++的变量定义，数据交换必须通过 ATPCS 进行。嵌入式汇编在形式上表现为独立定义的函数体，如下：

```
_asm int add(int i,int j)                    //定义嵌入式汇编
{
     ADD R0,R0,R1                            //i 的值在 R0,j 的值在 R1,返回值在 R0
      MOV PC,LR
}
void main()
{
     printf("12345 + 67890 = %d\n",add(12345,67890));
}
```


灵活使用内联汇编和嵌入式汇编，有助提高程序效率。

2. 在汇编中使用 C 定义的全局变量

内嵌汇编不用单独编辑汇编语言文件，因此比较简洁，但存在诸多限制，所以当汇编的代码较多时一般放在单独的汇编文件中。这时就需要在汇编语言和 C 语言之间进行一些数据的传递，最简便的办法就是使用全局变量。

可以在 C 语言函数体外声明一个全局变量，并在需要用到该变量的汇编语言文件中用关键字 IMPORT 声明该变量即可。

3. 在 C 中调用汇编的函数

在 C 中调用汇编文件中的函数，要做的工作主要有两方面，一是在 C 中声明函数原型，并加 extern 关键字；二是在汇编中用 EXPORT 导出函数名，并用该函数名作为汇编代码段的标识，最后用“mov - pc, lr”返回。然后，就可以在 C 中使用该函数了。从 C 的角度并不知道该函数的实现是用 C 还是汇编。更深层的原因是 C 的函数名起到表明函数代码起始地址的作用，这个和汇编的 label 是一致的。

C 和汇编之间的参数传递是通过 ATPCS(ARM Thumb Procedure Call Standard)的规定来进行的。简单地说就是，如果函数有不多于 4 个参数，则对应地用 R0～R3 来进行传递；若函数参数多于 4 个时则借助栈，函数的返回值通过 R0 来返回。

在 C 语言文件中，使用汇编语言文件中定义的函数需要用关键字 extern 声明该函数名(即汇编语言中的标号)，然后就可以像调用普通的 C 语言函数一样调用该函数了。

4. 在汇编中调用 C 的函数

在汇编中调用 C 的函数，需要在汇编中 IMPORT 对应的 C 函数名，然后将 C 的

代码放在一个C文件中进行编译，剩下的工作由链接器来处理。

在汇编中调用C的函数，参数的传递也是通过ATPCS来实现的。需要指出的是，当函数的参数个数大于4时要借助堆栈(stack)，详见ATPCS规范。

4.3.3 ARM编译器对局部变量和入口参数的处理

虽然本书不是专门介绍如何为ARM处理器编写高效代码的，但是我希望本小节中所介绍的这些例子能够使读者明白编译器是如何将C代码映射到机器指令的。虽然针对代码本身进行的优化并不能获得最大的优化效果(最好的优化应该是在软件架构和算法上的优化)，但在一些对性能非常敏感的代码中(如多媒体解码函数、中断处理程序、操作系统内核等)，在不牺牲代码可读性的前提下采用一些编译器相关的优化方法还是值得的。

1. 局部变量的表示

首先请阅读以下这段代码，显然这段程序的功能是将以data开始的64个整数进行累加，函数的返回值是这64个整数的累加和。表面上看这段代码没有任何问题，也没有不恰当的地方，但是当我们阅读编译器生成的汇编代码后就会发现问题。


```
int checksum(int * data)
{
    char i;
    int sum = 0;
    for (i = 0; i < 64; i++)
    {
        sum += data[i];
    }
    return sum;
}
```

下面这段汇编程序就是checksum函数的汇编代码。请注意代码中突出显示的那一行，编译器用r1来表示局部变量i，在累加i后(i++)为什么要执行这样一条AND指令呢？这是因为在ARM处理器中，不管变量的宽度是1个字节、2个字节还是4个字节都是用32位宽的(4字节)寄存器来进行存储的；对于i这个变量，虽然C语言中声明它的宽度是1个字节，但r1寄存器的宽度却是4字节，因此在i进行过累加后，编译器必须插入“AND r1,r1,#0xff”这条语句将r1累加后的值约束在低8位，以确保它的值小于一个8位数所能表示的最大值255。显然这条插入的指令是多余的，处理器必须显式地处理小于32位宽数据的上溢问题，如果我们在C程序中不是将i声明为char类型，而是int类型，那么编译器将不会生成这条额外的AND指令。有读者可能会说，只是增加了一条指令而已，没什么大不了的。但是请注意这条指令是在循环体中的，因此处理器会额外地多执行64条AND指令(通常情况下也就是增加 64 个周期)。如果循环的次数更多的,则 CPU 消耗的额外时间就越多!

```
Checksum
    MOV  r2, r0                         ; r2 = data
    MOV  r0, #0                         ; sum = 0
    MOV  r1, #0                         ; i = 0
Checksum_loop
     LDR  r3,[r2, r1, LSL #2]           ; r3 = data[i]
    ADD  r1, r1, #1                     ; r1 = i + 1
    AND  r1,r1,#0xff                    ; i = (char)r1
    CMP  r1,#0x40                       ; i < 64 ?
    ADD  r0, r3, r0                     ; sum + = r3
    BCC  checksum_loop
    MOV  pc, r14                        ; return sum
```

再来看下面的这段代码,如果我们将 sum 声明为有符号的 16 位 short 类型,那么编译器又会怎样处理呢?


```
Short checksum(short *data)
{
    unsigned int i;
    short sum = 0;
    for (i = 0; i < 64; i++)
    {
          sum = (short)( sum + data[i] );
    }
    return sum;
}
```

sum 存放在 r0 寄存器中,请注意汇编程序在完成 sum 的累加后执行了两条看似毫无意义的指令(代码中突出显示的部分),为什么编译器要将累加后的 r0 寄存器先做逻辑左移 16 位,然后紧接着算术右移 16 位呢?这是因为 r0 表示的是一个 16 位有符号数 sum,编译器必须显式地保证 sum 在进行累加后依然是一个 16 位有符号数,通过逻辑左移指令将可能溢出的高 16 位移出寄存器,再通过算术右移指令将移到高 16 位的数据右移回低 16 位。同时由于采用了算术右移,可以保证符号位在高 16 位上得以复制,从而保证 r0 依然是一个有符号的 16 位数。与上面的代码一样,这两条额外指令也是运行在循环体中的,因此也会带来比较可观的额外运行时间。

```
Checksum
    MOV  r2, r0                         ; r2 = data
    MOV  r0, #0                         ; sum = 0
    MOV  r1, #0                         ; i = 0
Checksum_loop
   ADD  r3,r2,r1,LSL #1                 ;r3 = &data[i]
```

```
LDRH r3,[r3,#0]            ;r3 = data[i]
ADD  r1,r1,#1              ;i++
CMP  r1,#0x40              ; i < 64?
ADD  r0, r3, r0            ; sum + = r3
MOV  r0,r0,LSL #16
MOV  r0,r0,ASR #16         ;sum = (short)r0
BCC  checksum_loop
MOV  pc, r14               ; return sum
```

从上面的两个例子可以看出，对于 32 位系统的 ARM 处理器而言，即使程序员在 C 程序中声明局部变量为 8 位或者 16 位，编译器依然会分配 32 位的寄存器用来存储这些局部变量。而为了保证这些数据的值能够保证在 8 位和 16 位范围内，编译器必须插入显式的代码加以处理。显然这些额外增加的代码降低了处理器的效率，因此对于 32 位处理器而言，局部变量最好直接声明为 32 位数据。

2. 函数的入口参数

一般情况下，人们总是设法使用 short 或 char 来定义变量，以节省存储器空间；但是，当一个函数的局部变量数目有限的情况下，编译器会把局部变量分配给内部寄存器，每个变量占用一个寄存器。这样，使用 short 和 char 型变量不但起不到节省空间的作用，还会带来其他的副作用，请看下面的例子。假定 a1 是任意可能的寄存器，存储函数的局部变量。同样完成加 1 的操作，32 位的 int 型变量最快，只用 1 条加法指令。而 8 位和 16 位变量，完成加法操作后还需要在 32 位的寄存器中进行符号扩展，其中带符号的变量要用逻辑左移(LSL)跟算术右移(ASR)两条指令才能完成符号扩展；无符号的变量，要使用 1 条逻辑与(AND)指令对符号位进行清 0。所以，使用 32 位的 int 或 unsigned int 局部变量最有效率。某些情况下，函数从外部存储器读入局部变量进行计算，这时往往是先把不是 32 位的变量转换成 32 位(至于把 8 位或 16 位变量扩展成 32 位后，隐藏了原来可能的溢出异常这个问题，需要进一步仔细考虑)。

下面的 3 个例子说明了 ARM C 编译器在处理不同数据类型时的情况。不难看出，与处理局部变量的情况类似，编译器必须添加额外的代码来处理非 32 位的数据。因此，C 程序员最好在函数的入口参数也尽可能采用 32 位的数据类型。

```
Int wordinc (int a)
{
    return a + 1;
}

wordinc
ADD a1,a1,#1
MOV PC,LR
```

```
Int shortinc(short a)
{
    return a + 1;
}

wordinc
ADD a1,a1,#1
MOV a1,a1,LSL #16
MOV a1,a1,ASR #16                ;sum = (short)r0
MOV PC,LR

Int charinc(char a)
{
    return a + 1;
}

wordinc
ADD a1,a1,#1
AND a1,a1,#&ff  ; i = (char)r1
MOV PC,LR
```


4.4 思考题

1. 请简述ATPCS中对子函数调用的基本规则,并分析函数传参时需要堆栈操作的情况。

2. 请问下面代码的输出是什么?为什么?

```
#include <stdio.h>
int main()
{
    unsigned int a = 0xF7;
    unsigned char i = (unsigned char)a;
    char * b = (char *)&a;
    printf("%08x, %08x",i, *b);
    return 0;
}
```

第 5 章

存储器与指针

5.1 再论 C 语言中的指针

5.1.1 指针与数组

C 语言中的数组与指针是密不可分的。C 语言对这些概念的处理在某些方面与其他高级语言不同。C 语言中的数组有以下 2 个特点：

① C 语言中只支持一维数组，而且 C 语言中只支持静态数组，也就是说数组的大小在编译的时候就必须作为一个常数确定下来。注：C99 标准允许变长数组即 VLA。GCC 编译器中也实现了变长数组，但是细节与 C99 标准不完全一致。虽然 C 的数组只有一维数组，但是 C 语言数组的元素可以是任何数据类型的对象，因此一个数组的元素也可以是另外一个数组的，这样就可以模拟出一个多维数组。

② 当程序员声明了一个数组后，数组的大小也就确定了，程序员可以通过数组名获得这个数组下标为 0 的元素的指针。其他有关数组的操作即使是通过数组下标进行运算的，实际上都是通过指针进行的。在 C 语言中，任何数组下标运算都等同于一个对应的指针运算，因此我们完全可以依据指针的行为定义数组下标的行为。

1. 多维数组

关于 C 语言中二维数组(读者完全可以类推到更高维数的情况)的分析与论述，Andrew Koenig 在他的《C 陷阱与缺陷》[4]一书中有非常精辟的阐释，这里引述如下：

现在考虑下面的例子："int calendar[12][31];"这个语句声明了 calendar 是一个数组，该数组拥有 12 个数组类型的元素，其中每个元素都是一个拥有 31 个整数元素的数组(而不是一个拥有 31 个数组类型的元素的数组，其中每个元素又是一个拥有 12 个整数元素的数组)。因此，sizeof(calendar)的值是 372(31×12)与 sizeof(int)的乘积。

尽管我们也可以完全依据指针编写操纵一维数组的程序，这样做在一维情况下并不困难，但对于二维数组从记法上的便利性来说采用下标形式就几乎是不可替代的了。还有，如果仅仅使用指针来操纵二维数组，我们将不得不与 C 语言中最为"晦暗不明”的部分打交道，并常常遭遇潜伏着的编译器 bug。

让我们回过头来看前面的几个声明：

```
int calendar[12][31];
int *p;
int i;
```

然后考一考自己：calendar[4]的含义是什么？

因为 calendar 是一个拥有 12 个数组类型元素的数组，它的每个数组类型元素又是一个有着 31 个整型元素的数组，所以 calendar[4]是 calendar 数组的第 5 个元素，是 calendar 数组中 12 个有着 31 个整型元素的数组之一。因此，calendar[4]的行为也就表现为一个有着 31 个整型元素的数组的行为。例如：sizeof(calendar[4])的结果是 31 与 sizeof(int)的乘积。又如：

p = calendar[4];

这个语句使指针 p 指向了数组 calendar[4]中下标为 0 的元素。如果 calendar[4]是一个数组，我们当然可以通过下标的形式来指定这个数组中的元素，就像这样：

i = calendar[4][7];

我们确实可以这样做。还是与前面类似的道理，这个语句可以写成下面这样而表达的意思保持不变：

i= *(calendar[4] + 7);

这个语句还可以进一步写成：

i = *(*(calendar + 4) +7);

从这里我们不难发现，用带方括号的下标形式很明显地要比完全用指针来表达简单得多。

2. 数组名与指针

下面我们来讨论在 C 语言中指针和数组的关系——正如我们在前面所看到的，这是一对 C 语言中最“暧昧”、最晦涩的关系之一。

① 数组名的内涵在于其指代实体是一种数据结构，这种数据结构就是数组。

② 数组名的外延在于其可以转换为指向其指代实体的指针，而且是一个指针常量。

③ 指向数组的指针则是另外一种变量类型（在很多 32 位平台下，长度一般为 4），仅仅意味着数组的存放地址！

请看下面代码中的例子，其中 a 是一个有 10 个元素的整数数组，p 是一个指向整数的指针变量。在代码中我们将数组 a 的首地址作为初值赋值给了指针变量 p，注意在这个赋值语句中，数组名“a”表示的是数组 a 的首地址，也就是指向数组第一个元素 a[0]的地址常量（之所以是常量，是因为一旦编译器为 a[]静态地分配了存储空间，数组 a[]在内存中的位置就永远确定了，这也就是为什么我们说 C 语言只支持静态数组的原因）。由于数组名 a 表示的是数组的入口地址常量，因此不能对 a 进行任何类型的运算，比如自增、自减或赋值，编译器会认为这样的运算是语法错误；反之对于指针变量 p，由于它本身就是变量，因此可以自由地对其进行运算，并修改它的值（也就是它所指向的地址）。

但在后面的代码中，sizeof(a)的含义却是数组 a 的大小，也就是整个数组所占据的内存空间的大小，这时数组名"a"的含义就不是表示数组的首地址常量，而是表示整个数组，因此表达式 sizeof(a)的取值就是 10 个整数元素所占据的内存空间（对于大多数 32 位系统，这个空间是 40 个字节）。而表达式 sizeof(p)的含义是整数指针变量 p 所占据的内存空间大小。对于大多数 32 位系统，一个指针变量占据 4 个字节的内存空间。事实上，不管是否对 p 赋初值，它都占据 4 个字节的内存空间，只是存放在这 4 个字节空间中的内容不确定而已（也就是 p 所指向的对象不明确）。

```
int a[10];
int *p;
……
p = a;
a++;                                          /*语法错误！a是常量！*/
p++;                                          /*语法正确！p是变量！*/
printf("The size of a is %d\n", sizeof(a));   /*输出的结果是40*/
printf("The size of p is %d\n", sizeof(p));   /*输出的结果是4*/
……
```

3. 数组作为函数的入口参数

在数组和指针这对"冤家"的关系中，还有另外一种更诡异的情况：C 函数的数组参数！事实上，C 语言允许数组作为函数的参数完全是一个误会！我们知道 C 语言的传参规则是传值不传址，也就是所有的参数是通过将参数的值复制到堆栈中（或者传参寄存器）来进行传递的。按照这个规则的话，如果允许传递数组作为参数，编译器应该将数组的所有值通过压入堆栈来进行传递，显然这样的效率是非常低下的。因此 C 语言在这个问题上作了一个折中：当参数为数组时，真正传递的是数组的首地址的值，而不是数组本身。而在函数内部，用来表示数组的形参其实已经退化为一个局部指针变量，通过这个指针变量，函数可以访问数组的元素。由于数组会马上蜕变为指针，数组事实上从来没有传入过函数。允许指针参数声明为数组只不过是为让它看起来好像传入了数组，因为该参数可能在函数内当作数组使用。

```
Char b[10] = "123456789";
main()
{
……
    f(b);                  /*真正传入f函数的是数组b的首地址指针*/
```

```
    ……
}
void f(char a[])          /* 形参看起来是数组,实际已退化为指针 */
{
    char c;
    ……
    a++ ;                 /* a 是指针,因此自增运算是合法的! */
    c = a[0];             /* a 通过下标可以看起来像数组,但是它不是真正的数组,而且
                                此时 c 的值应该是 2 而不是 1,因为前面 a 做了自增运算 */
    printf("The size of a is %d\n", sizeof(a)); /* a 是指针,输出的结果是 4 */
    printf("The size of b is %d\n", sizeof(b)); /* b 是数组,输出的结果是 10 */
    ……
}
```

事实上,即使我们采用数组参数的声明方式,编译器在进行编译时都会将上面 f(char a[])的声明作为指针来处理,该声明与下面的声明是完全等价的:


```
void f(char *a)
 { … }
```

这种转换仅限于函数形参的声明,别的地方并不适用。如果这种转换令你困惑,请避免它;很多程序员得出结论,让数组形参声明所带来的困惑远远大于它所提供的方便。

4. 字符串数组与指向字符串的指针

C 语言中没有字符串类型,因此所有关于字符串的操作都是以一组连续存放的字符为基础的。在实际的编程实践中通常有 2 种方法构建原始的字符串:字符串数组以及字符串指针。很多初学者对这两者的区别不是非常清楚。请看下面代码中的例子:char * p="hello world!"这个表达式首先声明了一个指向字符的指针变量 p,该变量的初值被赋值为指向"hello world!"这个字符串的首地址(也就是字母'h'的地址),需要说明的是 p 并不是字符串本身,它不过是指向一个字符串的指针变量而已。而对于 char a[]="hello, world!"这个表达式,其含义是声明一个数组 a,该数组的元素被初始化为字符串中的每个字符,因此可以说数组 a 就是字符串,而字符串就存放在数组中。这 2 种声明方法的不同,参见图 5-1。

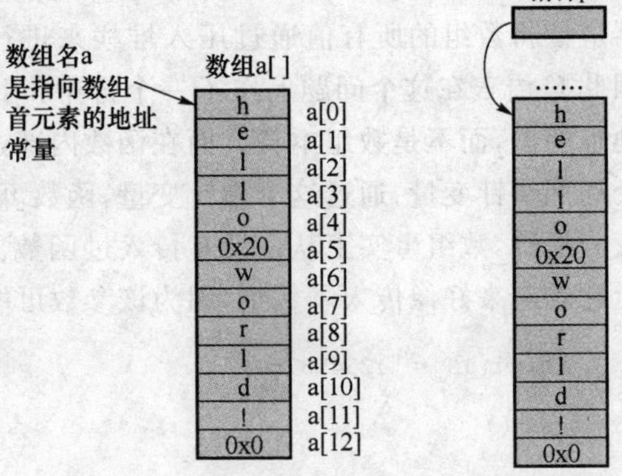

图 5-1 字符串数组与字符串指针

另外一个需要注意的问题是编译器在处理 char ＊p＝“hello world!”这个声明时的做法。我们都知道编译器会为变量 p 分配一块内存空间(一般是 4 个字节),但是仔细想一下“hello world!”这个串存放在什么地方？事实上,编译器会将程序中出现的这些字符串常量集中起来存放在一块特殊的内存区域(有时我们称这块区域为常量池,Const Pool),并将这个串的首地址赋值给变量 p。关于存放在常量池中的字符串常量还有两点需要说明:第一,既然这个串被存放在常量池,在很多系统中该块区域的内容是被存放在只读的内存区域的,比如 ROM 或者是 Flash,因此任何试图对常量池中内容进行修改的操作都是非法的,这也就是为什么表达式 p[0]＝‘H’在很多系统中都不能正确地被执行的原因;第二,存放在常量池中的字符串常量是没有名字的(准确的说法应该是编译器不会为其分配相应的“符号”即 Symbol,这一点与全局变量、数组、函数不同,编译器会为每个全局变量和每个函数分配符号名,并通过构建符号表记录每个程序元素的起始地址),一旦 p 的值被赋值为其他值,那么原来这个字符串的首地址将永远丢失,正常情况下再也不会有代码可以访问到这个串,也就是说这个常量串永远地丢失了。


```
……
char *p = "hello, world! ";   /*声明一个字符指针,并将该指针的初值指向一个串*/
char a[] = "hello, world!";   /*声明一个数组,并对这个数组赋初值*/
p[0] = 'H';                   /*在很多编译器上可能是非法的,因为p所指向的串可能
                                存放在只读的存储器空间,比如 ROM 或 Flash 中*/
a[0] = 'H';                   /*肯定是合法的! 因为数组 a 的内存空间在编译的时候
                                就已分配好了*/
p = a;                        /*p指向了数组a,但是p原来指向的串将永远丢失,因为
                                没有人知道那个串存放在内存的什么地方*/
……
```

5.1.2 函数指针

1. 函数指针的声明与引用

函数指针即指向函数地址的指针。利用该指针可以知道函数在内存中的位置。因此,也可以利用函数指针调用函数。函数指针的声明方法是:

<类型>(＊函数指针变量名)(函数的参数列表);

比如我们需要对 2 个变量进行声明:第一个是函数指针 fp, 该函数指针变量指向一个入口参数为一个整数,返回值为另一个整数的函数;第二个是函数指针数组 fp_array[], 这个数组的每个元素都是一个函数指针,这些函数指针指向入口参数为一个整数,返回值为指向整数的指针的函数。下面是对这 2 个变量的声明:

```
/*声明一个函数指针变量 fp, 它指向一个入口参数与返回值都是整数的函数*/
```

```
int (*fp)(int);
/*声明一个函数指针数组 fp_array[]，它的每个元素都指向一个入口为整数,返回值为整数指针的函数*/
int *(*fp_array[10])(int);
```

注意:在函数指针声明中,函数指针变量名必须写在一个括号内,如果省略这个括号,那么这个声明的含义就完全不一样了。请看下面这个例子:

```
int *fp(int);
int **fp_array[10](int);
```

上面这个例子中的第一行声明的是一个函数 fp(),该函数有一个整数参数并且返回一个指向整数的指针。这是因为函数调用运算符"()"的优先级比取内容运算符"*"要高,编译器首先认为 fp(int)是一个运算单位,这显然是一个函数,而对函数返回值做取内容运算 *(fp(int))的结果是一个整数 int,因此 fp 是一个以整数为入口参数、返回值为指向整数的指针的函数,而不是我们所希望声明的函数指针。对于第二行的声明,套用上面的分析方法,数组下标运算符"[]"的优先级和函数调用运算符的优先级"()"相同,它们都比取内容运算符"*"要高,而且对于"[]"和"()"编译器的结合性是自左而右,因此编译器首先将 fp_array[]作为第一个运算单位,显然这是一个数组元素,考虑到后面的函数调用运算符,我们可以判断 fp_array[](int)是一个函数数组,数组的每个元素都是一个以整数为参数的函数,这个函数的返回值是一个指向整数的二重指针。然而,C 语言中并没有函数数组这个概念,因此第二行的声明是有语法错误的。所以,理解 C 语言运算符优先级对于更深刻地理解 C 语言的表达式是非常有帮助的。

在 C 语言中,正如数组名就是数组第一个元素的首地址,函数名就是函数的入口地址,因此可以用已定义的函数的函数名作为初值赋给一个相应的函数指针。这里说"相应的"是指这个函数指针的声明不仅返回值要和这个函数的返回值一致,还要保证函数指针声明中的入口参数要与函数一致。程序员可以通过函数指针调用函数,当然程序员要首先保证这个函数指针是有初值的,也就是该函数指针指向了某个具体的函数。下面我们来看看函数指针的几个例子:

```
int *myfunction(int);
int *(*fp)(int);
int *ptr;

fp = myfunction;      /*为函数指针 fp 赋初值,使它指向函数 myfunction()*/
ptr = (*fp)(3);       /*通过函数指针调用函数,与 myfunction(3)的效果是一样的*/
ptr = fp(4);          /*这也通过函数指针调用函数,与(*fp)(4)的效果是一样的*/
```

需要说明的是上面例子的最后一行,这是一种在 ANSI C 标准中支持的简写方式,其效果与标准的调用方式相同。函数总是通过指针进行调用的,因此所有"真正的"函数名总是隐式地退化为指针。

Andrew Koenig 在他的《C陷阱与缺陷》[4]一书中曾给出过一个让许多程序员看着都头皮发麻的函数指针的调用：

```
(*(void (*)(void)) 0)();
```

这个表达式的意思是对0地址进行函数调用，通常情况下这会使得系统从0地址开始运行，而这在很多系统中意味着系统的软件复位。简单地分析一下这个语句，首先我们得理解(void(*)(void))是一个强制类型转换运算符(这个问题在第2章中解释过)，这个强制类型转换将后面的0转换成为一个指向没有入口参数、也没有返回值的函数的函数指针，接下来就好理解了，如果我们把0这个函数指针看作是fp，那么上面的这个表达式就变成了"(*fp)();"，大家一眼就看出这是一个函数指针的调用，而这个函数指针指向一个以0地址开始的一段代码。

2. 函数指针的作用

一旦函数可以通过指针被传递、被记录将开启许多应用，主要包括多态、回调和多线程的实现。下面我们将分别介绍：

(1) 多态(polymorphism)

多态指用一个名字定义不同的函数，这函数执行不同但类似的操作，从而实现"一个接口，多种方法"。我们首先来讨论这样一个例子，如果我们需要设计一个计算器的程序，该程序可以将用户输入的2个操作数执行一定的运算并得到结果。几乎所有的程序员第一个念头就是采用 switch…case…语句来处理不同的运算符：

```
switch(oper){
case ADD:
    result = add(op1,op2); break;
case SUB:
    result = sub(op1,op2); break;
…… }
```

但是，如果我们的计算器有非常多的不同类型的运算符，那么 switch…case…语句将变的非常冗长，而且由于 switch…case…语句是通过判断来进行分支处理的，处在这个语句最后的子句将在被执行了很多次判断后才会被执行，因此这也将造成效率的下降。其实我们可以通过函数指针来实现同样的功能：

```
double add(double, double);
double sub(double, double);
...
double (*oper_func[])(double, double) = {add, sub,……};
……
result = oper_func[oper](op1,op2);
```

首先定义一个函数指针数组 oper_func[]，这个数组中存放的每个元素就是相应的处理函数的入口地址，然后通过数组的下标作为索引，我们可以只用一条语句就可以实现对相应运算符的函数调用。

利用函数指针实现多态是很多系统软件常用的方法，比如在操作系统中为了能够支持不同硬件设备的统一管理，往往会定义一个内部的数据结构，这个结构中定义了具体的硬件操作函数的函数指针。当然针对不同的硬件设备，这些函数指针指向不同的操作函数。当上层软件需要访问某个设备时，操作系统将根据这个数据结构调用不同的操作函数，这就使得虽然底层的操作函数各不相同，但是上层的软件却可以统一。下面是 2.4.18 版本 Linux 内核中的 file_operations 结构：

```
struct file_operations {
    struct module * owner;
    loff_t ( * llseek)(struct file * , loff_t, int);
    ssize_t ( * read)(struct file * , char * , size_t, loff_t * );
    ssize_t ( * write)(struct file * , const char * , size_t, loff_t * );
    int ( * readdir)(struct file * , void * , filldir_t);
    unsigned int ( * poll)(struct file * , struct poll_table_struct * );
    int ( * ioctl)(struct inode * , struct file * , unsigned int, unsigned long);
    int ( * mmap)(struct file * , struct vm_area_struct * );
    int ( * open)(struct inode * , struct file * );
    int ( * flush)(struct file * );
    int ( * release)(struct inode * , struct file * );
    int ( * fsync)(struct file * , struct dentry * , int datasync);
    int ( * fasync)(int, struct file * , int);
    int ( * lock)(struct file * , int, struct file_lock * );
    ssize_t ( * readv)(struct file * , const struct iovec * , unsigned long, loff_t * );
    ssize_t ( * writev)(struct file * , const struct iovec * , unsigned long, loff_t * );
    ssize_t ( * sendpage)(struct file * , struct page * , int, size_t, loff_t * , int);
    unsigned long ( * get_unmapped_area)(struct file * , unsigned long, unsigned
    long, unsigned long, unsigned long);
    #ifdef MAGIC_ROM_PTR
        int ( * romptr)(struct file * , struct vm_area_struct * );
    #endif / * MAGIC_ROM_PTR * /
    };
```

这个结构的每个成员名字都对应着一个系统调用。当用户进程利用系统调用对设备文件进行 read/write 等操作时，系统调用通过设备文件的主设备号找到相应的设备驱动程序，然后读取这个数据结构相应的函数指针，接着把控制权交给该函数。这就是 Linux 的设备驱动程序工作的基本原理。因此，编写设备驱动程序的主要工作就是编写这些具体的子函数，并赋给 file_operations 的各个域。

除了在文件系统中使用函数指针实现多态外，GUI 系统为了实现对不同控件的统一管理，也往往采用函数指针的方法。下面我们来看看在 ASIX Window 中为了实现对不同控件（如按钮、窗口、菜单、下拉框、滚动条等）的统一管理而定义的数据结构：

```
typedef struct window_class
{
    U8      wndclass_id;
    STATUS      ( * create)(char * caption, U32 style, U16 x, U16 y, U16 width, U16
    hight, U32 wndid, U32 menu, void * * ctrl_str, void * exdata);
    STATUS      ( * destroy)(void * ctrl_str);
    STATUS      ( * msg_proc)( U32 win_id, U16 asix_msg, U32 lparam, void * data, U16
    wparam, void * reserved);
    STATUS      ( * msg_trans)(void * ctrl_str, U16 msg_type, U32 areaId, P_U16 data,
    U32 size, PMSG trans_msg);
    STATUS      ( * repaint)(void * ctrl_str, U32 lparam);
    STATUS      ( * move)(void * ctrl_str, U16 x, U16 y, U16 width, U16 hight, void *
    reserved);
    STATUS      ( * enable)(void * ctrl_str, U8 enable);
    STATUS      ( * caption)(void * ctrl_str, char * caption, void * exdata);
    STATUS      ( * information)(void * ctrl_str, struct asix_window * wndinfo);
} WNDCLASS;

WNDCLASS                WindowClass[] = {
 {WNDCLASS_WIN,wn_create,  wn_destroy,  wn_msgproc,  wn_msgtrans, wn_repaint,NULL,
  NULL,wn_caption, NULL},

  {WNDCLASS_BUTTON,Btn_create,Btn_destroy,
   Btn_msg_proc,Btn_msg_trans,Btn_repaint,NULL,Btn_enable,Btn_caption, NULL},

 {WNDCLASS_SELECT,sl_create, sl_destroy, sl_msg_proc, sl_msg_trans, sl_repaint,
  NULL, sl_enable,sl_caption, NULL},

 {WNDCLASS_SELECTCARD,NULL,
  NULL,NULL,NULL,NULL,NULL,NULL,NULL,NULL},

 {WNDCLASS_MENU,menu_create, menu_destroy, menu_msgproc, menu_msgtrans, mn_repaint,
  NULL, NULL,NULL,NULL},

 {WNDCLASS_LIST,Lbox_create,Lbox_destroy, Lbox_msgproc, Lbox_msgtrans, lb_repaint,
  NULL, NULL,NULL,NULL},

 {WNDCLASS_KEYBD, kbd_create,kbd_destroy,kbd_msgproc, kbd_msgtrans, kbd_repaint,
  NULL, NULL,NULL,NULL},

 {WNDCLASS_SCROLL,sb_create,sb_destroy, sb_msgproc,sb_msgtrans, sb_repaint,NULL,sb
  _enable, NULL,NULL},
```

```
    {WNDCLASS_KEYBAR,kb_create,kb_destroy,kb_msgproc,kb_msgtrans,NULL,NULL,NULL,
     NULL,NULL},
    };
```

上面的代码首先定义了数据结构 window_class，这个结构中定义了一组窗口操作的函数指针。然后我们按照这个结构体定义了数组 WindowClass[]，并为其赋了初值。比如：对应于 WNDCLASS_WIN 这个窗口类，其具体的创建函数的入口地址为 wn_create（其实也就是这个函数的函数名），当用户调用系统 API CreateWindow()函数创建 WNDCLASS_WIN 的一个窗口时，GUI 将通过 WindowClass[]数组找到具体的创建函数 wn_create，并调用这个函数实现具体的创建过程。

可以说多态是函数指针最重要的应用之一，我个人认为这也是程序员从初级编程进入高级编程阶段的一个重要里程碑。

(2) 回调(call - back)

通常情况下的函数调用顺序是用户的函数调用操作系统的函数，上层的函数调用底层的函数，而所谓回调是指由操作系统来调用用户编写的函数，或者由底层函数调用上层函数。由于操作系统的代码在用户代码之前就已经编译完成，因此由操作系统发起的回调一般都必须通过将用户编写函数的函数指针传递给操作系统，再由操作系统实现回调。事件驱动(event - driven)的系统经常透过函数指针来实现回调机制，例如 Win32 的 WinProc 其实就是一种回调，用来处理窗口的信息。

在下面这个例子中，我们定义了一个软件定时器，如图 5 - 2 所示。

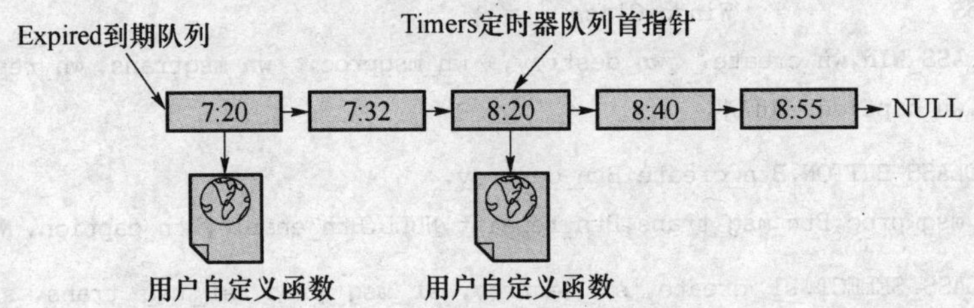

图 5 - 2 定时器队列中的函数指针

操作系统维护了一个定时器任务，在每个系统时钟到来之时都会激活这个定时器任务，在这个任务中代码将遍历定期链表，将到期的定时器加到到期队列中，然后该任务将检查用户创建该定时器时是否指定了定时器到期处理函数（用户是通过函数指针将这个处理函数传递给定时器任务的），如果有则调用这个处理函数，否则系统将调用默认的定时器到期处理函数 DefaultTimerProc()。以下是该定时器任务的代码片断：

```
……
/* 为到期的定时器定义一个首指针 */
expired = NULL;
```

```
while (Timers != NULL && (clock >= Timers->expiration)){
    /* 保存第一个到期的定时器首指针 */
        t = Timers;
        SysStopTimer((DWORD)t);/* Timers = Timers->next */
        t->state = TIMER_EXPIRE;
        /* 将其放到到期队列中 */
        t->next = expired;
        expired = t;
}
/* 遍历到期的定时器队列,如果用户指定了处理器函数则调用之
 * 如果没有指定处理函数,则调用系统的默认处理函数
 * 然后根据定时器的模式,要么删除该定时器,要么重启该定时器
 */
while((t = expired) != NULL){
    expired = t->next;
    if(t->func){
            (*t->func)(t->arg); /* 回调用户指定的定时器到期处理函数 */
    } else {
            DefaultTimerProc(t);     /* 否则,调用系统指定的默认函数 */
    }
    if(t->mode & (ALARM_MODE|AUTO_CLEAR_MODE))
            SysFreeTimer((DWORD) t);  /* 删除定时器 */
    elseif(t->mode & (CYC_MODE|AUTO_START_MODE))
        SysStartTimer((DWORD)t);        /* 重启定时器 */
}
……
```

(3) 多线程(multithreading)

将函数指针传进负责建立多线程的API中,例如Win32的CreateThread(…pF…)。在一个多任务的系统中,每个任务从本质上来讲可以理解为是一个拥有自己独立堆栈的函数,在用户需要创建一个新任务或是线程时,需要调用由操作系统提供的API函数(系统调用)。比如:在μC-OS/II中,这个创建函数一般需要为这个新任务创建相应的任务控制块(Task Control Block,TCB)并为其申请专属于该任务的堆栈空间,然后将任务的入口地址(也就是任务所对应的函数的函数指针等信息)作为返回地址填写到任务堆栈中,构建一个新的栈帧。创建函数将任务堆栈的当前指针填写到TCB的一个域中,将任务的状态置为就绪状态并链接到相应的就绪队列中,这时如果操作系统允许任务调度,则调用调度器选择合适的任务进行运行。如果调度器选择了新创建的任务运行,则只要根据TCB中的堆栈指针就可以模拟出一个中断返回的出栈过程,新的任务得到CPU的过程就仿佛是从一个中断中返回一样。下面的代码是μC-OS/II中任务创建函数调用的堆栈初始化函数,该函数将在新申请的

任务堆栈中构建一个栈帧，其中最重要的一个工作就是将任务的入口地址(是用户通过函数指针的形式传给该函数的)压入堆栈，并将该任务初始状态下的寄存器值(除了传递参数的 r0 寄存器外，其他的当然都应该填为 0)也保存到堆栈中。

```
OS_STK * OSTaskStkInit (void ( * task)(void * pd), void * pdata, OS_STK * ptos, INT16U opt)
{
    OS_STK * stk;
    opt      = opt;                            /*'opt' is not used, prevent warning */
    stk      = ptos;                           /* Load stack pointer */
    *(stk) = (OS_STK)task;                     /* Entry Point */
    *(--stk) = (INT32U)0;                      /* lr */
    *(--stk) = (INT32U)0;                      /* r12 */
    *(--stk) = (INT32U)0;                      /* r11 */
    *(--stk) = (INT32U)0;                      /* r10 *./
    *(--stk) = (INT32U)0;                      /* r9 */
    *(--stk) = (INT32U)0;                      /* r8 */
    *(--stk) = (INT32U)0;                      /* r7 */
    *(--stk) = (INT32U)0;                      /* r6 */
    *(--stk) = (INT32U)0;                      /* r5 */
    *(--stk) = (INT32U)0;                      /* r4 */
    *(--stk) = (INT32U)0;                      /* r3 */
    *(--stk) = (INT32U)0;                      /* r2 */
    *(--stk) = (INT32U)0;                      /* r1 */
    *(--stk) = (INT32U)pdata;                  /* r0，中间存放的是入口参数 */
    *(--stk) = (INT32U)(SVCMODE|0x0);  /* PSR */
    *(--stk) = (INT32U)(SVCMODE|0x0);  /* SPSR */
    return (stk);
}
```

5.2　C语言中的内存陷阱

C语言的功能强大，很大程度上是因为C语言能够对存储器进行直接操作(大多数情况下是通过指针)以及与此相对应的灵活语法。然而，也正是由于这个原因使得对存储器的访问变得充满危险，我们姑且把它们称为内存陷阱，一不小心即使是身经百战的老程序员也会坠入其中。我们将在本节为读者指出它们的所在，各位在编程路上注意避让！

在开始之前，首先对C语言中内存分配方式进行一个总结，如果程序员需要在C语言中获得存储空间一共有 4 种方式：

① 从静态存储区域分配。内存在程序编译时就已经分配好，这块内存在程序的

整个运行期间都存在，例如全局变量、static 变量。

② 在栈(Stack)上创建。在执行函数时，函数内局部变量的存储单元都可以在栈上创建，函数执行结束时这些存储单元自动被释放。栈内存分配运算内置于处理器的指令集中，效率很高，但是分配的内存容量有限。

③ 从堆(Heap)上分配，亦称动态内存分配。程序在运行时用 malloc 或 new 申请任意多少的内存，程序员自己负责在何时用 free 或 delete 释放内存。动态内存的生存期由我们决定，使用非常灵活，但问题也最多。

④ 系统程序员非常清楚地知道系统中每个程序单元(包括函数、全局变量、堆栈和系统堆)在存储器中的位置，一般除了这些程序单元所占据的存储器空间外，还会存在一些空闲的存储器空间，系统程序员可以通过绝对地址(当然在 C 程序中需要将这些绝对地址通过强制类型转换显式地转换成为一个指向特定类型的指针)对这些存储器空间进行访问，比如直接将一些常量的系统数据(拼音库、手写识别的模式识别库、国标码 GB 到 Unicode 的转换表等)烧结在 Flash 或者 ROM 中的特定地址。这样就避免了每次调试时都需要将这些常量表下载到目标系统中去。图 5-3 所示是这 4 种方法的一个总结。当然，图 5-3 中给出的存储器的布局和地址都只是一个简单的例子，实际系统的情况有可能会与此不同。

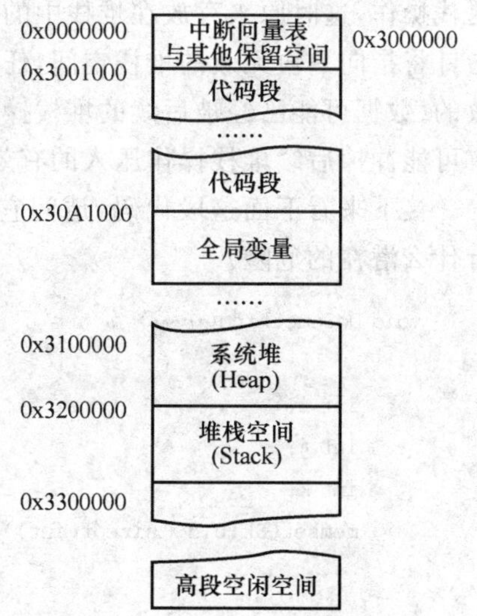

图 5-3 一个可执行镜像的内存布局

5.2.1 局部变量

局部变量又称为自动变量，C 语言的编译器在处理局部变量时一般有两种选择：要么将其存放在 CPU 的通用寄存器中；要么存放在堆栈中。让我们来看下面这段代码，这段简单的代码中潜伏着两个异常危险的错误。如果你认真阅读了第 1 章中的小测验，应该能够发现这两个错误。

```
char * DoSomething(……)
{
    char i[32 * 1024];
    memset(i,0,32 * 1024);
    ……
    return i;
{
```

首先，在函数内部声明一个32 KB的自动变量数组i[]，编译器将会在调用该函数的栈帧中为其分配相应的空间，这会耗费大量的堆栈空间。要知道在很多嵌入式系统的应用任务中，为任务分配的堆栈空间往往只有几K字节的空间，因此一个大的局部数组会立刻将任务的堆栈耗尽，甚至造成堆栈溢出。另外一个错误是在最后的返回语句上，"return i;"语句试图将局部数组i[]的首指针返回到函数的外面，这是非常危险的举动。正如我们一再强调的，局部数组所占用的内存空间是由编译器分配在堆栈中的，当函数返回时，这些被占用的堆栈空间将被编译器添加的代码进行退栈操作，这时原来存放在堆栈中的数据就统统变成了无效数据。因此，返回出去的指针将指向一块无效的堆栈空间，任何通过这个指针对其所指向内容的访问都是无效的(数据可能已经被后续的堆栈操作所改变)和危险的(通过这个指针写入的数据有可能冲掉后续堆栈操作压入的有效数据)。

接下来看下面这段代码，请问它的本意是想要做什么？这样做的问题是什么？有什么潜在的危险？


```
void DoSomething(……)
{
    int i;
    int j;
    int k;
    memset(&k,0,3 * sizeof(int));
    ……
}
```

这段代码的意图是将3个变量i、j、k清零。然而，这段代码能够正确运行需要以下假设：

① i、j、k这3个局部变量需要连续存放在堆栈中，而不是通常所采用的CPU内部的寄存器来表示。

② 编译器在处理这3个变量时的压栈顺序应该是先压i，再压j，最后是k(如果堆栈是满递减栈的话)，如图5-4所示。

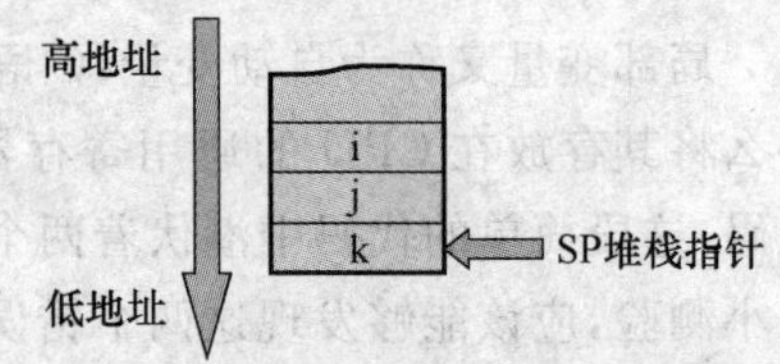

图5-4 变量i、j、k在堆栈中的存放

其实，这两个假设中的第一个就是很难满足的，因为现代的C编译器首先会尽可能地将局部变量优化在内部寄存器中，如果变量k是存放在寄存器中的，那么对k取地址的操作就是一个非法的操作，因为在绝大多数系统中寄存器是没有地址的(至少不是和存储器统一编址的)。第二个假设是堆栈采用的满递减栈，虽然绝大多数的系统都是采用满递减栈来进行堆栈操作的，但并不能保证所有的系统都遵循这个规则。

总结一下在C编程中关于局部变量需要注意的几点：

① 不要对临时变量作取地址操作，因为你不知道编译器是否将这个变量映射到了寄存器。

② 不要返回临时变量的地址或临时指针变量，因为堆栈中的内容是不确定的(出了这个函数，存放在堆栈中的局部变量就没有意义了)。

③ 不要申请大的临时变量数组，临时变量是在堆栈中实现的，你有多大的堆栈呢？

5.2.2 动态存储区

动态存储区是由 malloc()函数和 free()函数管理的动态分配的存储区(这个存储区一般也称为“堆”，Heap)。在嵌入式系统中的实现上，堆可以用一个静态数组(这个静态数组的内存空间在编译的时候由编译器分配)来表示，也可以由程序员指定一段没有被编译器和操作系统使用的空闲内存区域来实现。

malloc()函数和 free()函数是 ANSI C 标准定义的标准 C 库函数。很不幸，malloc()内部数据结构很容易被破坏，而由此引发的问题十分棘手。发生内存错误是件非常麻烦的事情。编译器不能自动发现这些错误，通常是在程序运行时才能捕捉到。而这些错误大多没有明显的症状，时隐时现，增加了改错的难度。最常见的问题来源是向 malloc()分配的区域写入比所分配的还多的数据；一个常见的 Bug 是用 malloc(strlen(s))而不是 strlen(s)+1。其他的问题还包括使用指向已经释放了的内存的指针，释放未从 malloc 获得的内存，或者两次释放同一个指针，或者试图重分配空指针等。我们在这一节中将通过几个具体的实例来讲解动态分配存储空间的内存陷阱。

1. 动态存储区的申请

假设在一个图形用户界面中需要保存 LCD 屏幕上的一个矩形区域的背景图形，为此我们需要申请一块存储器用以存放该背景图形的数据。假设矩形区域的宽度是 x，高度是 y，那么在这个矩形区域中一共有 $x \times y$ 个像素点(Pixel)，如果我们采用的是四级灰度 LCD，那么每个像素需要使用 2 个比特来表示，因此我们一共需要 $x \times y \times 2/8$ 个字节的存储器来保存这个背景图形的数据。代码如下：

```
char * buffer;
buffer = (chart *)malloc ( x * y * 2 / 8 );
```

上面的代码乍看起来没有任何问题，而且如果凑巧，这段代码确实也会表现的一切正常。但是，如果 $x \times y$ 的结果不能被 4 整除怎么办？比如 $x=10$，$y=15$，那么我们会申请多少个字节的缓冲区呢？C 语言中整数除法的结果是只计商，而直接舍弃余数的(实际上编译器可能会将上面的表达式 $x \times y \times 2/8$ 优化成为 $x \times y >> 2$)，也就是说结果是 37 个字节。如果我们通过 malloc()函数分配 37 个字节的缓冲区，那么这个缓冲区理论上来说只能存放 $37 \times 4 = 148$ 个 Pixle 的数据，这样最后两个像素的数据就会被保存到 buffer 缓冲区之外。这对于 malloc()动态分配的存储器而言是非常危险的。首先，如果写溢出的数据有可能会冲掉其他 malloc()函数分配的空间中的数据，这会造成其他数据在没有任何警告的情况下被修改，更致命的是这块数据可能属于一段距离非常远的代码，当程序的执行流在经过很长时间后访问这些被修改的数据时，程序才可能出错。程序员在调试这个 Bug 的时候想回溯到最初修改这些数据的代码(也就是真正的错误源)是非常困难的。其次，就算没有冲掉其他的数据，写溢出依然可能破坏 malloc()函数用于分配块管理的头部数据，这些数据对于 free()函数正确地释放这块空间有着至关重要的作用，造成的后果就是当程序试图释放该块存储器时将无法正确执行，这个错误的后果就是这块内存永远(至少在用户重启系统前)地"丢失"了。这就是所谓的内存泄漏(Memory Leakage)，后面我们还将讨论这个问题。

我在参与 PDA 项目时，曾经碰到过这种错误，代码总是在我调用一组由 OS 提供的画线函数时崩溃。我仔细检查了这些画线函数的入口参数，发现所有的入口参数都是正确的，我开始怀疑 OS 的正确性，甚至跟踪了 OS 的机器代码(当时使用的 OS 没有源码，只能跟踪汇编代码)，始终不得要领。最后，我在距离程序崩溃很远的另一个 C 文件中，发现 LCD 缓冲区申请过程中少了一个字节(就像上面的代码一样)。修改错误代码后，一切就都正常了。为了这个 Bug，我从下午一点一直找到晚上十点——痛莫大鄢！因此，程序员在一开始使用 malloc()函数分配动态空间时就必须非常小心。下面的代码是我们修正后的版本：

```
char * buffer;
buffer = (chart * )malloc ( (x * y * 2 +7) / 8 );
/ * 下面的是一种等效的写法 * /
//buffer = (char * )malloc( (x * y + 3) / 4 );
```

2. 内存泄漏

下面我们来讨论内存泄漏的问题，请看以下这段代码存在什么问题？

```
char * DoSomething(…)
{
    char * p, * q;
    if ( (p = malloc(1024)) == NULL ) return NULL;
    if ( (q = malloc(2048)) == NULL ) return NULL;
    ……
    return p;
}
```

这段代码申请了 2 个缓冲区，分别用指针 p 和 q 表示。程序员已经考虑到了在采用 malloc()函数分配动态内存时首先检查该函数的返回值是否为空。这是在使用该函数时必须做的检查，因为 malloc()函数有可能不能满足调用者的分配请求并返回 NULL，这时如果调用者不检查这个返回值并直接应用它的话，就会造成系统的崩溃。虽然上面代码的程序员考虑了 malloc()函数返回 NULL 的情况，但是“螳螂捕蝉，黄雀在后”。请考虑这种情况：如果程序中 p 的 1 024 字节的空间分配成功了，在分配 q 的 2 048 字节空间时 malloc()未能分配成功，则按照上面的代码将直接 return NULL；这时 p 所指向的 1 024 字节的空间将永远被“遗忘”，再也不会有人去引用它或释放它，它将永远占据 Heap 中的空间。这种情况，我们将其称为内存泄漏。上面这段代码正确的写法应该是：

```
char * DoSomething(…)
{
    char *p, *q;
    if ( (p = malloc(1024)) == NULL ) return NULL;
    if ( (q = malloc(2048)) == NULL )
    {
        free(p);
        return NULL;
    }
   ……
   return p;
}
```


有些人可能会有一个错觉，上面的代码中指针 p 和 q 都是临时变量，当我们退出函数时 p 和 q 这两个变量将自动消亡，因此它们所指向的动态内存空间也将自动被释放。这个错觉是非常要命的，要知道 p 和 q 是 2 个指针变量，它们中间存放的只是 2 个地址，这些地址在通过调用 malloc()函数后被保存在 p 和 q 之中，它们并不是动态内存本身。因此，函数退出后，保存这些地址的 p 和 q 会消亡，但是它们指向的动态存储器不会自动被释放！

简单地说，造成内存泄漏的原因就是申请了存储空间但是没有正确地释放，造成这种问题的主要原因有 3 个：

① 在差错处理时，忘了释放已分配的动态存储空间。上面的代码就是这个问题。

② 由于程序复杂性的增加，现在的嵌入式软件往往是采用团队开发的模式，在程序员沟通的过程中，往往会出现一些误会与推诿。比如：A 程序员在他的代码中分配了一块存储器，B 程序员的代码将使用这块内存，但是他们没有沟通好到底由谁来释放这块内存，这就非常容易造成内存泄漏。

③ 第三个原因最复杂，也最难以被发现。由于 free()函数是根据 malloc()函数分配的空间头部的控制信息来进行释放的，因此 free()函数只能释放由 malloc()函数返回的指针。如果 free()函数的入口参数不是正确的指针或者 malloc()分配空间的头部信息被破坏(往往是因为其他人往动态存储器写数据溢出造成的)，这都将造

成 free()函数无法正确释放(如图 5-5 所示),p 的头部信息被 q 的数据写溢出时破坏了(图 5-5 中的斜线部分)。

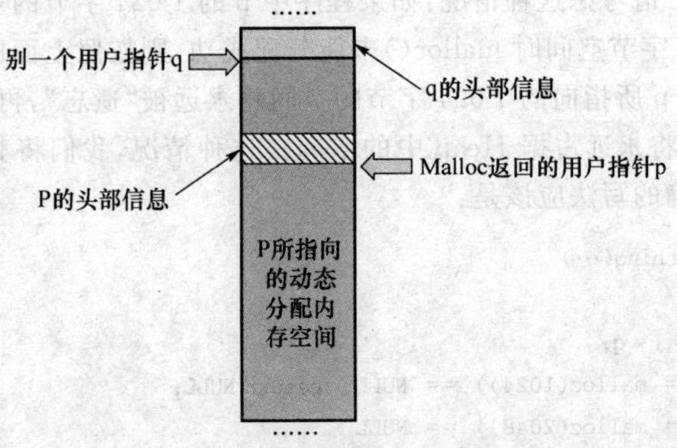

图 5-5 数据溢出对其他动态分配块的损坏

上面所讲的第三个原因的复杂性就在于从代码上看,程序员的确是调用了 free()函数,因此很容易忽略这个潜在的内存泄漏。比如下面这段代码:

```
void DoSomething(char * ptr;)
{
    char * p;
    int i;
    if(ptr == NULL) return;                    /* 入口参数合法性检查 */
    if((p = (char *)malloc(1024)) == NULL) return ; /* 分配空间,并检查是否为空 */
    for(i = 0; i < 1024; i++)
        * p++ = * ptr++ ;
    ...
    free(p);  /* 这个语句是无效的,因为 p 的值已经改变了,free 函数将无法释放 */
    return ;
}
```

虽然程序的最后调用了 free()函数释放 p,但此时的 p 已经不是最初 malloc()函数返回的 p 了,在 for 循环中 p 的值已经发生了改变,因此最后的 free()函数实际上根本就不可能正确地释放这块空间——p 原来指向的 1 024 字节的空间就这样悄无声息地被"丢失"了。如果 free()函数有返回值来表明释放是否成功,在调试时就可以比较方便地发现这个错误了。遗憾的是,ANSI C 中 free()函数的原型是"void free(void *);",它是一个没有返回值的函数。我一直困惑为什么 free()函数没有返回值呢?也许当初设计这个函数的人认为即使 free 函数告诉了调用者释放失败,调用者也没有什么补救办法了,这个返回值只在调试的时候能够通知程序员有一个释放失败了,程序员可以去排除这个 BUG。但是在系统正常运行时,这个信息是多余的，因为我们什么也做不了。

内存泄漏是相对"良性"的 BUG，因为系统不会立刻死给你看，短期内也不会影响其他正常的程序工作。但是良性的疾病也可以要人命的，系统堆 Heap 中的空间总是有限的，如果程序在这个地方漏一点内存，在那个地方再漏一点，堆中的空间迟早会被耗尽。这时，正常的程序调用 malloc()函数将没有可分配的空间，系统将什么都做不了了。事实上，内存泄漏的问题是如此的严重和难以排除，以至于在 JAVA 语言中取消了由程序员负责的释放过程，JAVA 语言包含了"垃圾收集"(garbage collection)的功能，JAVA 的内部机制会在程序员不再使用某块动态资源时自动地将其回收。当然，自动的垃圾收集功能是以效率的下降为代价的，对于嵌入式系统而言，至少在短期内还很难接受这样的代价。

正因为内存泄漏是相对"良性"的 BUG，所以想在一个复杂的程序中找到这样的 BUG 是非常困难的。但是，对于通常连续运行的嵌入式系统而言，内存泄漏是无法容忍的。所以，嵌入式系统程序员在程序设计之初就应该非常小心地规避这样的问题。下面是避免内存泄漏的一些建议和方法：

① 一般情况下，在系统启动后通过 malloc()函数分配的内存空间在错误处理时都应该通过 free()函数及时地释放。程序员要非常小心地处理，避免漏掉释放那些已经被分配的存储空间。

② 注意一定要保存 malloc()函数返回的动态内存区的首指针，这是我们正确释放这块内存的必要条件。

③ 避免在访问动态内存区时发生数据溢出的情况，程序员要特别小心数组的访问越界以及 strcpy()、memcpy()、sprintf()等标准库函数在往动态分配的存储区写数据时的边界条件。因为对这块动态存储区的写越界不仅有可能破坏其他的动态存储区中的数据，也有可能破坏相邻动态存储区的头部信息，从而造成 free()函数的失败。

④ 对于团队开发的情况，应该本着"谁申请谁释放"的原则，也就是由 A 程序员申请的动态存储区最好由 A 程序员负责释放，这样每个程序员各司其职，保证自己申请的动态存储区在不需要时被正确地释放。

3."野"指针

"野"指针是指那些不知指向什么内容或者指向的内容已经无效的指针。注意：我们所说的"野"指针并不是空指针 NULL，空指针的物理含义是不指向任何内容，而"野"指针要么随机地指向一段内存区域，要么该指针所指向的内容已经无意义。相对于空指针，"野"指针的问题要复杂得多。我们用一个 if 条件判断就可以非常简单地知道一个指针是否为空，但是在"野"指针面前，if 判断显得无能为力。

产生"野"指针的主要原因包括：

① 指针在初始化之前就被直接引用。这个问题主要是针对局部变量，因为大多数编译器在处理全局变量时，会为全局变量静态分配存储器空间，并且要么以程序中

的初值对其进行初始化，要么以零对没有初值的全局变量进行初始化。比如ARM公司的ArmCC编译器就将全局变量分为两个段，一个是有初值全局变量的RW段，另一个是没有初值的全局变量的ZI(Zero Initialized)段。因此，对于指针全局变量，程序员不用太担心初值的问题。但是对于局部变量就不同了，这是因为编译器要么用CPU的通用寄存器表示局部变量，要么采用堆栈空间表示局部变量，不管是哪一种，局部变量的初值是随机的，对于指针局部变量而言，这就意味着没有用初值初始化的这个指针可能指向任何地方——这就是"野"指针！

② 一个合法的指针p所指向的内存空间已经被释放了，但是这个指针的值(也就是被释放内存空间的地址)并没有被置为NULL，如果我们通过这个指针p继续访问这块已经被释放的内存空间，后果可能是非常危险的。请看下面这段代码：

```
void FreeWindowsTree(windows * Root)
{
    if(Root != NULL)
    {
        window * pwnd;
        /* 释放 pwndRoot 的子窗口 */
        for(pwnd = Root->Child;pwnd != NULL;pwnd = pwnd->Sibling)
            FreeWindowTree(pwnd);
        if(Root->strWndTitle != NULL)
            FreeMemory(Root->strWndTitle);
        FreeMemory(Root);
    }
}
```


初看起来这段代码没有任何问题，但是请注意代码中的for循环，当程序释放了pwnd指针后进入下一次循环时，for循环语句中重新引用了pwnd指针：pwnd = pwnd－＞Sibling。Pwnd所指向的内存空间已经被释放了，但是我们却又重新通过pwnd指针引用了其所指向的Sibling。这时已经不能保证pwnd所指向的内存空间的内容是否没有被其他代码所破坏，因此这个引用是非常危险的。

③ 造成"野"指针的第三个原因是返回局部变量的指针。这个问题我们在4.2.1小节中介绍过了。一旦离开函数，局部变量所占用的堆栈空间将被退栈，其所表示的局部变量也将不复存在，因此返回这些局部变量的指针是没有意义的。如果程序员通过这个指针继续访问堆栈中的内容，得到的结果是不能保证的。

"野"指针的危险性在于它的隐蔽性，尤其是对于上面介绍的第②种情况。通常情况下为了提高程序的效率，通过free()函数释放的动态内存区，free()函数不会对其中的内容进行修改，该函数只是标识这块内存区已经被释放，现在是空闲的并且可以被再次分配(这就像我们删除一个文件时，只是标识这个文件被删除，但是文件所占用的磁盘空间的内容并不会被修改，这也是为什么被删除文件可以恢复的原因)。

因此,在大多数情况下,我们释放一块内存区后,立刻通过指针对这块区域进行访问,程序会正常运行,就像什么都没发生。比如上面的代码中,我们释放了 pwnd 所指向的内存空间,并在下一次 for 循环时重新引用 pwnd 所指向的内容 Sibling。我敢打赌在 99%的情况下,这段代码将工作得非常好。但是我们来考虑下面的情况:在释放 pwnd 所指向的空间后,由于中断而唤醒了更高优先级的任务 A。A 任务紧接着通过 malloc()函数申请了一块动态内存区,而 malloc()函数又恰好将刚被释放的 pwnd 所指向的空间分配给了任务 A,A 对这块内存区进行了修改。当控制权最终回到 for 循环时,程序将通过 pwnd 引用 Sibling。但是请注意,此时 pwnd 所指向的空间已经属于 A 并且已经被 A 修改过了,因此 Sibling 的内容已经不存在了,对它的引用是错误的。这时程序可能就要崩溃了。正如读者所看到的,这个错误的发生需要很多巧合,它隐蔽得非常深,因此想发现这个错误是非常困难的。读者可能会认为既然大多数情况下程序工作得很好,错误的发生又需要那么多巧合因素,也许,可能,大概不会出问题吧!千万不要抱这样的侥幸心理编写程序,因为无数次的实践都证明:只要是 Bug,在用户那里就一定会出问题。建设性的态度应该是在编写程序的时候就尽可能地避免这些问题。上面的代码可以这样改:


```
……
window *pwnd, *tobe_killed;
/* 释放 pwndRoot 的子窗口.. */
for(pwnd = Root->Child;pwnd != NULL; )
{
    tobe_killed = pwnd;
    pwnd = pwnd->Sibling;
    FreeWindowTree(tobe_killed);
}
……
```

4. 规避动态存储区的内存陷阱

动态存储区是 C 语言中构建动态数据结构的关键,比如通过动态存储区构建链表、树和图等(当然通过静态的数组同样可以构建这些数据结构,但是对于有一定使用周期的数据而言,在编程实践中更多的是采用动态存储区,这样可以最大效率地利用有限的存储空间)。但是,使用动态存储区会带来一系列的潜在危险,比如我们前面所介绍的动态存储区的申请问题、内存泄漏问题和“野”指针问题等(我没有专门提内存区的越界访问问题,是因为这个问题不是动态存储区的专有问题,事实上,不管是静态存储区——比如静态分配的全局变量或全局数组,还是动态分配的临时变量和动态存储区,都存在越界访问的问题)。如何规避这些动态存储区的内存陷阱,是每一个程序员必须认真对待的。下面根据实际的编程经验总结一下避免这些问题的方法:

① 总是检查动态内存分配是否成功后再引用该指针！编程新手常犯内存分配未成功却使用了它的错误，因为他们没有意识到内存分配会不成功。常用解决办法是，在使用内存之前检查指针是否为 NULL。如果指针 p 是函数的参数，那么在函数的入口处用 assert(p！＝NULL)进行检查。如果是用 malloc()函数来申请内存，应该用 if(p＝＝NULL)或 if(p！＝NULL)进行防错处理。

② 对于分配成功的动态存储区需要将其初始化后再使用。正如前面介绍的，free()函数在释放动态存储区时并不对该存储区清零，因此在下一次由 malloc()函数分配这块空间时，其中的内容依然保持着原来的值。所以在使用这块存储区之前，程序员应该显式地对其进行初始化。

③ 要特别小心存储区的访问越界。例如在使用数组时经常发生下标多 1 或者少 1 的操作。特别是在 for 循环语句中，循环次数很容易搞错，导致数组操作越界。

④ 使用 sizeof 来计算结构体的大小；分配内存时宁滥勿缺(宁愿多申请一点，千万不要少申请)。

⑤ 总是释放由 malloc()函数返回的指针。程序员必须在调用 malloc()函数分配成功后保存好这个指针，否则将无法正确地释放这块存储区，从而造成内存泄漏。

⑥ 错误处理时不要忘了其他已分配空间的释放。

⑦ 对于被释放的动态内存区，最好立刻将指向这块内存区的指针变量赋值为 NULL，这样可以避免继续对这个指针的引用而造成"野"指针。

5.2.3 函数的指针参数

1. 对输入参数所指空间的引用

在函数设计中常常会遇到入口参数是一个输入指针的情况，所谓输入指针是指通过该指针函数内部的代码获得需要处理的数据。在函数的设计过程中，程序员应该遵守的一条潜在约定是不对输入指针参数所指向的内容进行任何写入操作，也就是说将这个指针参数作为一个常量。然而程序员总是在不经意中破坏这个约定，请看下面的这段代码：

```
void * memchr(void *pv, unsigned char ch, size_t size)
{
    unsigned char *pch = (unsigned char *)pv;
    unsigned char *pchPlant;
    unsigned char chSave;
/* pchPlant 指向要被查寻的存储区域后面的第一个字节
   将 ch 存储在 pchPlant 所指的字节内来保证 memchr 肯定能挂到 ch
 */
    pchPlant = pch + size;
    chSave = *pchPlant;
    *pchPlant = ch;
```

```
    while ( * pch != ch)
        pch++ ;
    * pchPlant = chSave;
    return ((pch == pchPlant)? NULL : pch);
}
```

函数 memchr 的功能是在给定的入口指针 pv 所指向的 size 大小的空间内搜索字符 ch,如果在该缓冲区内发现了这个字符,则返回该字符在缓冲区中的指针,否则返回空指针值 NULL。上面的代码为了减少对未发现字符 ch 的判断,在 pv 的尾部人为地插入了一个字符 ch,这样无论如何程序都将找到该字符,从而减少了一次循环判断。但是细细分析可以发现,这样的做法是存在潜在危险的:

- 如果 pcPlant 指向只读存储器,那么在 * pchPlant 处存放字符 ch 就不起作用,因此当在 size+1 范围内没有发现 ch 时,函数将返回无效指针。
- 如果 pchPlant 指向被映射到 I/O 的存储器,那么将 ch 存储在 * pchPlant 处就难以预计会发生什么事情。
- 如果 pch 指向 RAM 最后的 size 个字节,pch 和 size 都是合法的,但 pchPlant 将指向不存在的或是写保护的存储空间。将 ch 存储在 * pchPlant 处就可能会引起存储故障或是不做任何动作。此时,如果在 size+1 个字符内没有找到字符 ch,函数就会失败。
- 如果 pchPlant 指向的是并行进程共享的数据,那么当一个进程在 * pchPlant 处存储 ch 时,就可能错改另一个进程要引用的存储空间。

合理的设计应该是在函数声明的时候就将 pv 声明为 const,并且保证函数体内的代码不会对该指针所指向的内存空间进行任何写操作。

```
void * memchr(const void * pv, unsigned char ch, size_t size)
{
    unsigned char * pch = (unsigned char * )pv;
    while(size -- > 0)
    {
        if( * pcd == ch)
            return(pch);
        pch++ ;
    }
    return(NULL);
}
```

2. 将输出参数所指空间作为工作缓冲区

下面这个函数将一个无符号整数转换成存放在入口参数 str 所指定空间中的字符串(实际上,在编程实践中我更喜欢采用 sprintf()库函数来完成这项工作)。但是因为代码以反向顺序导出数字，却要建立正向顺序的字符串，因此需要调用 ReverseStr 来重排数字的顺序。

```
/* UnsToStr——将无符号值转换为字符串 */
void UnsToStr(unsigned u,char * str)
{
    char * strStart = str;
    do
        * str++ = (u % 10) + '0';
    while((u/ = 10)>0);
    * str = '\0';
    ReverseStr(strStart);
}
```

因此，我们可以用下面的方法改写上面的函数。它更有效并且更容易理解。它之所以更有效是因为 strcpy 比 ReverseStr 更快，特别是对于那些可把“调用”生成为内联指令的编译程序来说就更是这样。代码之所以更容易理解是因为 C 程序员对 strcpy 要更熟悉一些。


```
void UnsToStr(unsigned u,char * str)
{
    char * pch;
    /* u超出范围吗？使用 UlongToStr… */
    ASSERT(u<= 65536);
    /* 将每一位数字自后向前存储
     * 字符串足够大以便能存储 u 的最大可能值
     */
    pch = &str[5];
    * pch = '\0';
    do
        * --pch = u%10 + '0';
    while((u/ = 10)>0);
    strcpy(str,pch);
}
```

注意：函数最后的 strcpy()函数是不可省略的。初看这段代码时，在 do... while 循环中似乎已经将需要输出的字符写入到缓冲区了，strcpy()函数仿佛是多余的，但仔细想想就会发现，如果输入参数 u 的大小小于 5 位数(比如输入参数是整数 214)，那么缓冲区 str 开始的几个字节的空间将什么都没有写入，我们在循环中只是将最后 3 个字节也就是 str[2]、str[3]、str[4]中分别写入了“2”,“1”,“4”3 个字符，而 str[0]和 str[1]中的内容是空的，因此需要调用函数 strcpy()将字符串复制到 str[0]、str[1]、str[2]中。这样看起来我们的新函数似乎无懈可击了！

且慢，在这个函数中将输出参数所指向的空间作为函数内部的一个缓冲区，问题的关键在于函数的实现者并不知道用户调用这个函数时所传入的缓冲区 str 的大小是多少，但是却在函数的内部假设了用户传入的缓冲区不小于 6 个字节(请看函数中的这个语句：pch＝&str[5];)。这个假设是没有任何根据的，如果用户这样调用这个函数会怎样?

```
void main(void)
{
    char str[3];
    UnsToStr(12345,str);
    printf(str);
}
```

函数 UnstoStr()会轻易地将缓冲区 str 的内容写溢出，将不属于这个缓冲区的内存单元破坏。考虑到数组 str[]是存放在堆栈中的，调用这个函数就会破坏函数的调用栈帧，后果是非常严重的。在上面的例子中，如果所用的机器具有向下增长的栈，那么 UnsToStr()函数将破坏结构的后向指针，或损坏返回给调用者的地址，或对两者都有损坏。这时，机器很可能崩溃。关于缓冲区溢出的问题，将在第 8 章中详细讨论。

我们完全可以在函数内部申请属于自己的临时缓冲区来完成上面的工作。请看下面这段代码，在函数中声明了临时缓冲区 strDigts[6]数组，通过这个临时缓冲区完成输出串的组装，最后再复制到用户指定的缓冲区中。也许有读者会说这样的实现依然没有解决用户输出缓冲区 str 大小未知的问题。的确，函数内部依然无法知道 str 缓冲区的大小，但是至少在函数内部没有假设这个缓冲区的大小，如果用户调用的时候给出的缓冲区太小了，那是调用者的责任，而不是函数本身的错误。

```
void UnsToStr(unsigned u,char * str)
{
    char strDigits[6];
    char * pch;
    /* u超出范围了吗? 使用 UlongToStr… */
    ASSERT(u <= 65536);
    pch = &strDigits[6];
    *pch = '\0';
    do
        * --pch = u % 10 + '0';
    while((u/ = 10)>0);
    strcpy(str,pch);
}
```

5.3 堆 栈

传统上，CISC 处理器对于堆栈的操作有专门的压栈与退栈指令(比如 Intel X86

处理器的 PUSH 与 POP 指令),并且处理器的硬件会自动完成函数调用与中断处理的返回地址入栈的操作。但由于 RISC 处理器通常采用 Load/Store 体系,也就是除了 Load/Store 两类指令外,其他所有的指令都不访问存储器,处理器的硬件不会自动地完成堆栈的入栈和出栈工作,对于堆栈的管理需要程序员通过 Load/Store 指令显式地完成。比如,ARM 处理器的硬件不会自动完成压栈与退栈,所有涉及函数调用和中断处理的栈操作都由程序员或者编译器通过指令完成。

从堆栈的压栈与退栈实现形式上看,有 4 种不同的堆栈组织形式:满递减栈、满递增栈、空递减栈和空递增栈。所谓满递减栈,就是指堆栈的压栈顺序是从高地址向低地址方向进行(也就是压栈后堆栈指针 SP 需要向低地址递减),并且堆栈指针 SP 总是指向最后一个入栈的元素。其他的堆栈组织形式如图 5-6 所示。大多数计算机系统采用满递减栈的形式组织堆栈。对于 ARM 处理器而言,虽然由于 ARM 的堆栈管理完全由软件人员完成,但是 ATPCS 标准规定 ARM 编译器按照满递减的方式组织堆栈。因此,在 ARM 处理器中通常采用 LDMFD 和 STMFD 指令来进行堆栈操作。

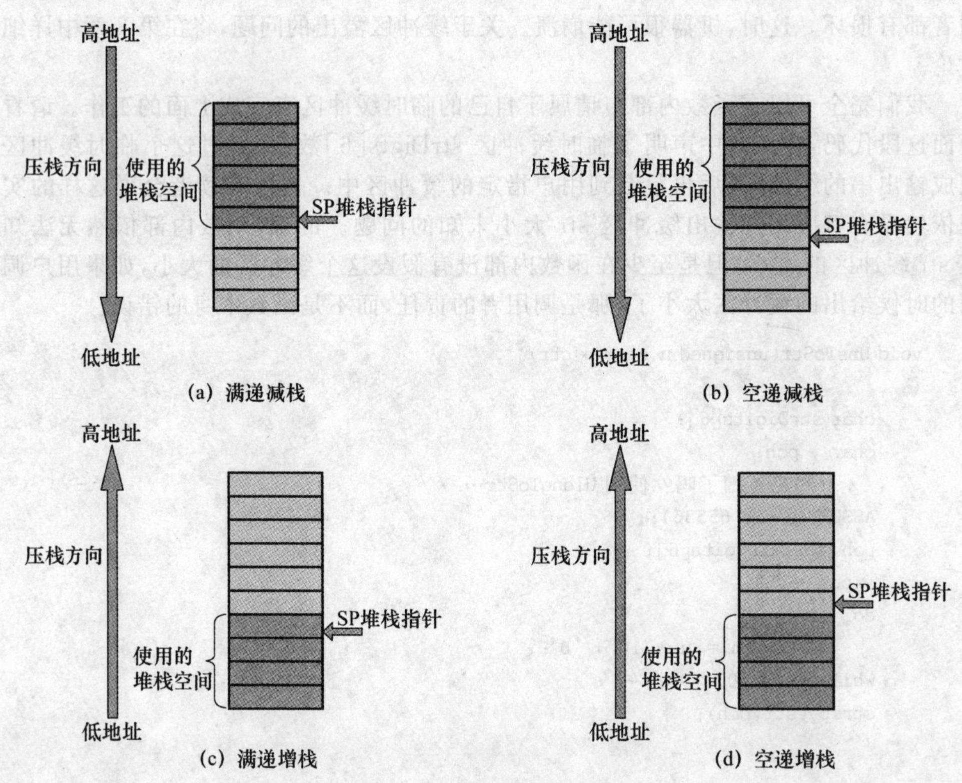

图 5-6　4 种堆栈组织形式

虽然堆栈也是利用存放数据和代码的存储器来实现的,本质上堆栈和存放代码与数据的存储器没有区别,但由于堆栈对于系统的重要性和特殊性,有必要专门介绍它。一般而言，对于堆栈的访问总是遵循“后进先出”(LIFO，Last In First Out)的原则，编译器利用堆栈保存函数调用或者是中断过程中的临时数据。只有真正理解堆栈，才能真正理解函数调用和中断的过程，进而真正理解操作系统的任务调度。

5.3.1 堆栈的作用

堆栈对于计算机系统的重要性是不言而喻的，C程序员需要非常清楚地知道编译器是如何利用堆栈实现一系列工作的。概括起来说，C编译器主要通过堆栈完成以下4项工作。

(1) 利用堆栈传递函数调用的参数

正如前面所介绍的，通常情况下C编译器通过堆栈来传递函数的参数“值”。大多数情况下，编译器会在调用者(Caller)的代码中插入参数值压栈的代码，最右边的参数值(也就是参数列表中的最后一个)首先压栈，然后是前一个参数值，以此类推直到最左边(也就是参数列表中的第一个)的参数值入栈。也就是说C语言的参数压栈顺序是从右向左。关于这一点，不同的高级语言的约定可能不一样，比如PASCAL语言的参数压栈是从左向右进行。另外需要说明的是，由于日渐流行的RISC处理器一般都包含了较多的通用寄存器，因此这些RISC处理器的C编译器会首先采用CPU内部的通用寄存器进行传参，当函数的参数比较多、难以全部用寄存器进行传递时，编译器才会将剩下的参数通过堆栈进行传递。比如：ARM的编译器传参规则要求首先采用r0～r3进行传参，如果函数的入口参数多于4个则采用堆栈传递剩余的参数。这样做的好处是充分利用了CPU内部的通用寄存器。由于访问寄存器的速度要远远快于访问外部存储器的速度，因此RISC处理器的函数调用开销一般较CISC处理器要小。

(2) 利用堆栈保存函数调用的返回地址(对于中断处理程序还包括程序状态字寄存器)

大家可能都知道堆栈的这个功能。当函数调用或者是中断发生时，返回地址会自动地被压入当前堆栈中(对于ARM处理器而言，这个过程不是由硬件自动完成的，硬件只负责将返回地址保存到相应的链接寄存器r14中，由编译器插入的代码完成压栈的工作)。当程序的执行流程需要返回时，通过调用相应的返回指令(ARM处理器没有专门的返回指令，只能通过其他指令完成)将堆栈中保存的返回地址弹出到PC中。

(3) 利用堆栈保存在被调函数中需要使用的寄存器的值

当程序的控制权进入被调用函数(Callee)后，被调函数的代码可能需要用到一些寄存器作为数据暂存，但是这些寄存器可能已经被Caller函数(调用函数)使用。为了满足Callee的需要，而又不至于破坏Caller中已经使用的数据，编译器必须在Callee开始使用这些寄存器前，将这些寄存器中原有的数据压入堆栈保存。在Callee返回Caller之前，编译器还需要插入一段代码将这些保存在堆栈中的数据恢复(通过退栈操作)到相关的寄存器中。下面的代码给出了 ARM 编译器在处理函数调用过程中对传参和堆栈的操作。

```
#include <stdio.h>
#include "xlmalloc.h"

main()
{
    char *p, *q, *t;

    p = (char *)SysLmalloc(2);
    q = (char *)SysLmalloc(16);
    t = (char *)SysLmalloc(24);

    SysLfree(q);
    SysLfree(t);

    t = (char *)SysLmalloc(16);

    printf("this is a test string\n");
    return 0;

}
;以下是 main 函数的汇编代码
main      [0xe92d4038]  stmfd  r13!,{r3 - r5,r14};将 r3, r4,r5 压栈,返回地址压栈
00008414  [0xe3a00002]  mov    r0,#2           ; 入口参数 2
00008418  [0xebffff2f]  bl     SysLmalloc
0000841c  [0xe3a00010]  mov    r0,#0x10        ;入口参数 16
00008420  [0xebffff2d]  bl     SysLmalloc
00008424  [0xe1a04000]  mov    r4,r0           ;返回值传给局部变量 q(r4)
00008428  [0xe3a00018]  mov    r0,#0x18        ;入口参数 24
0000842c  [0xebffff2a]  bl     SysLmalloc
00008430  [0xe1a05000]  mov    r5,r0           ;返回值传给局部变量 t(r5)
00008434  [0xe1a00004]  mov    r0,r4           ;入口参数 q (r4)
00008438  [0xebffff72]  bl     SysLfree
0000843c  [0xe1a00005]  mov    r0,r5           ;入口参数 t (r5)
00008440  [0xebffff70]  bl     SysLfree
00008444  [0xe3a00010]  mov    r0,#0x10
00008448  [0xebffff23]  bl     SysLmalloc
0000844c  [0xe28f0008]  add    r0,pc,#8 ; #0x845c
00008450  [0xeb000009]  bl     _printf
00008454  [0xe3a00000]  mov    r0,#0           ;返回值为 0
00008458  [0xe8bd8038]  ldmfd  r13!,{r3 - r5,pc} ;将 r3,r4,r5 的值恢复,并返回
……

/* 分配一块大小为 nb 字节的内存 */
void *SysLmalloc( int nb )
```

```
{
    int i;
    register HEADER *p, *q;
    register unsigned long nu;
    if(nb == 0)
        return NULL;
    Allocs++;

    /* 记录这次分配请求的大小 */
    if((i = ilog2(nb)) >= 0)
        Sizes[i]++;

    /* 计算nb字节所对应的分配块的数量,注意:BTOU增加一个头部块 */
    nu = BTOU(nb);
……

;以下是SysLmalloc函数的部分汇编代码
SysLmalloc  [0xe92d4038]  stmfd  r13!,{r3-r5,r14} ;r3,r4,r5入栈,返回地址入栈
000080e0    [0xe1a05000]  mov    r5,r0
000080e4    [0xe3550000]  cmp    r5,#0
000080e8    [0x1a000001]  bne    0x80f4 ; (SysLmalloc + 0x18)
000080ec    [0xe3a00000]  mov    r0,#0        ;如果入口参数为零,则返回值为0
000080f0    [0xe8bd8038]  ldmfd  r13!,{r3-r5,pc} ;r3,r4,r5出栈,并返回
……
```

(4) 利用堆栈实现局部变量

被调函数(Callee)中往往会声明新的局部变量。这些局部变量要么由编译器指定相应的寄存器来表示,要么由编译器通过堆栈来实现。现在的商用编译器一般在局部变量实现的环节上都做了非常好的优化,编译器首先尽可能地采用CPU内部的寄存器来实现局部变量,因为内部寄存器的访问速度要远快于对外部存储器(堆栈是存放在外部存储器的)的访问速度。但是如果Callee声明的局部变量太多或者程序员在函数中声明了局部数组、结构体等难以用一个寄存器实现的变量,则编译器将通过堆栈来实现这些局部变量。由于局部变量的这种实现机理而给程序员带来的潜在风险,在4.2.1小节中已有阐述。

5.3.2 函数调用栈帧与中断栈帧

我们在5.3.1小节中介绍了堆栈主要的4个作用。在实际的C程序中,编译器会根据需要插入维护这些功能的代码,因此在函数调用发生时,编译器会维护一个与该调用相关的栈结构,通常我们将这个栈结构称为调用栈帧(Call Stack Frame),如图5-7所示。

为了使读者能够更清楚地了解栈帧的构建,首先请阅读以下的代码:

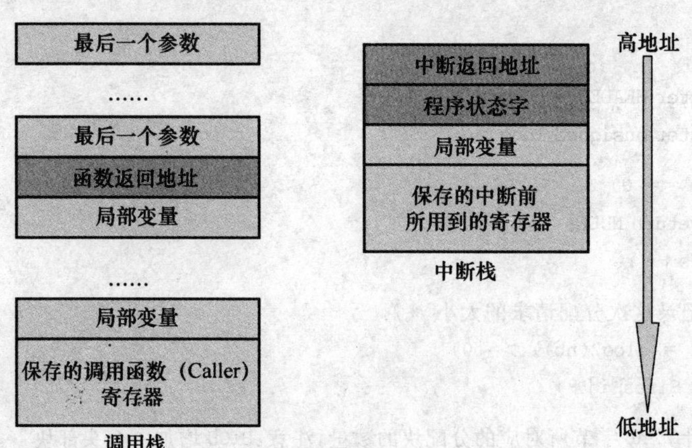

图 5－7 调用栈帧与中断栈帧

```
U32 Func1(U32 arg1, void * ptr, U16 arg3);
Main()
{
……
  I = func1(a, p, c);
……
}
U32 func1(U32 arg1, void * ptr, U16 arg3)
{
  U32 x;
  ……
  return x;
}
```

U32 是我们定义的 32 位的无符号整数，U16 是 16 位的无符号整数。Caller 指 main 函数，Callee 指 func1 被调用函数。Main 函数在执行到 I＝func1(a,p,c)时，编译器的压栈过程如下(从高地址到低地址)：

① 先压参数。对于 Freescale 的 68K 系列处理器来说，其编译器对标准 C 语言中参数的压栈顺序是从后往前，本例中先压 c，后压 p，最后压 a。ARM 的编译器对参数的压栈操作是不一样的。根据第 3 章中所讲到的 ATPCS——子程序调用的基本规则，如果参数少于 4 个，则编译器用 r0～r3 来传递参数。在这个例子中有 3 个参数，所以是用 r0～r2 来传递参数的，而不是把参数压入堆栈中；如果参数超过 4 个，则需要用堆栈来传递参数。

② 再压程序的返回地址。也就是 caller 中调用子程序之后的下一条指令的地址。这一步对于 68K 系列处理器和 ARM 处理器是一样的。ARM 在子程序调用时会把返回地址存入 r14 即 LR 连接寄存器中，这是硬件自动完成的；接下来要通过软

件来把 r14 的值保存到堆栈中，这是由编译器来完成的。

③ 接着，将 Callee 中可能用到的寄存器的值保存起来。C 语言程序经过汇编器生成汇编程序，汇编程序会使用处理器中的寄存器来保存一些局部变量、临时变量等。

④ 最后，保存 callee 中被调用函数的一些局部变量。对于 68K 系列处理器，局部变量要利用堆栈来保存；对于 ARM 系列处理器，局部变量是用 r4～r11 来保存的，如果 r4～r11 不够的话就要用堆栈来保存。

⑤ 函数的返回值 x 存放在 r0 中，由 r0 来传递给被调函数。

上述函数调用栈的使用规则都是 ATPCS 中所规定的。一般 CISC 处理器的参数完全靠堆栈传递，而 RISC 处理器的参数可以靠专门的寄存器传递，ARM 中若传递的参数不超过 4 个则用 r0～r3 传递参数，若超过 4 个则用堆栈传递参数。不同的编译器对函数调用堆栈的处理不完全相同，但是大同小异。在不同的编译器中往往规定不同寄存器的不同用途，有些寄存器可以指定用作存储返回值、返回地址、参数、临时变量等。ARM 的函数之间的调用规则遵循的是 ATPCS，在第 3 章的介绍中我们知道 ARM 的 r0～r3 寄存器用于传递调用参数，r4～r11 用来保存子程序中的局部变量，寄存器 r14 用来保存子程序的返回地址，子程序的返回值由寄存器 r0 来传递。正因为在 ARM 中各个寄存器有不同的作用，所以被调用的函数可以直接使用某些寄存器(如 ARM 的 r0～r3)，但某些寄存器的值必须在使用前保存下来(如用于保存局部变量的 r4～r11)，并在函数返回前恢复。

堆栈保存了系统运行过程中程序之间的调用顺序(关系)。在嵌入式操作系统中堆栈的作用有：传递调用参数；保存返回地址(对于中断还需要保存程序状态字)；保存被调函数(Callee)中需要用到的寄存器的初始值；保存被调函数(Callee)中使用到的临时(局部)变量。一般把这种调用栈组织叫作调用栈帧(Stack Frame)。

与调用栈帧类似，系统在处理中断时也会维护一个栈结构，用来维护中断过程中需要保护的信息。与调用栈帧不同之处主要有 2 个：第一，中断栈帧除了要保存返回地址外，还需要保存中断前的程序状态字(PSR)；第二，由于中断处理程序没有入口参数，因此在中断栈帧中也没有所传递的参数。

5.3.3　堆栈的跟踪与调试

因为每个任务都是独立运行的，必须给每个任务提供单独的栈空间(RAM)。应用程序设计人员决定分配给每个任务多少栈空间时，应该尽可能使之接近实际需求量（有时，这是相当困难的一件事）。栈空间的大小不仅仅要计算任务本身的需求(局部变量、函数调用等)，还需要计算最多中断嵌套层数(保存寄存器、中断服务程序中的局部变量等)。根据不同的目标微处理器和内核的类型，任务栈和系统栈可以是分开的。系统栈专门用于处理中断级代码。这样做有许多好处，每个任务需要的栈空间可以大大减少。内核的另一个应该具有的性能是，每个任务所需的栈空间大小可以分别定义。相反，有些内核要求每个任务所需的栈空间都相同。所有内核都需要额外的栈空间以保证内部变量、数据结构、队列等。

除非有特别大的 RAM 空间可以用，否则对栈空间的分配与使用要非常小心。为减少应用程序需要的 RAM 空间，对每个任务栈空间的使用都要非常小心，特别要注意以下几点：

- 定义函数和中断服务子程序中的局部变量，特别是定义大型数组和数据结构。
- 函数(即子程序)的嵌套与递归的深度(级数)。
- 中断嵌套的深度。
- 库函数需要的栈空间。
- 多变元的函数调用。

通常情况下，程序员采用所谓高水位计(High Water Mark)的方法可以在调试阶段跟踪任务所需要的栈空间大小。这种方法的基本原理如图 5-8 所示。

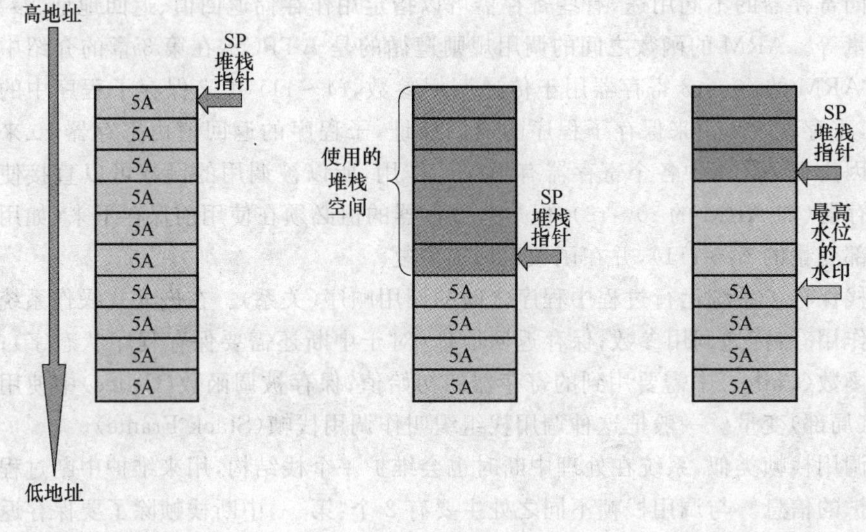

图 5-8 用高水位计侦测堆栈使用情况

首先，在堆栈初始化时将栈空间中填充为一个固定的数据(如 0x5A。之所以选择这个数据，是因为 0x5A 的二进制表示为 0b01011010，具有一定的规律。当然，程序员也可以填充任意数据)。比如任务的堆栈空间是 2 048 字节，则从栈底开始填充 2 048 字节的 0x5A，如图 5-8(a)所示。

在初始化完成后，程序可以正常地使用堆栈，由于程序会往栈中压入新的数据，这些数据将覆盖原来填写的 0x5A(图 5-8(b)中的深色区域)。在接下来程序的运行过程中，堆栈中的内容起起落落，但是我们将记下压栈最深位置(图 5-8(c)中下面箭头所指)，恰如我们在一些水文设施中见到的水位表上留下的最高水位的水印

(这正是其名字的由来)。在程序运行结束后,程序员只要通过这个"最高水位"分析程序曾经达到的最深处,就可以精确计算出程序需要堆栈的确切大小。

当然,为了保险起见,程序员不应该只为任务分配刚好符合最高水位的栈空间,因为在程序运行的过程中有可能还会有其他的原因造成更多的栈空间需求(比如中断等原因),因此比较保险的方法是为任务分配最高水位1.5~2倍左右的栈空间。

其实,程序员不仅可以通过高水位计的方法确定任务的栈空间大小,还可以利用这个方法分析可能存在的栈溢出等Bug。这个问题将在8.2.2小节详细讨论。

5.4　动态内存分配

如果我们理解了动态存储区是如何被分配、如何被释放的,那么就可以更清晰地认识与动态内存分配相关的内存陷阱。同时通过学习动态内存分配的算法和代码,我们也将获得更多的编程经验和技巧。因此,本节将向读者详细介绍一种动态内存分配的实现方法。5.4.1小节在分析需求的基础上,给出了基本的数据结构和算法;5.4.2小节中讨论分配算法的实现;5.4.3小节中讨论释放算法的实现。

5.4.1　算　法

首先,我们将动态内存分配算法的需求总结如下:

① 按照调用者的要求分配合适大小的动态内存区,返回该内存块的首指针。

② 如果没有足够的内存,则返回空指针。

③ 用户不再使用该内存时可以调用Free函数释放该内存块。被释放的内存块在归还到系统堆之后,可以被重新分配。

④ 由于动态内存分配算法的重要性,要求快速分配算法并尽量减少内存碎片。所谓内存碎片,是指虽然系统堆中有很多零散的空闲空间,但是由于这些空间彼此不相邻,因此可能出现虽然总的空闲空间是很大的,但是却没有办法为用户分配一块比每个独立空闲空间都大的连续内存空间(如图5-9所示)。

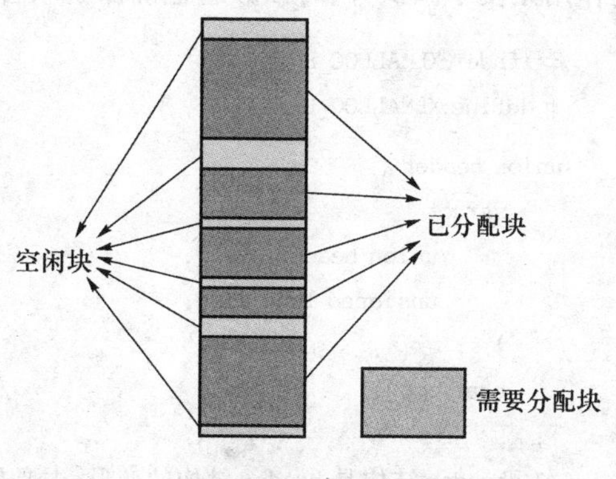

图5-9　内存碎片

为了方便管理,我们的算法将系统堆的内存空间按照分配块(Block)来进行组织,每个分配块的大小都是8字节,即使用户申请1字节的动态内存,算法实际分配时,也会为用户分配1个块的内存空间。这虽然有可能造成一定的浪费,但是即使在最坏的情况下,每次分配我们最多浪费7字节的空间。这个代价所带来的好处有两个:第一,由于内存的分配与释放是以块为单位进行的，因此在实现过程中便于管理；第二，由于所分配的块都是以 8 字节为单位的，因此在释放这些内存块时更容易实现空闲空间的拼接，从而最大程度上减少内存碎片的出现。

正如大多数管理资源分配的算法一样，我们将在系统堆中构建空闲链表，每次分配的申请实际上就是遍历这个空闲链表的各个空闲区域，如果某个空闲区的大小能够满足用户的申请（这个空闲区比用户申请的空间大），算法将在这个空闲区的高地址方向切一块用户申请的空间分配给他。

动态内存区的释放是申请的逆过程，释放函数首先将遍历空闲链表，寻找合适的位置将用户释放的内存块链接到空闲链表中。与分配函数不同的是，释放函数还将分析所释放的内存块是否有可能与相邻的空闲区域（所谓"相邻"是指被释放块的前一个空闲区或后一个空闲区）进行合并。如果可能，释放函数将尽可能地合并这些空闲区，以此减少内存碎片的出现。为了让释放函数仅仅根据一个指针（该函数的入口参数）就正确地实现释放操作，每个被分配给用户的空间还必须有一个简单的头部，这个头部至少应该包含这个被释放块大小的信息。

关于系统堆，虽然按照我们算法的设计可以不一定是一个连续的内存区（因为我们将通过空闲链表对整个分配过程进行管理），从理论上来说，我们甚至可以将这个系统设计成为如果当前的堆中没有足够的空间了，就可以再向 OS 申请更多的内存空间作为新的堆空间。但是对于嵌入式系统的操作系统而言，很多并不具备完全管理内存的功能。因此，在我们的算法中将采用静态的数组作为系统堆，这对于大多数嵌入式系统应用就已经足够了。

下面我们来看看为了实现动态内存分配需要定义的数据结构。首先是分配块的定义，在xlmalloc.h头文件中我们定义了一个联合体 header，该联合体由两个部分构成：一是结构体 s；另外一个是字符数组 c[8]。其中 s 包含了指针 ptr，利用该指针构建空闲链表；size 用于标示当前分配块或者是空闲块的大小，单位是该结构的大小。数组 c[8] 的作用是便于调试，同时该数组也确保了联合体 header 的大小是 8 字节。

```
#ifndef XLMALLOC_H
#define XLMALLOC_H

union header {
    struct {
        union header * ptr;
        unsigned long size;
    } s;
    char c[8];                          //用于调试，同时也保证了头部的大小为 8 字节
};
// sheader 结构是 header 结构的变形，主要是为了方便大家调试时观测
struct sheader {
```

```
        struct sheader * ptr;
        unsigned long  size;
    };
typedef union header HEADER;
#define  ABLKSIZE  (sizeof (HEADER))     //一个分配块的大小,这里是8字节
//将用户的分配字节数换算成为分配块的个数,注意:加1是为这个分配块留一个头部
#define  BTOU(nb)  ((((nb) + ABLKSIZE - 1) / ABLKSIZE) + 1)
#define Heapsize  (1024 * 8) //定义系统堆的大小,为了方便管理,堆的大小为8的倍数
#define Memdebug1            //打开调试宏
//函数原型声明
extern void * SysLmalloc( int nb );
extern void SysLfree( void * blk );
#endif
```

宏定义ABLKSIZE(A Block Size)表示了联合体header的大小。宏定义BTOU(nb)将用户的分配字节数nb换算成为分配块的个数(BTOU的意思是Bytes To Units)。注意:(nb+ABLKSIZE−1)/ABLKSIZE的含义是计算对于nb个字节,我们需要分配多少个分配块,之所以要在nb后面加上ABLKSIZE−1是为了防止不能被整除而少分配。细心的读者可能会注意到在这个之后又加了1,这时因为malloc()函数在分配一块空间的时候必须在分配空间前增加一个头部,将来free()函数根据这个头部中包含的信息进行释放。宏定义Heapsize定义了系统堆的大小,单位是字节,在这里我们为了调试方便选择了8的整数倍。

下面讨论如何分配和释放动态内存空间。如果用户是首次进入malloc()函数,则该函数会对系统堆空间进行必要的初始化,包括构建空闲链表Allocp,注意空闲链表本质上是一个通过指针串连起来的循环单向链表。在空闲链表的头部是一个特殊的空闲块,这个空闲块的大小为1,也就是头部本身。这个空闲块除了头部外没有其他的空间,因此虽然它属于空闲链表,但实际上永远也不会被分配。初始化的过程除了构建空闲链表的头部外,还将系统堆剩余的内存空间构建成为一个大的空闲块,通过ptr指针空闲链表的头部与这个空闲块链接到一起,构成一个首尾相连的空闲链表,如图5-10所示。注意:在图中为了表达方便,系统堆的总容量只有8个块的大小,系统的第一个可分配的空闲块用指针First表示。

如果用户需要分配16字节,那么我们的算法如何工作呢?首先malloc()函数将通过BTOU宏计算用户申请的字节数对应于多少个Block,然后通过Allocp空闲链表的首指针遍历空闲链表。如果当前的空闲块的大小大于或等于用户申请的块数,malloc()函数将在当前空闲块的高地址段切下一块用户申请的空间,并修改当前空闲块的大小(因为我们切了一块空间,所以当前空闲块的大小需要减去分配给用户的空间),然后在填写完头部信息后,malloc()函数返回指向用户可用空间的指针。

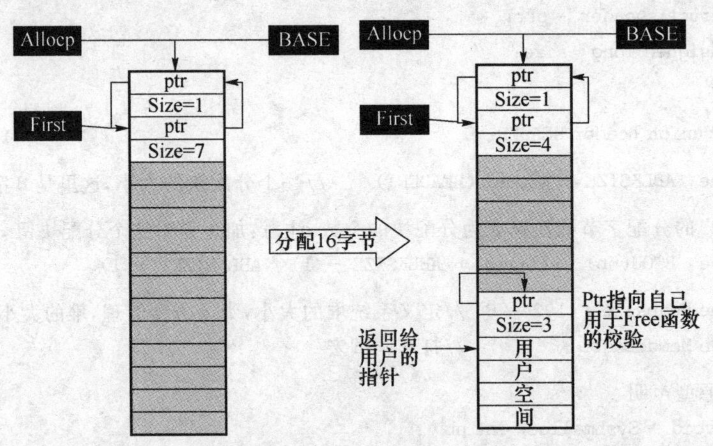

图 5-10　动态内存分配的算法

free()函数的释放问题要复杂一些。请看图 5-11，如果用户需要释放一块 8 字

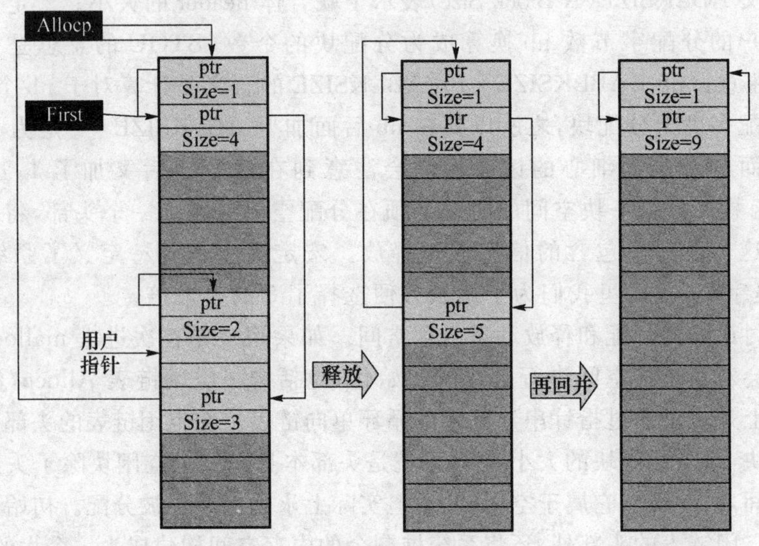

图 5-11　内存的释放与空闲块合并

节的内存区(实际上在堆中占用了 16 字节，因为头部需要 8 字节)，首先 free()函数将遍历 Allocp 空闲链表，通过比较用户需要释放的指针与 Allocp 空闲链表上空闲块指针的关系，free()函数可以找到被释放块在空闲链表上的位置，然后 free()函数可以开始修改空闲链表的指针以插入这个被释放的空闲块。与一般的单向链表插入节点不同的是，free()函数在插入节点的过程中还将判断新释放的空闲块是否能够与相邻的空闲块进行合并。首先是看被释放的空闲块是否可能与高地址的下一个空闲块合并，然后是看新的空闲块是否能够和低地址的上一个空闲块合并。free()函数将尽可能地合并这些空闲块以减少内存碎片的出现。

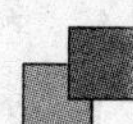

5.4.2 malloc()函数

下面我们来具体阅读一下malloc()函数的实现代码。图5-12给出了malloc()函数的流程图。程序首先定义了几个静态全局变量：Memfail用于记录分配失败的次数；Allocs用于记录总的分配次数；Frees用于记录总的释放次数；Invalid用于记录参数无效的free()函数调用次数。这些静态全局变量记录了malloc()函数和free()函数的一些调用信息，程序员在调试时可以根据这些信息分析系统的一些状态，比如通过分析Allocs和Frees就可以检查出一些内存泄漏的问题。程序还定义了2个用于调试的数组：Sizes[20]用于记录用户调用malloc()函数所申请的内存大小的分布；Debugpat[]中保存了一个固定的填充序列，如果程序中打开了调试宏，则在调用free()函数释放某个内存块时，该函数将用这个填充序列填充被释放的内存块，这样当程序员调试代码时可以方便地发现哪一块内存是被释放的。接下来，程序定义了3个静态全局指针：BASE是堆的基地址指针；First指向第一个有效的分配块；Allocp是空闲链表的首指针。全局数组heap是用来实现系统堆的内存空间。

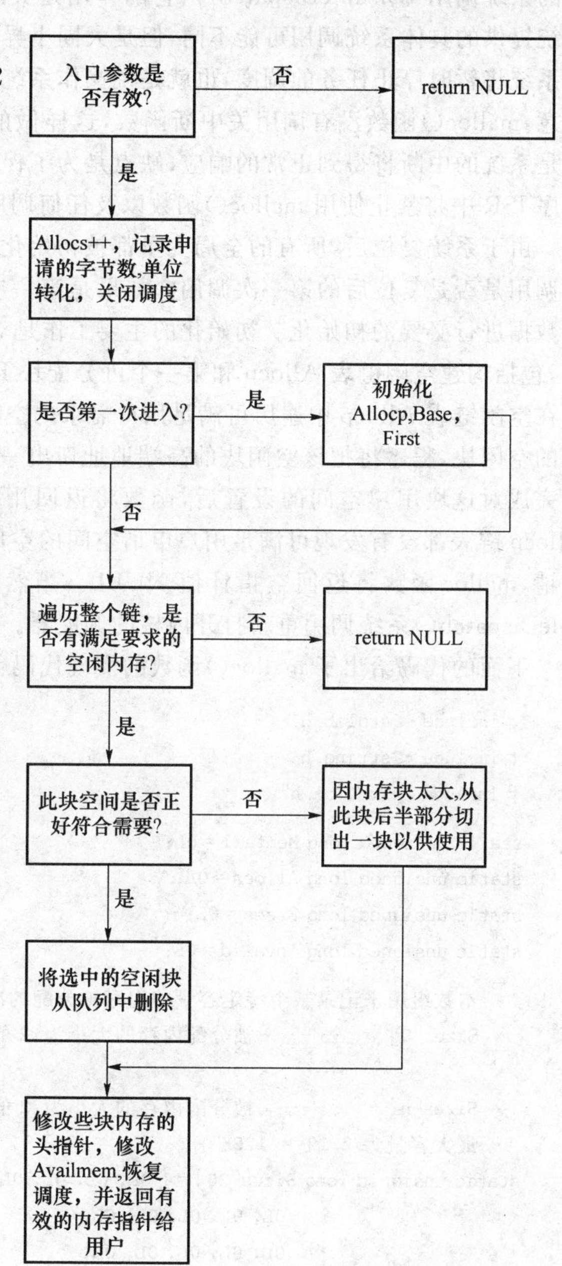

图5-12 malloc函数的流程图

进入malloc()函数后，代码首先检查入口参数是否为零，如果为零则返回空指针值NULL，否则计算对应于用户申请的nb字节需要分配多少个分配块。注意：程序通过BTOU宏完成这个转换，该宏在用户空间所需要的分配块的基础上增加了一块用于头部。为了防止 malloc 函数的重入，程序调用了操作系统提供的系统调用 vDisableDispatch()，它的作用是关闭 OS 内核的调度器（不同的操作系统提供的具体系统调用可能不同，但是大同小异），在调用了这个系统调用之后，操作系统将暂时停止任务的调度，也就是说操作系统不会再将控制权交给其他的任务。注意：malloc()函数没有调用关中断函数，这样做的好处是虽然内核不再调度任务，但是系统的中断将得到正常的响应；缺点是为了保证 malloc()函数的安全，中断处理程序 ISR 中将禁止使用 malloc()函数以及任何调用了 malloc()函数的其他函数。

由于系统复位后，所有的全局变量都被初始化为零，因此 malloc()函数将判断本次调用是否是复位后的第一次调用。如果是第一次调用，那么程序就需要对一些全局数据进行必要的初始化。初始化的主要工作是对系统堆的数据结构进行必要的构建，包括构建空闲链表 Allocp 和第一个可分配块 First 指针。在完成初始化后，程序将在空闲链表 Allocp 中遍历可满足用户需求的空闲块，如果找到了能够满足用户需求的空闲块，程序将把该空闲块的高端地址切出一块空间作为用户申请的内存空间。在完成对这块用户空间的设置后，函数将返回用户空间的指针。如果程序找遍了 Allocp 链表都没有发现可满足用户申请空间的空闲块，则说明系统无法满足用户的申请，malloc 函数将返回空指针值 NULL。当然，在函数返回前还必须调用 vEnableDispatch()系统调用重新打开内核的调度器。

下面的代码给出了 malloc()函数的实现代码：

```
#include <stdlib.h>
#include <string.h>
#include "xlmalloc.h"
static unsigned long Memfail = 0L;                    /* 分配失败次数 */
static unsigned long Allocs = 0L;                     /* 总分配次数 */
static unsigned long Frees = 0L;                      /* 总释放次数 */
static unsigned long Invalid = 0L;                    /* 参数无效的调用次数 */
/* 本数组用来记录某个特定容量的内存被分配的次数。
 * Sizes[0]   -----   被分配内存的大小为:2 的 0 次方
 *            ……
 * Sizes[n]   -----   被分配内存的大小为:2 的 n 次方
 * 最大容量为 2/19 = 128K */
static unsigned long Sizes[20] = { 0L, 0L, 0L, 0L, 0L,
                              0L, 0L, 0L, 0L, 0L,
                              0L, 0L, 0L, 0L, 0L,
                              0L, 0L, 0L, 0L, 0L };;
/* 该调试用的内存"图样"(pattern)所占大小必须与后面定义的"header"完全一致 */
static char Debugpat[] = { 0xfe,0xed, 0xfa, 0xce, 0xde, 0xad, 0xbe, 0xef };
static HEADER * Base = NULL;                          //堆的基地址指针
```

```
static HEADER * First = NULL;                   //第一个有效的分配块
static HEADER * Allocp = NULL;                  //FreeList 的首指针

/* 为了方便调试,我们采用了 sheader 结构作为系统堆的结构 */
struct sheader heap[Heapsize/sizeof(struct sheader)];

/* 系统堆的可分配总容量,以 ABLKSIZE 为单位 */
static unsigned long Availmem = BTOU(Heapsize) - 2;

static char ilog2(int size)
{

    chari;
    int    mask = 0x80000000;

    for( i = 0; i < 16; i++ )
    {
        if( size & mask )
            break;
        else
            mask = mask >> 1;
    }

    return ( 16 - i );
}

/* 分配一块'nb'字节的内存 */
void * SysLmalloc( int nb )
{
#if Memdebug
    int i;
#endif

    register HEADER * p, * q;
    register unsigned long nu;

    if(nb == 0)
        return NULL;

    Allocs++ ;

#if Memdebug
    /* 记录这次申请的大小 */
    if((i = ilog2(nb)) >= 0)
        Sizes[i]++ ;
#endif

    /* 计算 nb 字节所对应的分配块的数量,注意:BTOU 宏增加一个头部块 */
    nu = BTOU(nb);
```

```
    //注意:在这里进入临界区,我们将调用 OS 提供的 API 关闭任务调度
    vDisableDispatch();

    /* 如果是第一次进入该函数,需要进行必要的系统堆初始化 */
if((q = Allocp) == NULL){

     //创建一个空头。目的:当所有空间分配完时,Lfree 函数需要有一个表头
     Base = (HEADER *)heap;         //array_memory;
     Base->s.ptr = Allocp = q = Base;
     Base->s.size = 1;

     First = Base + 1;
     Base->s.ptr = First;
     First->s.ptr = Base;
     //注意:BTOU 要加 1,所以这里要减 2(BASE 用了一块)
     First->s.size = BTOU(Heapsize) - 2;

    }
    /* 查询堆链表 */
    for(p = q->s.ptr; ; q = p, p = p->s.ptr){
          if(p->s.size >= nu){
                  /* 这块内存至少要和我们申请的一样大 */
                  if(p ->s.size <= nu + 1){
                      q->s.ptr = p->s.ptr;
                  } else {
                      /* 从该空闲块的高地址切一块出来 */
                      p->s.size -= nu;
                      p += p->s.size;
                      p->s.size = nu;
                  }

                  p->s.ptr = p;/* 为了在 Free 函数中审核用 */
                  Availmem -= p->s.size;
                  p++;

#if Memdebug
              // 用于调试
              memset( p, 0xcc, nb );
#endif
              break;
          }
          /* 找遍了堆链表,还是没有合适的内存块。
          * 我们将返回空指针,内存分配失败!
          */
          if(p == Allocp){
```

```
            p = NULL;
            Memfail++;
            break;
        }
    }
    //注意:出临界区,重新打开内核的调度
    vEnableDispatch();

    return (void *)p;
}

/* 分配内存并清零 */
void * SysLcalloc( int size )
{
    register char *cp;

    if(size == 0)
        return NULL;

    if((cp = SysLmalloc(size)) != NULL)
        memset(cp,0,size);
    return cp;
}
```

上面代码中的 SysLcalloc()函数给出了 calloc()函数的实现。该函数在分配内存空间的基础上,对用户空间进行了清零初始化。这是非常有用的一个操作,因为 malloc()函数所返回的用户指针所指向的内存空间的值是不确定的。这些空间中充斥着大量的以往调用所遗留的数据“残骸”(因为 free 函数并不会对被释放的用户空间进行任何操作),而这往往是程序错误的潜在危险。

注意 malloc()函数原型中的入口参数的类型。如果我们声明该入口参数的类型是 int 类型,程序员要注意在不同硬件系统上编译器对 int 类型的约定(参见 2.1.1 小节)。请看下面的这段代码:

```
double *array = malloc(300 * 300 * sizeof( double ));
```

通常情况下这段代码不会有什么问题,但是如果我们在一个 int 类型为 16 位的系统上编译这段代码,就有可能虽然 malloc()并没有返回 NULL,但是程序运行得有些奇怪,好像改写了某些内存,或者 malloc()并没有分配所申请的那么多的内存。这是因为 300×300 是90 000,再乘上 sizeof(double)就已经不能放入 16 位的 int 中了。这是一个典型的可移植性的问题。因此,在使用 malloc()函数分配大的内存空间的时候,程序员必须小心地处理此类情况。

5.4.3 free()函数

free()函数是 malloc()函数的逆操作,将用户给定的一个动态分配区的指针所指向的内存空间释放到系统堆中去，其实也就是将被释放块链接到空闲链表中。正如前面所分析的，为了减少系统堆中的内存碎片，free()函数在将被释放块连接到空闲链表的时候首先要判断被释放块是否可能与相邻的其他空闲块进行合并操作，free()函数将尽最大努力合并那些可能合并的相邻空闲块。这样就使得空闲链表中的空闲块尽可能最大，从而减少了内存碎片的出现。我们可以通过图 5-13 更好地理解空闲块的合并。

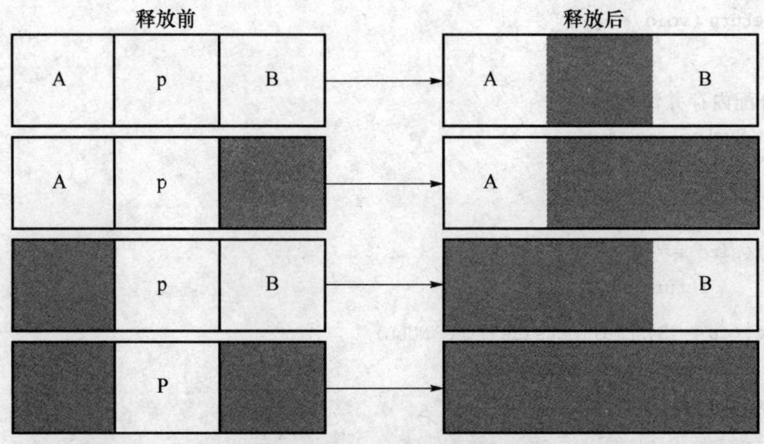

注：A或者B都是已分配的内存块，p是即将释放的内存块，阴影区代表空闲块。

图 5-13　空闲块合并

free()函数的基本流程如图 5-14 所示。首先函数检查入口参数 p 是否有效，这是为了保证该指针不为空，也是为了保证 p 指针确实是由 malloc()函数分配得来的。那么 free()函数是如何检测入口参数 p 是否是由 malloc()函数分配的呢？通过分析 malloc()函数的代码我们知道当该函数在返回用户指针前首先要将该分配块的头部指针指向自己：

```
p->s.ptr = p;/* for auditing */
```

free()函数正是通过检查入口参数指针的这个特性来判断 p 是否是有效的入口参数的。

```
p = ((HEADER *)blk) - 1;//p指向该内存块的头部
/* Audit check,检查该块内存是否是合法分配的 */
if(p->s.ptr != p){
    Invalid++;
    return;
}
```

注意：入口参数 blk 减 1 的含义是使 p 指向分配块的头部。

在完成入口参数的合法性检查后，free()函数将关闭内核调度器进入临界区。

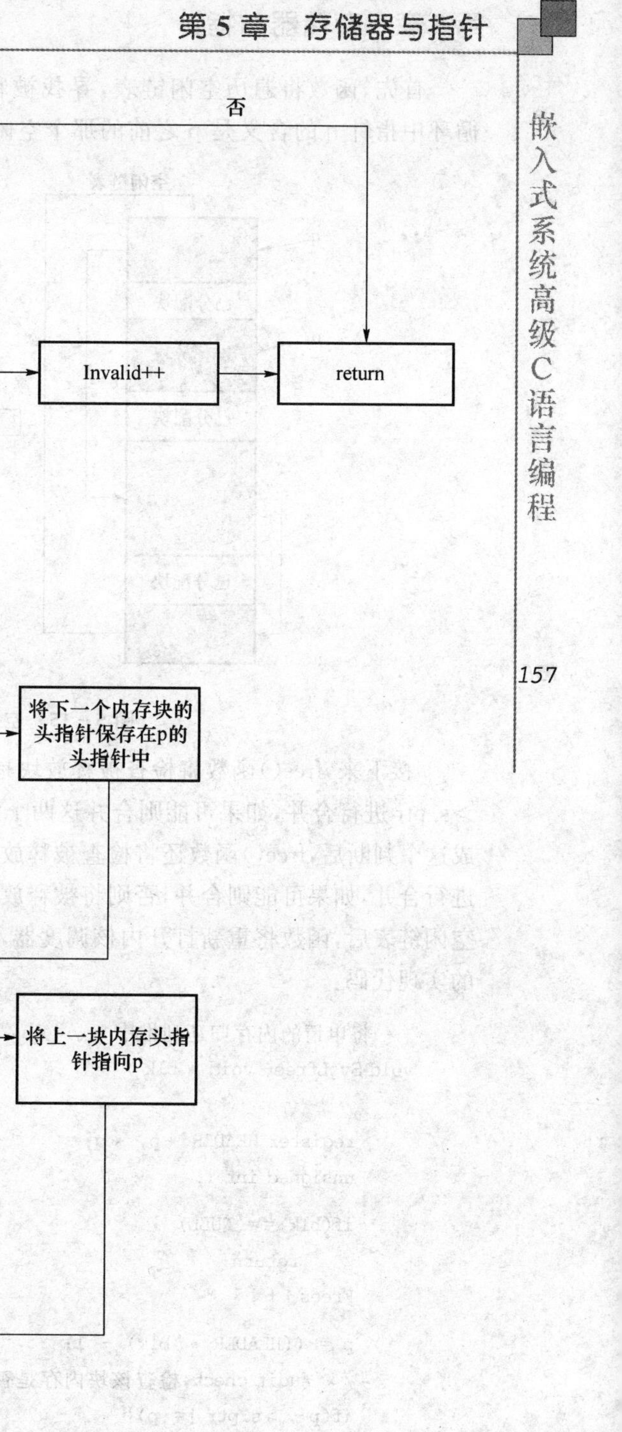

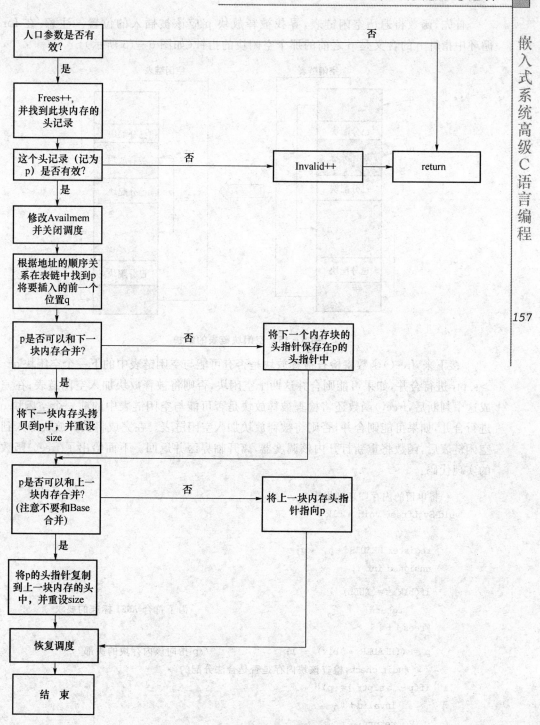

图 5－14　free 函数的流程图

首先，函数将遍历空闲链表，寻找被释放块 p 应该被插入的位置。注意：在 for 循环中指针 q 的含义是 p 之前的那个空闲块的指针（如图 5-15 所示）。

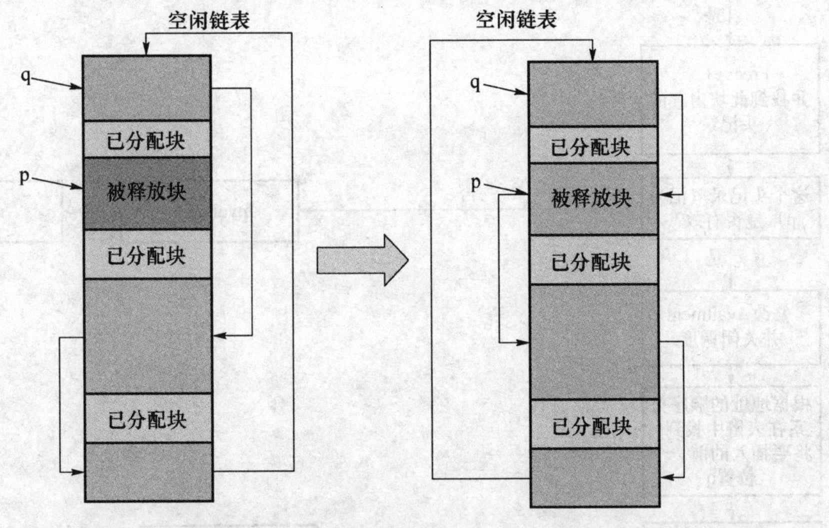

图 5-15　空闲块链表的维护

接下来，free()函数将检查被释放块是否有可能与空闲链表中的下一个空闲块 q—>s.ptr 进行合并，如果可能则合并这两个空闲块，否则将被释放块加入空闲链表；在完成这个判断后，free()函数还将检查被释放块是否可能与空闲链表中的前一个空闲块 q 进行合并，如果可能则合并，否则将被释放块加入空闲链表。在完成将被释放块加入到空闲链表后，函数将重新打开内核调度器，离开临界区并返回。下面给出了 free()函数的实现代码：

```
/* 将申请的内存归还到堆中 */
void SysLfree( void *blk )
{
    register HEADER *p, *q;
    unsigned int i;
    if(blk == NULL)
        return;                              /* 为了符合 ANSI 标准的要求 */
    Frees++;

    p = ((HEADER *)blk) - 1;                 //p 指向该内存块的头部
    /* Audit check,检查该块内存是否是合法分配的 */
    if(p->s.ptr != p){
        Invalid++;
        return;
    }
    Availmem += p->s.size;
```

```
#if Memdebug
    /* 为分配的内存空间填写固定的数据以检测可能的写溢出 */
    for(i = 1;i<p->s.size;i++)
        memcpy(p[i].c,Debugpat,sizeof(Debugpat));
#endif

    //注意:在这里进入临界区,将调用OS提供的API关闭任务调度
    vDisableDispatch();

    /* 遍历SysLfree链表找到合适的插入位置 */
    //从Allocp FreeList的头部开始搜索
    for(q = Allocp; ! (p > q && p < q->s.ptr); q = q->s.ptr){
        /* 环形链表的最高地址吗? */
        if(q >= q->s.ptr && (p > q || p < q->s.ptr))
            break;
    }
    if(p + p->s.size == q->s.ptr){
        //与下一个Free块的头部合并
        p->s.size += q->s.ptr->s.size;
        p->s.ptr = q->s.ptr->s.ptr;
        #if Memdebug
            memcpy(q->s.ptr->c,Debugpat,sizeof(Debugpat));
        #endif
    } else {
        //将P块加入到FreeList(p块的next指针指向下一块)
        p->s.ptr = q->s.ptr;
    }
    //看P块是否可能与前一个Free块(q块)的尾部合并?如果q块是BASE的话就不合并
    if((q + q->s.size == p) && (q != Base)){
        /* 与这一块的尾部合并 */
        q->s.size += p->s.size;
        q->s.ptr = p->s.ptr;
        #if Memdebug
            memcpy(p->c,Debugpat,sizeof(Debugpat));
        #endif
    } else {
        //将P块加入到FreeList(q块的next指针指向p)
        q->s.ptr = p;
    }
    //注意:出临界区,重新打开内核的调度
    vEnableDispatch();
```

```
    return;
}
/* 将已经分配的块移动到一个新的区域 */
void *SysLrealloc( void *area, int size )
{
    unsigned osize;
    HEADER *hp;
    void *pnew;
    if(size == 0)
        return NULL;
    hp = ((HEADER *)area) - 1;
    if(hp->s.ptr != hp)
        return NULL;
    osize = (hp->s.size - 1) * ABLKSIZE;
    /* 我们必须复制这块数据,因为一旦被释放
     * 这块数据就可能被调试信息覆盖
     */
    if((pnew = SysLmalloc(size)) != NULL)
        memcpy(pnew,area,size>osize? osize : size);
    SysLfree(area);
    return pnew;
}
```


上面的代码中还给出了一个简化 realloc()函数的实现。该函数为 area 指定的一块存储器空间重新分配一块新的大小为 size 的空间,并将原来 area 中的内容复制到新分配的空间中。仔细阅读这段代码会发现实际上是存在一些细节的问题,比如:如果 area 为空,程序将崩溃;另外,如果 pnew 没有申请到新的存储空间,那么程序将直接释放 area 所指向的空间,原来存放在 area 中的数据将无缘无故地被释放。总之,realloc()函数不是一个好的函数,它所带有的假设太多,对于各种参数的检查太弱,并且函数的内部隐藏了太多的实现细节(比如 pnew 没申请到就直接释放 area)。因此,程序员在编写自己的代码的时候应该尽量避免调用 realloc()函数。如果确实有需要,可以由程序员自己在代码中显式地实现。

5.5　利用链表构建复杂数据结构

5.5.1　ASIX Window 的数据结构

ASIX Windows 是基于消息驱动的图形用户接口。从 ASIX Windows 的角度来

看，应用程序是由一组窗口和控件组成的，程序的功能是通过窗口的操作来实现的。控件是在 ASIX Windows 中定制的具有特定功能的独立模块，如按钮、菜单、下拉框、软键盘等。在 ASIX Windows 中，每一个控件在数据结构上都被描述为一个窗口（在数据结构上，窗口和控件是一样的），不同的是控件是作为某个窗口的子窗口。在数据结构上将窗口与控件统一，使得整个系统的结构更简单，对窗口的操作与对控件的操作可以统一到一起，这使得系统的编程接口可以统一到窗口的操作函数上。在 ASIX Windows 中所有的窗口操作，不管是窗口还是控件，都使用这些统一的函数。系统通过统一的 ASIX Windows 数据结构（其定义见下面的代码）来对所有的控件进行管理。

实际上，不同的控件拥有不同的功能和结构，所以它们的操作也一定是不同的。为了拥有统一的操作函数接口，我们为每一个不同的窗口或控件定义了相应的窗口类，窗口类实际上是每种控件的模板，这个模板定义了与该控件相关的内容，例如与该控件相关的创建函数、删除函数、消息处理函数、使能函数等。当应用程序员调用 CreatWindow 函数创建某类控件时，CreatWindow 查找该类控件的窗口类，并根据窗口类中的定义，调用与该控件相关的创建函数进行实际的创建工作，然后 CreatWindow 填写相应的数据结构描述该控件类的实例，并将其链接到系统窗口链表中，以便于后续的管理。利用窗口类描述不同控件的设计同时可以将不同控件的开发独立于系统构架的实现，使得控件的开发可以独立进行。每个控件都使用独立的窗口类来描述的另一个好处是可以非常方便地对 ASIX Window 进行裁剪。图 5 - 16 所示为 ASIX Window 中的任务链表与窗口链表。

下面的代码给出的是窗口类数据结构 ASIX WINDOW 的定义。

```
typedef struct asix_window
{
    struct asix_window * prev;          //指向前一个窗口结构
    struct asix_window * next;          //指向下一个窗口结构
    struct asix_window * child;         //指向子窗口链表
    WNDCLASS           * wndclass;      //指向所属的窗口类入口
    unsigned int       task_id;         //该窗口的任务 ID
    unsigned int       wnd_id;          //由 Creatwindow()函数分配的窗口 ID
    unsigned int       parent_id;       //本窗口的父窗口 ID
    unsigned int       status;
    unsigned short     x;
    unsigned short     y;
    unsigned short     width;
    unsigned short     hight;
```

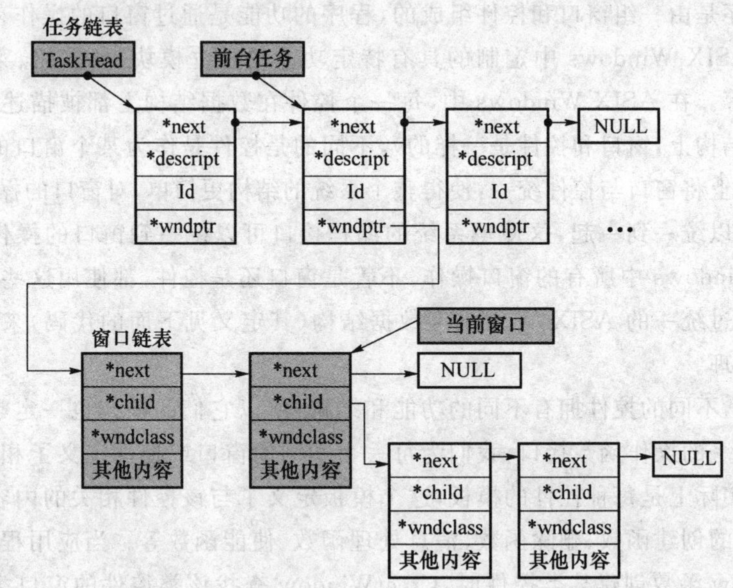

图 5-16　ASIX Window 中的任务链表与窗口链表

```
    char               * caption;          //本窗口的标题字符串
    char               * tag;              //本窗口的标签(TAG)字符串
    unsigned int       style;
    unsigned int       hmenu;

    void               * ctrl_str;         //指向本窗口的私有控制数据结构
    void               * exdata;
} ASIX_WINDOW;
```

图 5-17 给出了在 ASIX WINDOW 系统中，一个任务的窗口链表的示意。从图中我们可以看出，实际上一个任务的窗口链表并不是一个纯粹的链表，而是由多个链表通过 child 指针构建的树状结构。

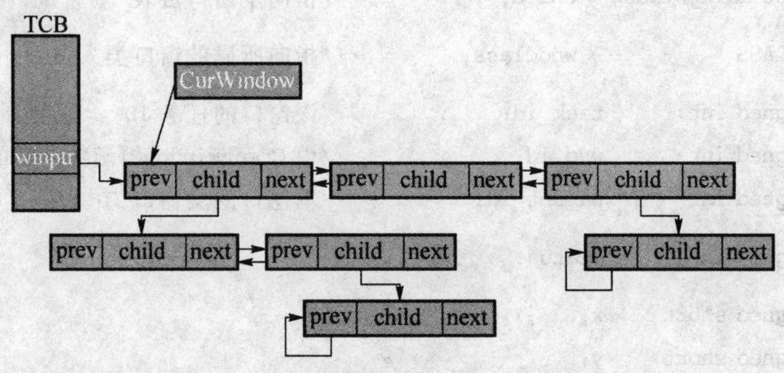

图 5-17　某个任务的窗口链表

① 窗口分为两类，但是在系统内部采用统一的数据结构：

窗体（Form）——也就是我们看到的窗口；

控件（Control）——按钮、下拉框、菜单、滚动条。

② 某一个控件一定是一个窗体或另一个控件的子窗口；而窗体只能作为父窗口存在。

③ 一个任务可以有多个窗体，但是只有最前面的窗体（也就是所谓当前窗口）才能接受用户的输入消息。

5.5.2　ASIX Window 的窗口创建函数

我们仿照微软的 Win32 API 设计了 ASIX Window 的 API 接口。比如创建窗口函数 CreateWindow，该函数的入口参数（包括 ClassName）用于表示被创建窗口的类型，比如一个窗体（Form）、一个按钮（Button）或者是下拉框（ListBox）等；Caption 参数是一个指向字符串的指针，用于显示在窗口或控件上的标题；Style 是被创建窗口的风格，注意对于不同的窗口类型其窗口风格的含义是不同的；x、y、width、Height 这 4 个参数表示了被创建窗口在屏幕上的坐标；Parent 是被创建窗口的父窗口句柄，如果 Parent 为 0，则表示被创建窗口一定是一个窗体（Form），否则被创建窗口一定是其他的控件类型；hMenu 是为了保持与 Win32 API 兼容而保留的一个参数，在 ASIX Window 的现行版本中忽略这个参数；exdata 是一个空类型指针，该指针指向需要传递给创建函数的其他数据。CreateWindow()函数的返回值是一个 32 位的无符号整数，该返回值表示被创建窗口的句柄，如果创建成功则返回一个非零值，否则返回零。其实，我们后面将会发现这个无符号整数其实是由指向被创建窗口数据结构的指针通过强制类型转换而得来的，这样做有两个好处：第一被创建窗口的句柄肯定不会重复；第二在 ASIX Window 内部可以通过强制类型转换而将一个窗口句柄转换成为指向该窗口数据结构的指针。

图 5－18 给出了 CreateWindow()函数的基本流程。

下面是 CreateWindow()函数的全部源代码。

```
/**********************************************************************
 * 创建窗口函数
 * 入口参数说明：
 * ClassName            所创建的窗口类，参见 WindowClass[]数组
 * Caption              窗口标题
 * Style                窗口风格，参见 asixwin.h 中的定义
 * x,y,width,Height     窗口的左上角坐标，以及窗口的宽度与高度，单位 pixel
 * Parent               窗口的父窗口 ID
 * hMenu                该参数是为了同 MS Win32 API 兼容，本函数忽略该参数
 * exdata               传递给具体创建函数的其他数据
 * 返回值：             所创建窗口的 ID，如果创建失败则返回值为 0
```

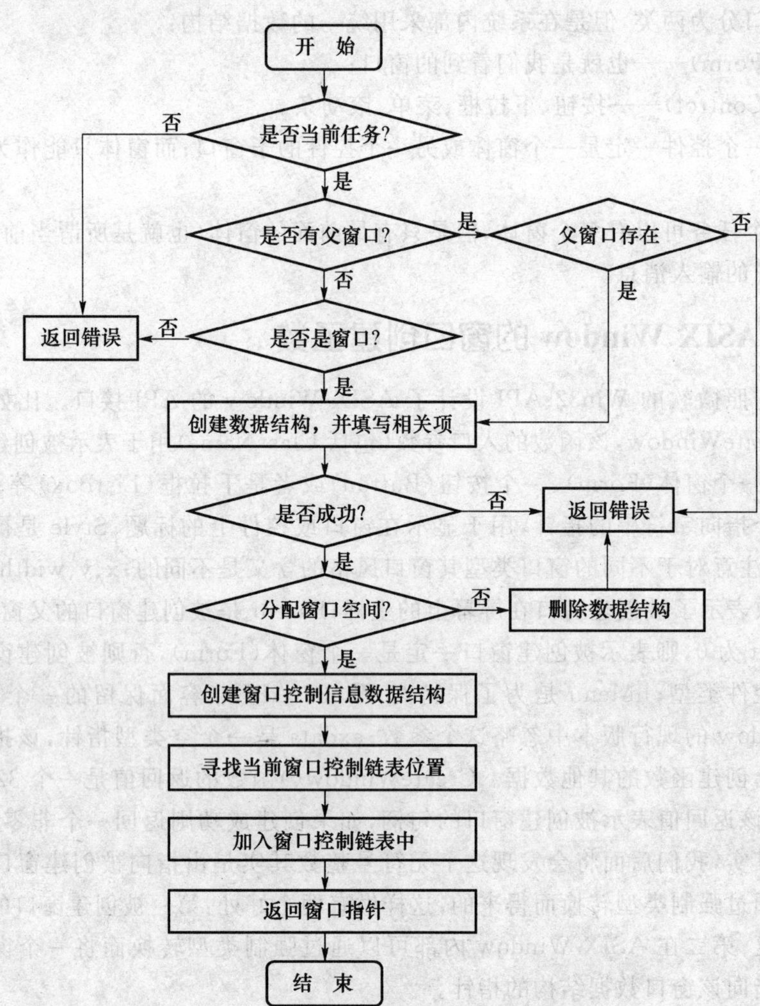

图 5-18　CreateWindow 函数的流程图

```
*****************************************************************/
U32 CreateWindow(U8 ClassName, char * Caption, U32 Style,
            U16 x, U16 y, U16 Width, U16 Height,
            U32 Parent, U32 hMenu, void * exdata)
{
    void        * ctrl_str = NULL;
    ASIX_WINDOW         * parent_win, * winptr;          // * kbwndptr;
    ASIX_WINDOW         * winlist;
    ASIX_WINDOW         * curwin;
    SYSTCB          * curtask;
    U32             old_curwindow = 0;
```

```
//U16              padx = 0,pady = 0;
U16          cursor;

curwin = (ASIX_WINDOW * )GetCurWindow();  //获得当前窗口 ID
curtask = GetCurTask();                   //获得当前任务控制块指针

// 只有在当前窗口中才能创建子窗口
// 如果 task_id 为 0, 这可能是在递归中,因此我们不检查
if (Parent!= 0 && ((ASIX_WINDOW * )Parent) - >task_id != 0 )
    if ( IsMyWindow(Parent, (U32)curwin)!= ASIX_OK)
        return (U32)NULL;

parent_win = (ASIX_WINDOW * )Parent;

if ( ClassName >= WNDCLASS_MAX ) return (U32)NULL; //若所创建的窗口类不存在,则返回

printf( "\n# # # Create %s # # #\n", WinClassName[ClassName] );
// 分配窗口数据结构
if ( (winptr = (ASIX_WINDOW * )SysLcalloc( sizeof(ASIX_WINDOW) )) == NULL )
{
    printf( "# # # Create %s Error # # #\n", WinClassName[ClassName] );
    return (U32)NULL;
}

if ( parent_win == NULL ) {
    // 父窗口为空,则创建的窗口类一定是 Form 或则测试窗口类
    if ( ClassName != WNDCLASS_WIN && ClassName != WNDCLASS_TEST ) {
        SysLfree(winptr);      //释放已申请的窗口数据结构
        printf( "# # # Create %s Error # # #\n", WinClassName[ClassName] );
        return (U32)NULL;
    }
    if ( curwin != NULL )          //如果当前窗口不为空,则必须将其压入窗口栈
    {

        PushWindow();              //压栈

        old_curwindow = (U32)curwin; //保留原来的当前窗口

        CurWindow = curwin = winptr; //更新当前窗口为所创建的新窗口

    }
} else {
    // 子窗口的类型不可以是 WNDCLASS_WIN
    // 子窗口的风格必须拥有 WS_CHILD 属性
    if ( ClassName == WNDCLASS_WIN || ! (Style & WS_CHILD) ){
        SysLfree(winptr);
        printf( "# # # Create %s Error # # #\n", WinClassName[ClassName] );
        return (U32)NULL;
```

```
    }
}
//窗口数据结构的填写
winptr->wndclass = &WindowClass[ClassName];
winptr->wnd_id = (U32)winptr;
winptr->parent_id = Parent;
winptr->x = x;
winptr->y = y;
winptr->width = Width;
winptr->hight = Height;
winptr->caption = Caption;
winptr->tag = NULL;
winptr->style = Style;
winptr->hmenu = hMenu;
winptr->exdata = exdata;
//调用属于该窗口类的具体创建函数
if ( ( * WindowClass[ClassName].create)(Caption, Style, x, y, Width,
 Height, (U32)winptr, hMenu,(void * * )&ctrl_str, exdata) != ASIX_OK )
{
    if (parent_win == NULL ){/ * 只有 WNDCLASS_WIN 创建失败需要恢复 * /
        / * 恢复老的 CurWindow 并将该窗口出栈 * /
        CurWindow = curwin = (ASIX_WINDOW * )old_curwindow;
            if (curwin != NULL)
                PopWindow();      //原来的老窗口出栈
        else {                    //创建该任务的第一个窗口失败,只能退出任务
            SysLfree(winptr);
            //EndofTask();
            printf( "### Create % s Error ###\n", WinClassName[ClassName]
            );
            return (U32)NULL;
        }
    }                             //若 ( parent_win == NULL )
    SysLfree(winptr);             //释放窗口数据结构
    printf( "### Create % s Error ###\n", WinClassName[ClassName] );
    return (U32)NULL;
}
winptr->task_id = curtask->id;                    //窗口的任务 ID 付值
winptr->ctrl_str = ctrl_str;                      //窗口的私有数据
winptr->status |= WST_NORMAL | WST_EN_FOCUS;      //用于窗口销毁时审计
//将新创建的窗口数据结构加入到窗口链表
```

```
    if ( parent_win == NULL ) {
    //如果父窗口为空,所创建的窗口一定是 Form
        winlist = curtask->wnd_ptr;          //获得当前任务的窗口链入口
        curtask->wnd_ptr = winptr;           //将当前窗口作为当前任务的窗口链入口
        winptr->next = winlist;              //将原来的窗口链连接到新窗口之后
        if (winlist != NULL)                 //如果原来的窗口链不为空,
        {
            winptr->prev = winlist->prev;//则将新创建窗口的前指针指向原来的
            winlist->prev = winptr;   //而将原来窗口链的前指针指向新创建窗口
        }
        else
        {
            winptr->prev = winptr;           //否则我们是第一个 Form 窗口
        }                                    //将前指针指向自己,构建双向链表
        CurWindow = curwin = winptr;         //当前窗口指向我们
        SetFocus((U32)curwin);               //将窗口焦点设在当前被创建的窗口
    } else {
    //否则,我们创建的窗口一定是其他控件,它们一定有自己的父窗口
        winlist = parent_win->child;         //获得父窗口的子窗口链表
        parent_win->child = winptr;          //子窗口链表的入口指向新创建窗口
        winptr->next = winlist;              //将原来的窗口链连接到新窗口之后
        if (winlist != NULL)
        {//如果原来的子窗口链表不为空
            winptr->prev = winlist->prev; //则将新创建窗口的前指针指向原来的
            winlist->prev = winptr; //而将原来窗口链的前指针指向新创建窗口
        }
        else
        {
            winptr->prev = winptr;           //将前指针指向自己,构建双向链表
        }
    }
    if ( (!(Style & WS_DISABLED)) && (ClassName != WNDCLASS_STATIC) )
        winptr->status |= WST_ENABLE;
    printf( "### Create %s 0x%x OK ###\n", WinClassName[ClassName],
winptr );
    return (U32)winptr;
}
```

5.5.3　ASIX Window的窗口删除函数

窗口的删除过程是上述创建窗口过程的反过程。通过函数DestroyWindow()来删除不需要的窗口,该函数的原型是STATUS DestroyWindow(U32 Wnd_id)。函数的入口参数是被删除窗口的窗口标识(该标识在创建该窗口时产生),并返回系统信息。如果函数删除的是当前窗口,则系统将自动恢复被删除窗口的前一个窗口(系统将自动重画该窗口及其子窗口),并将其标示为当前窗口。如果给定的窗口是其他窗口的父窗口或拥有者窗口,则在删除该窗口时,这些子窗口也自动地被删除。本函数首先删除子窗口和所拥有的窗口,然后才删除窗口本身。但是,只有当前窗口可以执行删除操作,并且任何窗口只能删除自己的子窗口或者本身。图5-19描述了窗口删除的流程。在查询当前窗口是否拥有子窗口时,采用了递归调用的方法。

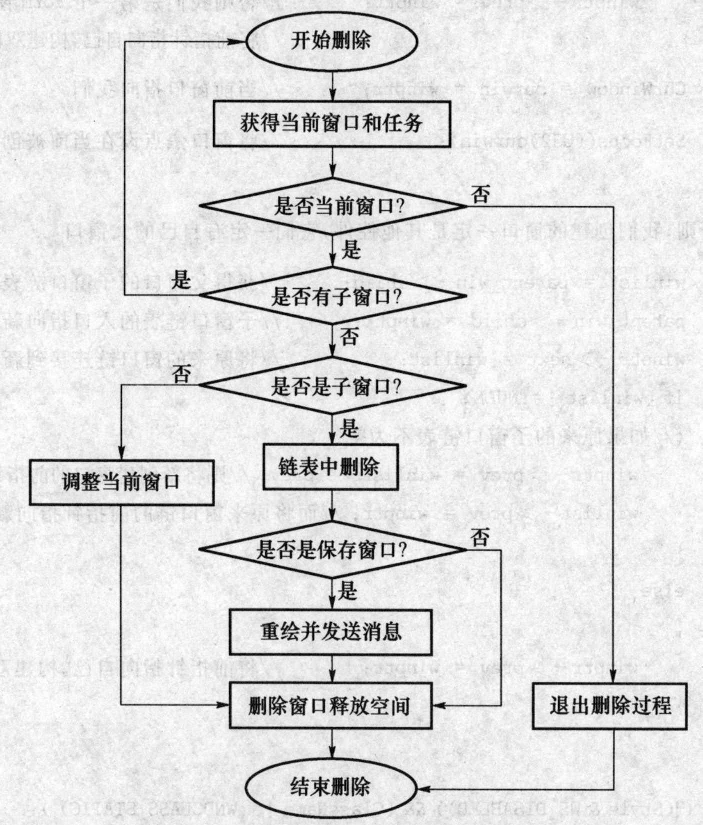

图5-19　DestroyWindow函数的流程图

```
while (wndptr->child!= NULL) {
        if(DestroyWindow((U32)wndptr->child) != ASIX_OK ) {
            wndptr->child = wndptr->child->next;
                if(wndptr->child != NULL ) wndptr->child->prev = NULL;
```

```
    }
}
STATUS DestroyWindow(U32 Wndid)
{
    ASIX_WINDOW                 * wndptr;
    ASIX_WINDOW                 * curwin;
    ASIX_WINDOW                 * parent;
    SYSTCB                      * curtask;
    U32                         pGC;
    U32                         repaint_id = 0;     //需要重绘的窗口 ID
    //MSG                       msg;
    curwin = (ASIX_WINDOW * )GetCurWindow();        //获得当前窗口与当前任务
    curtask = GetCurTask();
    /* 只有当前窗口可以删除自己或则其所属的子窗口 */
    if ( IsMyWindow(Wndid, (U32)curwin) != ASIX_OK ) return ASIX_ERROR;
    wndptr = (ASIX_WINDOW * )Wndid;
    /* 如果我们将删除的窗口有子窗口,那么在删除
     * 这些子窗口的过程中将不重绘这些子窗口 */
    if (wndptr->child != NULL)
        wndptr->status |= WST_FORM_REPAINT;
    printf( "### Destroy %s 0x%x ###\n", WinClassName[wndptr->wndclass-
>wndclass_id], wndptr );
    //下面的代码涉及图形操作,暂时不用考虑
    //pGC = GetGC();
    //GroupOn( pGC );
    //如果所删除的窗口有子窗口,则先通过递归删除所有子窗口
    while (wndptr->child!= NULL) {
        if (DestroyWindow((U32)wndptr->child) != ASIX_OK ) {
            //删除失败,忽略这个子窗口,删除下一个
            wndptr->child = wndptr->child->next;
            if (wndptr->child != NULL ) wndptr->child->prev = NULL;
        }
    }
    //所有所属的子窗口删除完毕,调用具体的删除函数删除自己
    if ( (* wndptr->wndclass->destroy)(wndptr->ctrl_str) != ASIX_OK )
    {
        //GroupOff( pGC, wndptr->x, wndptr->y, wndptr->x + wndptr->width
- 1, wndptr->y + wndptr->hight - 1 );
        printf(     "###          Destroy          %s          Error          #
##\n", WinClassName[wndptr->wndclass->wndclass_id] );
```

```
        return ASIX_ERROR;
    }

    if (wndptr->style & WS_CHILD) /* 如果是一个子窗口 */
    {

        if( wndptr->next == NULL )// 如果是窗口链的最后一个
            // 将窗口链的首结点的前指针指向本窗口的前一个节点,构建双向链表,把自己
            // 自己从窗口链中取下来
            ( (ASIX_WINDOW *)(wndptr->parent_id) )->child->prev = wndptr->prev;
        else
            //将这个窗口数据结构从链表中取下来
            wndptr->next->prev = wndptr->prev;

        if( wndptr->prev->next == NULL )// 如果是窗口连的第一个节点
            //将窗口链的入口指向我们的后一个节点
            ( (ASIX_WINDOW *)(wndptr->parent_id) )->child = wndptr->next;
        else
            //将这个窗口数据结构从链表中取下来
            wndptr->prev->next = wndptr->next;//

    } else {/* 如果是Form窗口 */

        if (wndptr->next == NULL) /* 仅有这一个窗口 */
        {
            curtask->wnd_ptr = NULL;

            CurWindow = curwin = NULL;//

            //现在可以返回了
            wndptr->status = WST_DESTROYED;//为了确保窗口状态被置为被删除状态

            printf(       "###       Destroy       %s      0x%x       OK
###\n", WinClassName[wndptr->wndclass->wndclass_id], wndptr );
            SysLfree(wndptr);

            //printf(       "###         Destroy          %s            OK
###\n", WinClassName[wndptr->wndclass->wndclass_id] );
            return ASIX_OK;

        } else { /* 当前窗口必须是第一个 */
            //当前窗口变成我们后面的那个窗口
            CurWindow = curwin = wndptr->next;
            curwin->prev = wndptr->prev;
            //curwin->prev = NULL;//现在是第一个窗口了
            curtask->wnd_ptr = curwin;

            PopWindow();                    //弹出后一个Form
```

```
    }
}
/* 如果被删除的窗口在创建时没有保存屏幕，
 * 我们将重绘当前窗口(curwin)被遮蔽的背景
 * 同时将发送 Repaint(重绘)消息以提示用户重绘自己的客户区
 */
if ( ! (wndptr->style & WS_SAVESCREEN) ){
        if (wndptr->parent_id == 0)
        {
            //下面我们将删除容器
            //并重绘背景
            repaint_id = (U32)curwin; //现在当前窗口是背后的那个窗口
        } else { //我们将删除子窗口
            parent = (ASIX_WINDOW *)wndptr->parent_id;
            //如果我们删除的是子窗口则重绘背景
            //否则这必然是一个被删窗体的子窗口，
            //我们只需要重绘其父窗口
            if ( (parent->status & WST_FORM_REPAINT) == 0) {
                repaint_id = (U32)parent;
            }
        }
        if (repaint_id != 0)
        {
            RepaintWindow(repaint_id, 0);
            //发送重绘消息
            //msg.messageType = ASIX_MESSAGE;
            //msg.message = WM_REPAINT;
            //msg.lparam = repaint_id;
            //msg.wparam = 0;
            //msg.data = NULL;
            //AdvSendMessage(curtask->id,(P_MESSAGE)(&msg),NO_SWAP_TASK);
        }
}
wndptr->status = WST_DESTROYED;//用于窗口销毁时审计
printf(      "###       Destroy      %s        0x%x          OK        ##
#\n", WinClassName[wndptr->wndclass->wndclass_id], wndptr );
SysLfree(wndptr);
//printf( "### Destroy %s OK ###\n", WinClassName[wndptr->wndclass->wnd-
class_id] );
```

```
    return ASIX_OK;
}
```

5.6　思考题

1. 请指出下列 3 段代码的问题？

```
void test1()
{
    char string[10];
    char * str1 = "0123456789";
    strcpy( string, str1 );
}

void test2()
{
    char string[10], str1[10];
    int i;
    for(i = 0; i<10; i++)
    {
        str1[i] = 'a';
    }
    strcpy( string, str1 );
}

void test3(char * str1)
{
    char string[10];
    if( strlen( str1 ) <= 10 )
    {
        strcpy( string, str1 );
    }
}
```

2. 请简述造成内存泄漏(Memory leak)的几种情况。

3. 阅读下列代码，指出该代码存在的问题：

```
Void DoSomething(char * ptr;)
{
    char * p;
    int  i;
```

```
    if (ptr == NULL) return;
    if ((p = (char *)malloc(1024)) == NULL )
        return ;
    for(i = 0; i < 1024; i++)
            *p++ = *ptr++;
    ......
    free(p);
    return ;
}
```

4. 本章中所介绍的free()函数采用了单向链表的方式构件空闲块列表，请问是否可能用双向链表来组织空闲块列表？请尝试采用双向链表的形式重写free函数和malloc函数，并分析采用双向链表的优点与缺点。

5. 对于一个字节(8bit)的数据，求其中“1”的个数，要求算法的执行效率尽可能地高。

6. 请指出下列代码中存在的问题：

```
/*第一题*/
void GetMemory( char *p )
{
    p = (char *) malloc( 100 );
}
void Test( void )
{
    char *str = NULL;
    GetMemory( str );
    strcpy( str, "hello world" );
    printf( str );
}
/*第二题*/
char *GetMemory( void )
{
    char p[] = "hello world";
    return p;
}
void Test( void )
{
    char *str = NULL;
    str = GetMemory();
    printf( str );
}
```

```
/*第三题*/
void GetMemory( char * * p, int num )
{
    * p = (char * ) malloc( num );
}
void Test( void )
{
    char * str = NULL;
    GetMemory( &str, 100 );
    strcpy( str, "hello" );
    printf( str );
}
/*第四题*/
void Test( void )
{
    char * str = (char * ) malloc( 100 );
    strcpy( str, "hello" );
    free( str );
    …… //省略的其他语句
}
```

7. 查阅标准C库中关于realloc()函数的定义，请尝试编写一个尽量考虑周全的realloc()函数实现。

8. 编写一个函数，作用是把一个char组成的字符串循环右移n个。比如原来是“abcdefghi”，如果$n=2$则移位后应该是“hiabcdefgh”，函数头是这样的：

```
//pStr是指向以'\0'结尾的字符串的指针
//steps是要求移动的n
void LoopMove ( char * pStr, int steps )
{
//请填充
}
```

9. 请说明下列表达式的含义：

```
/*1*/ long (* fun)(int);
/*2*/ int (*(F)(int, int))(int);
/*3*/ int *((*b)[10]);
/*4*/ int (* *def)[10];
```

第 6 章

中断与设备驱动

6.1 设备驱动简介

6.1.1 设备驱动、Boot Loader 与 BSP

在开始讨论设备驱动之前，首先需要澄清一些基本概念。在刚刚接触嵌入式系统的时候往往会被所谓驱动、Boot Loader、BSP（Board Support Package，板级支持包）这些概念搞得晕头转向。那么这三者之间的关系到底是什么呢？它们各自的作用又是什么？

首先，设备驱动是介于底层硬件与操作系统之间的一层软件。一般而言，设备驱动对上（也就是操作系统）提供一个统一的服务接口，使得操作系统以及应用程序可以通过这个接口访问底层的硬件设备；设备驱动对下要管理具体的硬件设备，包括设备的初始化、与设备相关的中断处理、设备数据的读/写操作以及与此相关的缓冲区管理等。总之，设备驱动程序的主要功能就是屏蔽硬件控制的具体细节，对操作系统提供一个抽象的、统一的硬件资源访问接口。关于设备驱动将在后面章节中详细介绍。

其次，再来讨论 Boot Loader 的概念。Boot Loader 是一段固化在嵌入式系统目标系统 ROM（或者是诸如 Flash 等非易失性存储器）中的一段程序，它的主要作用就是引导操作系统（这也是为什么它叫 Boot Loader 的原因）。系统上电后 Boot Loader 将首先接管系统，在进行一些最基本的上电自检后，将对系统的硬件进行初始化，为引导操作系统做好准备，比如初始化 SDRAM，因为操作系统是运行在 SDRAM 中的。如果操作系统的代码不是存放在 ROM 或者 Flash 中，而是存放在磁盘、U 盘、SD 卡、CF 卡中的，Boot Loader 还必须初始化这些硬件设备。接下来，Boot Loader 需要将操作系统的代码复制到主存储器的特定地址，如果需要（比如在很多 Linux 系统中）还要将压缩的操作系统代码进行解压缩，最后 Boot Loader 将控制权交给操作系统，由操作系统完成接下来的工作。如果是在调试阶段，操作系统映像（Image）还没有烧录在目标系统的 ROM 中，这时就需要 Boot Loader 在系统上电后初始化某个特定的通信端口，如串口、网口、并口或者是 USB 接口等，通过这个通信端口从调试主机下载编译好的操作系统映像，并将控制权交给操作系统。需要说明的是，如果程序员所调试的操作系统可以在集成开发环境（如 ARM 公司的 MDK）中编译，程序员一般可以借助调试器(如 AXD),将编译好的操作系统映像下载到目标系统,并且进行调试,这往往要比借助 Boot Loader 的方式要方便得多。但对于 Linux 这样的操作系统,由于没有比较完善的集成开发环境,因此需要采用 Boot Loader 的形式进行调试。程序员可以自己编写 Boot Loader,也可以移植开源的 Boot Loader。

目前,开源 Boot Loader 中比较有代表性的是 U-BOOT,全称是 Universal Boot Loader,是由德国 DENX 小组开发,并遵循 GPL 条款的开放源码项目。其源码目录、编译形式与 Linux 内核很相似,甚至有部分的代码就是从 Linux 中借鉴来的。它的主要功能是完成硬件设备的初始化、操作系统代码的搬运,并提供一个控制台及一个命令集在操作系统运行前操控硬件设备。目前主要支持的目标操作系统有 OpenBSD、NetBSD、FreeBSD、Linux、SVR4、Esix、Solaris、Irix、SCO、Dell、NCR、VxWorks、LynxOS、pSOS、QNX、RTEMS、ARTOS。这是 U-Boot 中 Universal 的一层含义,另外一层含义则是 U-Boot 支持多处理器体系结构,如 PowerPC、MIPS、x86、ARM、NIOS、XScale 等。此外,U-Boot 对操作系统和产品研发提供了灵活丰富的支持,主要表现在:可以引导压缩或非压缩系统内核;可以灵活设置、传递多个关键参数给操作系统,适合系统在不同开发阶段的调试要求与产品发布(尤对 Linux 支持最为强劲);支持多种文件系统;支持多种目标板环境参数存储介质,如 Flash、NVRAM、EEPROM 等;采用 CRC32 校验,可校验内核及镜像文件是否完好;提供多种控制台接口,使用户可以在不需要 ICE 的情况下通过串口、以太网、USB 等接口下载数据,并烧录到存储设备中去,这个功能在实际的产品中很实用,尤其是在现场软件升级的时候;提供丰富的设备驱动,如串口、SDRAM、Flash、以太网、LCD、NVRAM、EEPROM、USB、PCMCIA、PCI、RTC 等。

另外,在某些厂商推出的嵌入式微处理器中(比如 Freescale 公司推出的龙珠 328 系列微处理器以及之后推出的基于 ARM CPU 的新龙珠 i. MAX 系列微处理器)会提供所谓的 Boot Strap 功能,Boot Strap 其实也是一段固化在处理器内部 ROM 之中的代码。用户可以通过片外的引脚配置是否启动 Boot Strap。如果用户选择启动 Boot Strap,那么在系统上电复位时,固化在片上 ROM 中的代码将获得控制权,这段代码将初始化片内的一些硬件设备,比如外部存储器接口控制器、通信接口等;在完成这些初始化后,Boot Strap 将通过这个通信接口等待调试主机发送来的命令,这些命令包括从调试主机下载一段映像到外部存储器的某个特定地址,或者是将外部存储器的内容通过通信接口上传到调试主机,从外部存储器的某个地址开始运行等 。图 6-1 所示为 Boot Strap 的原理框图。

最后讨论 BSP。所谓板级支持包类似于 PC 平台的 BIOS(Basic Input Output System, 基本输入/输出系统)。一般而言,BSP 也是一段固化在嵌入式系统目标系统 ROM 中的程序。与 Boot Loader 类似,BSP 在系统上电的时候将接管系统,完成必要的板级硬件系统的自检与初始化工作,并负责完成操作系统的引导。如果在调试阶段,BSP 还将与调试主机上运行的调试器进行通信,完成调试功能。BSP 与 Boot Loader 不太相同的地方是除了上述功能外,一般 BSP 还会提供一些板级硬件

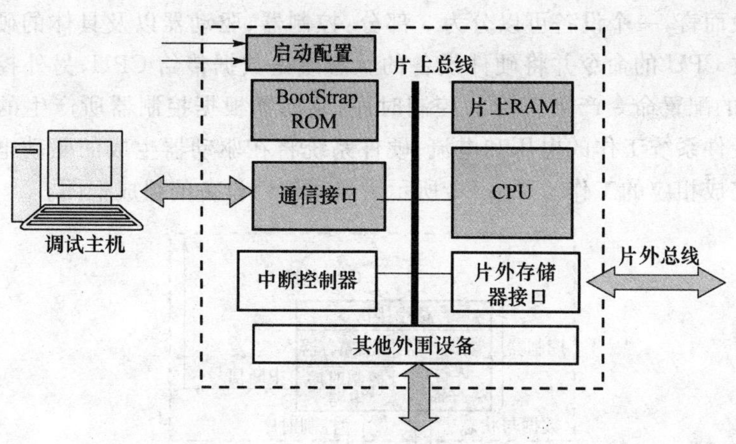

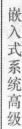

图 6-1　Boot Strap 的原理框图

设备的基本输入/输出操作的例程，设备驱动程序可以通过调用这些最底层的操作函数来完成对硬件系统的控制，在这一点上 BSP 更类似于 PC 平台上的 BIOS。图 6-2 所示是设备驱动、Boot Loader、BSP 三者之间的关系。

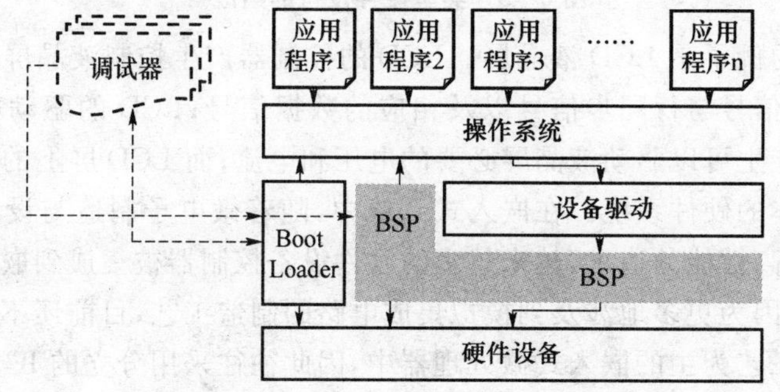

图 6-2　设备驱动、Boot Loader、BSP 三者之间的关系

下面是对 Boot Loader 和 BSP 功能的总结：

- 系统上电后的硬件自检；
- 硬件系统的初始化；
- 引导操作系统；
- 支持与调试器的通信，并提供底层调试支持；
- 提供板级硬件系统的基本 I/O 操作服务，为驱动程序提供底层支持。

6.1.2　设备驱动程序的结构

1. 设备的组成

通常情况下按照计算机组成原理的定义，所谓外围硬件设备就是指在一个计算机系统中除了主处理器(CPU)和主存储器外的其他硬件，比如键盘、显示器、磁盘系统等。一般而言，一个设备可以分为3部分：控制器、驱动器以及具体的硬件。控制器负责接收CPU的命令并将硬件设备的状态或是数据传给CPU，另外控制器还将根据CPU的配置命令产生正确的控制时序；驱动器根据控制器所产生的控制时序生成驱动硬件系统工作的电压和电流；硬件系统将在驱动器生成的驱动电压或电流的控制下完成相应的工作。图6-3所示为典型硬件设备的组成框图。

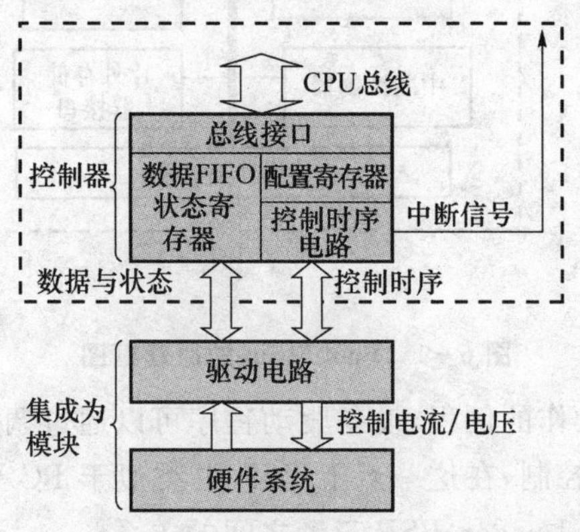

图6-3 典型硬件设备的组成

比较典型的例子是LCD液晶屏。LCD的控制器产生控制液晶屏正常工作的时序，比如帧同步信号与行同步信号以及相应的数据信号；LCD的驱动电路根据控制器的控制时序产生可以驱动液晶屏必要的电压和电流；而LCD屏上的液晶层和相应的电极等是具体的硬件系统。在嵌入式系统中，随着微电子制造与设计技术的发展以及对低成本、高性能的追求，越来越多的硬件设备控制器被集成到嵌入式微处理器中，而驱动电路因为更多地涉及到模拟集成电路的制造工艺，目前还不能非常经济地集成到以数字工艺为主的嵌入式微处理器中，因此往往采用分立的IC芯片与硬件系统集成在一个硬件模块中。比如前面说到的LCD液晶显示屏设备，在SEP3203嵌入式微处理器中集成了通用LCD屏的控制器，而驱动电路和LCD屏被集成为一个模块。对于面向手持设备和移动设备等应用，为了进一步减少体积，生产厂商甚至将液晶屏的驱动IC直接绑定(Bonding)在屏的玻璃背面，这就是所谓的COG(Chip On Glass)技术。

硬件设备对于程序员而言可见的部分就是控制器，控制器一般通过总线的方式与CPU相连，软件通过对控制器内部的控制寄存器以及状态寄存器和数据寄存器(对于某些接口设备而言，往往是硬件FIFO缓冲器)进行读/写操作来控制硬件设备。这些控制器内部的寄存器可以与主存储器统一编址，比如ARM系统，这里访问这些寄存器所采用的指令与访问存储器所采用的指令是一样的Load/Store指令；也可以采用一套独立于存储器的I/O地址空间，比如Intel公司的X86系列处理器，这时访问这些控制寄存器需要采用专门的I/O指令。总之，控制器是程序员控制硬件设备的接口，硬件设备的其他部分对于程序员而言是不可见的。

2. 设备驱动程序的结构

设备驱动程序对上(也就是操作系统)提供一个统一的服务接口。这样非常便于操作系统管理所有的外围硬件设备。现代操作系统往往采用文件的形式对设备进行封装,这个传统最早可以追溯到 UNIX 系统对于设备的管理。虽然现在计算机系统的外围设备千差万别,但是很多操作系统依然延续了这个抽象方法,比如 Linux 将设备分为字符设备、块设备和网络设备 3 大类,对于一些特殊的设备采用特殊的方法进行管理,比如 Linux 上将屏幕抽象为 Frame buffer 进行管理等。嵌入式系统的外围设备随着应用的不同而不同,对设备的管理也有多种方法,但总的来说设备驱动可以分为 4 个部分(如图 6-4 所示):设备文件接口、硬件管理、缓冲区管理和中断处理程序。

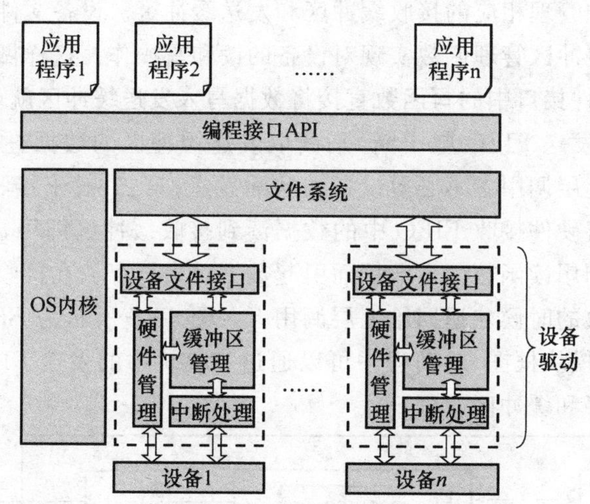

图 6-4　一般设备驱动的组成

设备文件接口是设备驱动与操作系统的接口。UNIX 系统中将文件抽象为字符流(Byte Stream),所谓文件就是一个可以输入/输出的字符流。设备也可以被抽象为字符流,用户对设备的读和写可以抽象为对这个字符流的读和写。因此,程序员自然将设备也抽象为文件,所有对设备的操作都被抽象为对文件的操作。这样做的好处是显而易见的:第一、将设备和文件统一有利于操作系统的管理,实际上很多外围设备天然地与文件系统相关,比如磁盘驱动器、CF 卡等;第二、不同的设备被抽象为文件,便于操作系统采用统一的方式管理不同的外围设备。

硬件管理模块主要是具体操作外围设备的代码,它负责具体的设备操作,比如设备初始化、设备状态的读取、设备数据的读取等。一般硬件管理模块的代码由设备文件接口中的函数调用,而不是由 OS 直接调用。

中断处理模块可能是设备驱动中最重要的部分之一。因为设备的异步特性,操作系统不可能采用轮询的方式对设备进行管理,采用中断处理异步事件是唯一选择。

设备驱动的中断处理程序的主要工作包括：①将硬件设备的数据从硬件 FIFO 中读出来，并将数据存放到由设备驱动管理的软件接收缓冲区中，或者是将需要发送给硬件设备的数据从驱动管理的发送缓冲区写到硬件发送 FIFO 中；②如果是由于硬件设备的故障或者状态变化引起的中断，中断处理程序需要处理这些问题；③在处理完基本的数据接收或发送工作后，对于有操作系统的系统，中断处理程序需要通过调用一个系统调用的方式通知操作系统内核中断的发生，如果中断的发生激活了操作系统中更高优先级任务，OS 内核将通过调用调度器将任务由当前任务切换到更高优先级任务。需要说明的是，并不是所有的外围设备驱动都需要中断处理程序，某些设备（如 LCD）通常情况下是不要中断处理的。

对于块设备（比如磁盘）以及较高速度的字符设备（比如串口和网络接口），驱动程序还必须维护和管理相应的接收缓冲区和发送缓冲区。设备文件接口中的读函数和写函数将调用缓冲区管理函数实现对设备的读和写操作。这样做的好处是：第一、对于发送数据，文件接口中的写函数直接将数据写入发送缓冲区就可以返回，由相应的发送中断（比如发送 FIFO 空中断）来读取发送缓冲区的数据进行实际的发送工作。这样就使得上层调用者不必等设备的实际发送；第二、对于接收数据，接收中断处理程序只需要将硬件接收 FIFO 中的数据读到接收缓冲区即可，不用担心因为上层函数没有立即调用读函数读走数据而引起数据丢失。存放在接收缓冲区中的数据在用户调用读函数的时候才返回给上层调用者。图 6－5 所示为 SEP4020 嵌入式微处理器的 UART 模块框图，驱动程序可以通过该模块中的发送 FIFO 和接收 FIFO 配合中断处理程序和缓冲区管理。

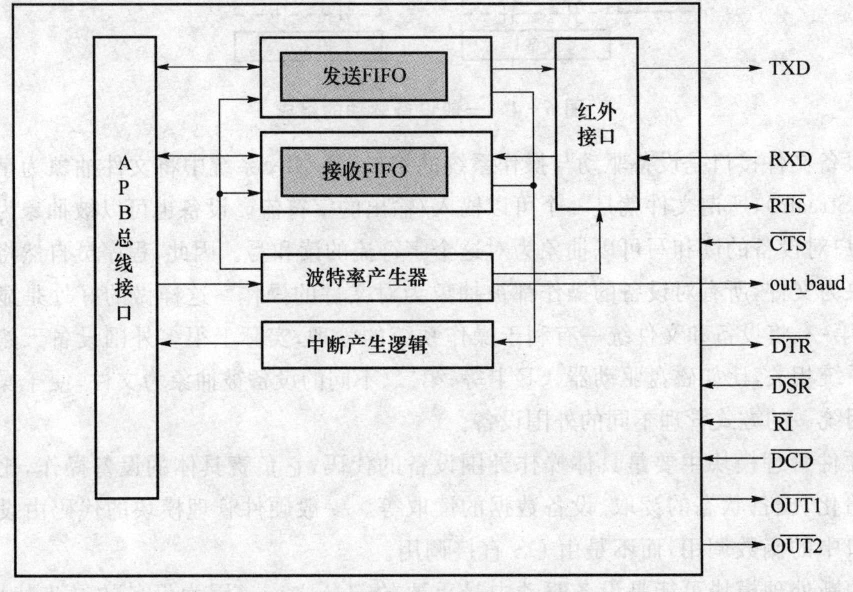

图 6－5　SEP4020 处理器的 UART 模块框图

在数据通信应用中往往采用环形缓冲区的方式进行缓冲区管理。所谓环形缓冲区，实际上是在一块连续的内存缓冲区同时维护了 2 个指针：读指针和写指针。系统初始化时读指针和写指针都指向缓冲区的头部，当有接收数据到达时，中断处理程序将从写指针的位置开始存放新接收的数据，并更新写指针到最新的写入位置；当上层代码调用读取函数时，环形缓冲区将从读指针开始的位置读取由中断处理程序写入的数据，并更新读指针到最后读走的数据处。如果读指针追上了写指针(读指针==写指针)，那么上层代码将不能再读取数据，因为这时还没有接收到新数据。如果写指针到达了缓冲区的底部，写指针将返回缓冲区的头部，并写入新数据；如果写指针追上了读指针，那么中断处理程序将不能再往环形缓冲区中写入新数据，这时接收的新数据只能被丢弃，这种情况被称为 OverRun。图 6-6 给出了环形缓冲区的示意图。图中的有效数据是指能够被读指针读走的数据，图中的无效数据是指已经被上层函数读走了的数据，它们已经没有存在的意义，可以被写指针覆盖了。

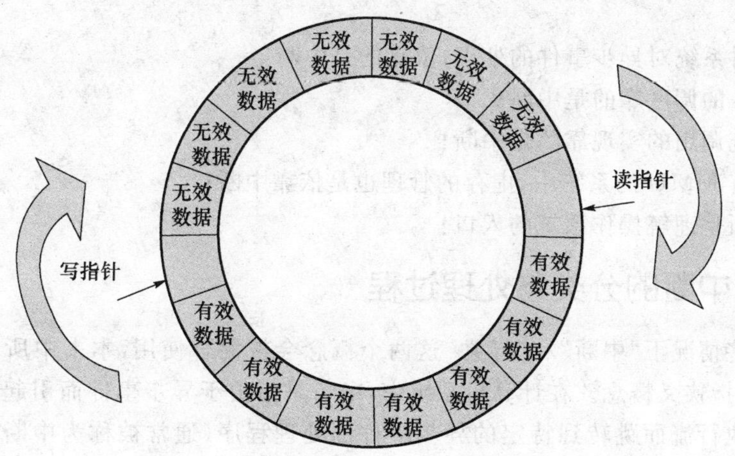

图 6-6　环形缓冲区

下面的代码给出了环形缓冲区的数据结构。其中 RingBufRx[]数组是缓冲区的实体，所有的接收数据都存放在这个数组中。RingBufRxInPtr 指针是写指针，表示当前的数据插入位置；RingBufRxOutPtr 指针是读指针，表示当前被上层函数读取数据的位置。

```
typedef struct {
    INT16U     RingBufRxCtr;                     /* 接收环形缓冲区中的有效字符数 */
    OS_EVENT  *RingBufRxSem;                     /* 接收信号量的指针 */
    INT8U     *RingBufRxInPtr;                   /* 写指针 */
    INT8U     *RingBufRxOutPtr;                  /* 读指针 */
    INT8U      RingBufRx[COMM_RX_BUF_SIZE];      /* 环形缓冲区 */
} COMM_RING_BUF;
```

6.2 中断与中断处理

正如前面所介绍的,设备驱动是由多个部分构成的,其中中断处理程序可能是最重要的部分之一。本节将重点介绍在嵌入式系统中与C编程相关的中断处理的问题,包括中断的重要性、中断处理的一般过程、ARM处理器的中断、C语言对中断处理的支持以及编写中断处理程序(ISR)需要注意的问题等。

6.2.1 中断的重要性

➢ 理解处理器对中断的管理以及这其中的堆栈管理对于理解操作系统是至关重要的!

➢ 中断是操作系统的入口,用户访问操作系统提供服务的唯一途径是依靠中断来实现。

➢ 实时系统对异步事件的处理,依靠的是中断!

➢ 任务的调度靠的是中断!

➢ 系统调用的实现靠的是中断!

➢ 在有MMU的系统中,虚存的管理也是依靠中断!

➢ 中断是理解操作系统的入口!

6.2.2 中断的分类与处理过程

在某些情况下"中断"和"异常"这两个概念会被混合使用,本书中所使用的"异常"概念是指狭义概念。在计算机系统中,中断是指由于异步事件而引起的CPU停止当前的执行流而跳转到特定的异步事件的处理程序(通常被称为中断处理程序,ISR)。从中断产生的原因看,可以将中断分类为硬件中断、软件中断和异常3种。

所谓硬件中断(Hardware Interrupt)是指由于CPU以外的硬件设备而引起的异步事件,比如键盘产生击键、串口接收到新数据等。需要说明的是,在现在的大多数嵌入式微处理器中往往集成了多个外围设备(比如定时器、串口控制器、DMA控制器等),这些片内设备产生的中断被称为内部硬件中断;为了适应应用的需要,这些嵌入式微处理器往往会在芯片外部提供一些可以接收片外设备中断请求的中断线,比如如果需要在片外扩展一个USB Host控制器,该控制器就需要使用一根外部中断线以通知CPU USB Host的中断请求,这些中断被称为外部硬件中断。

软件中断(Software Interrupt)又叫软陷。与硬件中断不同,软件中断的发生是因为执行了中断指令。如80X86的int指令、68000的trap指令、ARM中的SWI指令。软件中断指令一般用于操作系统的系统调用入口。

而异常(Exception)是指CPU内部在运行过程中引起的事件,比如指令预取中止、数据预取中止、未定义指令等,异常事件发生后一般由操作系统接管。

虽然中断产生的原因不同，但是中断响应的过程基本上是相同的。而且大多数处理器在响应中断时的操作也基本相同，比如在响应中断时硬件会自动关中断，以防止在中断响应时发生中断嵌套，如果程序员在ISR中希望能够支持中断嵌套就必须在ISR中显示地打开中断；又比如几乎所有的处理器在响应中断时，处理器硬件都需要保存返回地址和当前的程序状态字——虽然有些处理器是将这些内容直接压栈，有些是保存在相关的寄存器中。

中断的处理过程一般由硬件、软件两部分共同完成。由硬件（此处以ARM处理器为例）实现的部分有：

- 复制CPSR到SPSR_＜mode＞，此处的SPSR_＜mode＞指的是所进入的异常模式。
- 设置正确的CPSR位。
- 切换到ARM状态。
- 切换到异常模式，禁止中断。
- 保存返回地址在LR_＜mode＞，设置PC到异常向量地址，此处的LR_＜mode＞指的是所进入的异常模式。

由中断服务程序实现的部分有：

- 把SPCR（程序状态寄存器）和LR（连接寄存器保存了程序计数器的值）压栈。
- 保存中断服务程序中使用到的寄存器到堆栈中。
- 用户服务程序可以打开中断，以接受中断嵌套。
- 中断服务程序处理完中断后，从堆栈中恢复保存的寄存器。
- 从堆栈中弹出SPSR和PC，从而恢复原来的执行流程。

6.2.3　C语言中的中断处理

标准C中不包含中断。许多编译开发商在标准C中增加了对中断的支持，提供新的关键字用于标示中断服务程序（ISR），类似于__interrupt、#program interrupt，在ARM的编译器中也增加了__irq这个关键字。当一个函数被定义为ISR时，编译器会自动为该函数增加中断服务程序所需要的中断现场入栈和出栈代码（最主要是程序状态字PSR入栈和出栈，这一点和普通的函数调用不同。）

为了便于使用高级语言直接编写异常处理函数，ARM编译器对此作了特定的扩展，可以使用函数声明关键字__irq，编译出来的函数就可满足异常响应对现场保护和恢复的需要，并且自动加入对LR进行减4的处理，符合IRQ和FIQ中断处理的要求。编译器在处理__irq关键字声明的函数时将：①保存ATPCS规定的被破坏的寄存器；②保存其他中断处理程序中用到的寄存器；③同时将（LR－4）赋予程序计数器PC实现中断处理程序的返回，并且恢复CPSR寄存器的内容。

```
__irq void IRQHandler(void)
{
```

```
    volatile unsigned int * source = (unsigned int *)0x80000000;
    if ( * source == 1)
        int_handler_1();
    * (source) = 0 ;
}
STMFD  SP!, {r0 - r4, r12, lr}
MOV r4, #0x80000000
LDRr0, [r4, #0]
CMPr0, #1
BLEQ  int_handler_1
MOV  r0, #0
STRr0, [r4 , #0]
LDMFD  sp!, {r0 - r4, r12, lr}
SUBS  pc, lr, #4
```

6.2.4 中断处理程序的编写

1. 中断处理程序的一般原则

中断处理的本质特征是它的异步性,中断可以在任何时候发生,而 CPU 以及操作系统必须能够在最快的时间内响应。总的来说,中断处理的基本原则只有两点:快速、保护。

快速的含义包括两层,第一层含义是快速响应,也就是说 CPU 要尽快地响应中断请求。对于外部中断,通常情况下 CPU 在执行完当前指令后会对中断信号进行采样,如果有中断请求且允许中断,CPU 将进入中断响应。但是依然有下列几种情况可能会造成中断响应的延迟甚至丢失。

- 虽然现在 RISC 处理器的大多数指令可以在一个周期内完成,但是依然存在一些特殊的指令必须在多个周期内才能完成,而在这些指令运行期间 CPU 是不接收中断请求的。比如 ARM 指令集中的 LDM 和 STM 两类指令,这些指令是多装载和多存储指令,它们的执行时间取决于软件程序员希望通过一条指令保存多少数据,在最坏的情况下可能需要十几个周期才能完成。
- 几乎所有的处理器在响应中断期间是关中断的,也就是说当 CPU 响应某个中断请求时,硬件会自动地将程序状态字中的中断使能位清除(ARM 处理器刚好相反,在响应中断时硬件会自动在 CPSR 中设置一位禁止中断位)。硬件之所以要这样设计是为了防止在 CPU 响应一个中断期间又有一个中断进入而造成中断现场保存的混乱。总之默认情况下,CPU 在响应中断后将不再接收新的中断请求,也就是不支持中断的嵌套。CPU 只有从该中断处理程序退出后才可能响应新的中断。虽然在 CPU 完成中断现场保护后,程序员通过软件可以重新打开中断以接收中断嵌套,但在通常情况下,操作系统的任务调度只

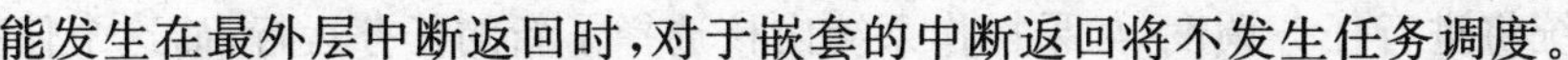

能发生在最外层中断返回时，对于嵌套的中断返回将不发生任务调度。

- 对于一些重要的全局变量或者全局数据结构以及其他临界资源的访问，必须采取相应的保护措施。对于无操作系统的系统，一般采用关中断的方法来实现对临界资源的互斥访问；对于有操作系统的系统，可以有多种方法实现临界资源的互斥，比如采用信号量、关调度以及关中断。总之，在软件系统中往往需要通过关中断的方法来实现对临界资源的互斥保护，在这种情况下会造成中断响应的延迟。

针对上面分析的原因，为了能够加快中断的响应速度，程序员可以采取的措施如下：

① 尽量避免在程序中直接使用关中断的方法。正如前面分析的，程序员关中断的主要目的是为了对临界资源进行互斥保护，但这是最不优化的做法。如果有操作系统支持的话，更好的方法是采用操作系统提供的信号量或者关闭调度的方法来实现互斥。操作系统在实现信号量时，对于某些提供硬件支持的处理器甚至不需要关中断，如果必须关中断，操作系统也能保证关中断的时间最短。

② 正如前面所分析的，中断处理程序默认情况下是不支持嵌套的，因此要加快中断响应就必须加快中断处理的速度。为了加快中断处理程序，程序员应该注意的是：

- 中断处理程序(ISR)中只处理最基本的硬件操作，其他的处理内容可以设法放在中断处理程序之外完成。许多操作系统中都提供了这样的机制来加速中断处理，比如 Linux 操作系统中将中断处理分为上半部分(Top Half)和下半部分(Bottom Half)，实际上真正的 ISR 是上半部分，而下半部分是在内核中完成的。
- 中断处理程序中应该避免调用耗时的函数，比如 printf(char * lpFormatString，…)函数(在 ARM 平台上由于半主机机制，该函数的速度更慢)。
- 浮点运算由于性能和可能存在的重入问题以及其他的耗时操作都不应该在中断程序中使用。大多数嵌入式处理器都不会集成浮点协处理器，程序中所使用的浮点运算都是通过软件浮点库实现的。软件方法实现的浮点运算大概要比硬件实现慢一个数量级，因此在中断处理程序中使用浮点要慎重。
- 在有操作系统的情况下，要非常小心那些有可能引起挂起的系统调用。
- 由于函数调用本身的压栈和退栈开销以及可能存在的函数重入风险，因此在中断处理程序中应该尽可能避免不必要的函数调用。

上面讨论了中断处理程序的第一个原则“快速”，接下来讨论第二个原则“保护”。因为中断随时都会发生，因此对于全局数据结构和其他临界资源需要进行必要的互斥保护。当然，如果中断处理程序中不会访问这些全局数据结构和临界资源的话，就可以不要这些额外的保护。在有操作系统的情况下，问题会变得更加复杂一些。这是因为即使中断处理程序本身没有访问这些临界资源，但由于中断处理程序退出前

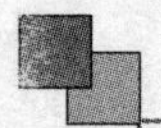

操作系统将进行任务调度，如果操作系统内核选择了新的任务运行，而这个任务访问临界资源的话，同样会造成冲突。这个问题将在6.3节中详细讨论。所有不可重入的函数都不应该在中断中使用。程序员应该仔细地评估ANSI C库函数和OS的系统调用，因为ANSI C并没有强制要求库函数必须是可安全重入的，而不同的RTOS对于系统调用的实现也各不相同。

接下来分两种情况讨论中断处理程序的问题：先是对于没有操作系统的情况下的中断处理程序；对于有操作系统的系统情况会更加复杂一些，后面也将详细讨论其中的一些细节问题。

2. 没有操作系统情况下的中断处理程序

对于没有操作系统的应用，由于不存在多个任务的并发执行，中断处理程序需要考虑的因素比较单纯。中断处理程序不需要通知内核中断的发生，也不需要在中断处理结束前调用内核提供的调度器，另外由于没有多任务的并发运行，因而中断而引起的函数重入问题以及其他关于临界资源的互斥访问保护等问题都不需要考虑。程序员要做的就是：确保中断处理程序尽快完成，以及确保没有在中断处理程序中调用不可重入函数以及其他临界资源。

加快中断处理程序的方法有很多。请看下面这段代码：

```
/* 存放中断的队列 */
typedef struct tagIntQueue
{
  int intType;                              /* 中断类型 */
  struct tagIntQueue *next;
}IntQueue;

IntQueue lpIntQueueHead;

__interrupt ISRexample ()
{
  int intType;
  intType = GetSystemType();
  QueueAddTail(lpIntQueueHead, intType); /* 在队尾加入新的中断 */
}
```

程序中定义了一个中断事件队列IntQueue，该队列通过指针构建一个一维链表，中断处理程序(ISR)需要做的只是简单地通过调用GetSystemType()函数获得中断类型，然后通过QueueAddTail()函数将这个新获得的中断事件添加到中断事件队列中。在处理完这些最基本的工作后，中断处理程序将返回到正常工作模式。这样设计的最大好处就是，中断处理程序所做的工作非常简单，ISR可以以最快的速度完成基本操作然后返回，这大大减少了在ISR中断状态下的时间。

在中断处理程序之外的主循环代码中，系统将构建一个基于while(1)的无限循环，在循环体内通过调用 GetFirstInt()函数从 IntQueue 中获取一个中断事件，并通过 switch 语句分别处理不同的中断事件。如果这时系统中没有新的中断出现，则 GetFirstInt()函数将返回一个空类型，switch 语句在 default 子句中处理这种情况，程序忽略这个空类型进入下一次循环。

```
While(1)                    // 在主循环中检查中断并处理之
{
  If( !IsIntQueueEmpty() )
  {
    intType = GetFirstInt();
    switch(intType)        /* 是不是很像 WIN32 程序的消息解析函数？ */
    {
      /* 对，中断类型解析类似于消息驱动 */
      case xxx:             /* 称其为"中断驱动"吧？ */
        …
        break;
      case xxx:
        …
        break;
      …
    }
  }
}
```

需要提醒读者注意的是，在中断处理程序 ISR 中调用的 QueueAddTail()函数在维护中断事件队列过程中可能需要动态内存分配。如果我们采用标准的 malloc()函数，则有可能会造成 malloc()函数的重入(比如主循环的程序中正调用 malloc()函数，在该函数执行过程中发生了中断，而中断处理程序中又再次调用该函数)，而正如 4.4 节中所介绍的，malloc()函数可能根本就不能安全地在中断处理程序中调用。因此，比较保险的做法是不采用 malloc()函数，而由程序员自己写一套专门针对中断事件队列优化的内存分配与释放机制。

事实上由于中断事件队列中的每个表项所占用的内存空间是固定的，自己编写一套专门针对该队列的动态内存分配与释放函数并不困难，读者可以自己尝试一下。

3. 有操作系统情况下的中断处理程序

在有操作系统作为底层软件平台的系统中中断处理的问题会相对复杂一点。任何一个嵌入式操作系统内核都必须完成 3 项最基本的工作：①任务管理——负责多任务的环境维护、任务调度等；②任务间通信——完成任务间的数据通信、同步与互斥，包括信号量、事件标志、邮箱等；③中断管理将接管系统的所有中断事件，并由内核根据中断事件完成相应的任务切换等工作。

首先与所有的系统一样，操作系统需要构建中断向量表。与 X86 处理器不同的是，ARM 处理器的中断向量表中存放的不是中断发生后需要跳转的地址，而是在中断向量表中存放发生中断后需要执行的第一条指令。因此，一般来说我们在 ARM 的中断向量表中存放的都是跳转指令，这样当中断发生时，CPU 将在相应的位置取到该跳转指令，并将程序的执行流程转向真正的中断处理程序。以下的代码给出了 ASIX OS 的中断向量表。

```
;*************************************************************
;    file name :         boot.s
;    descrition:         boot the arm processor
;    history:            2003-1-7 15:59 lc create
;*************************************************************
     include hardware_gfd.h

     extern  main
     AREA BOOT, CODE, READONLY
          ENTRY                                  ; 标志第一条指令
;中断向量表
     bal        RST_DO                           ;复位向量
     bal        EXTENT_INSTRU                    ;未定义指令异常
     bal        SWI_DO                           ;软中断
     bal        ABORT_PREFETCH_DO                ;指令预取异常
     bal        ABORT_DATA_DO                    ;数据访问异常
     mov        R1,R1                            ;保留中断
     bal        Irq_Do                           ;IRQ 硬件中断
;以下是 FIQ 硬件中断的处理代码
     ……
```

系统通过中断向量表跳转到中断处理程序后，还有一些工作要做。第一，一般来说中断处理程序要将中断的返回地址与当前的程序状态字压栈（注意：这一点对于 X86 处理器和很多 CSIC 处理器而言是由硬件自动完成的，但由于 ARM 处理器是 Load-Store 架构，硬件不会自动将返回地址和程序状态字压栈，因此需要程序员手工将其入栈）。第二，需要说明的是由于硬件在响应中断时会自动将程序状态字中的中断屏蔽位置位，以屏蔽其他中断，因此如果系统需要支持中断嵌套的话，程序员必须显式地打开中断以支持嵌套。第三，在允许中断嵌套且中断处理程序需要调用 C 语言编写的函数时，程序员必须小心地处理由于 C 函数调用而造成的 LR（链接寄存器）被破坏的问题。关于这个问题通常的采用的办法是首先将处理器的模式由 IRQ 切换到 System 模式，在 System 模式下调用 C 函数，待 C 函数返回后再将处理器模式切换回 IRQ 模式。关于这个问题，读者可以参阅任何一本关于 ARM 体系结构的书籍。下面给出的是一段 IRQ 中断处理程序。

```
;****************************************************************
Irq_Do
  SUB  lr, lr, #4          ;lr = lr -4 此时 lr 寄存器中的值就是中断的返回地址
  STMFD  sp!, {lr}         ;返回地址压栈
  MRS  r14, SPSR
  STMFD  sp!, {r12, r14}   ;程序状态字压栈(保存在 r14 寄存器),r12 压栈
  MRS  r14, CPSR           ;切换系统状态到 system 模式,同时打开中断接收嵌套
  BIC  r14, r14, #0x9F
  ORR  r14, r14, #0x1F
  MSR  CPSR_c, r14
  STMFD  sp!, {r0 - r3, lr} ;调用 C 函数前的寄存器压栈
IMPORT  int_vector_handler
  BL  int_vector_handler   ;调用 C 编写的中断处理函数
  LDMFD  sp!, {r0 - r3, lr} ;C 函数返回后的寄存器出栈
  MRS  r12, CPSR           ;切换系统状态回 IRQ 模式,并关闭中断
  BIC  r12, r12, 0x1F
  ORR  r12, r12, 0x92
  MSR  CPSR_c, r12
  LDMFD  sp!, {r12, r14}   ;恢复 r12 和进入中断时的程序状态字(保存在 r14 寄存器)
  MSR  SPSR_csxf, r14      ;将 r14 中的内容复制到 SPSR
LDMFD  sp!, {PC}^          ;返回地址出栈并将 SPSR 的内容恢复到 CPSR,中断返回
```

如果系统响应的是 SWI 软中断,对于 ARM 处理器而言,其关键问题是如何获得软中断号?由于 ARM 处理器的硬件并没有提供软件中断号的传递机制,因此程序员必须在 SWI 处理器程序中通过读取 SWI 指令的方法来获得软中断号。以下的代码给出了一个范例,但由于 SWI 通常用于实现系统调用,因此在下面的代码中并没有允许中断嵌套。

```
T_bit  EQU 0x20
SWI DO
      STMFD  sp!, {r0-r3,r12,lr}    ;返回地址 lr,临时寄存器 r12 和参数寄存器 r0-r3 压栈
      MOV    r1, sp
      MRS    r0, spsr
      STMFD  sp!, {r0}              ;SPSR 压栈
      TST r0, #T_bit                ;检查软陷前是 Thumb 状态还是 ARM 状态
      LDRNEH r0, [lr, # - 2]        ;如果是 Thumb 状态
      BICNE r0, r0, #0xff00         ;获得 SWI 号
      LDREQ r0, [lr, # - 4]         ;如果是 ARM 状态
      BICEQ r0, r0, #0xff000000     ;获得 SWI 号
```

```
    ;r0 中现在存放的是软陷号
    ;r1 中存放了堆栈指针
    BL       C_SWI_Handler          ;调用 C 函数
    LDMFD  sp!, {r1}                ;SPSR 内容出栈到 r1
    MSR    spsr_csxf, r1            ;将 r1 的值复制到 SPSR 寄存器
    LDMFD sp!, {r0 - r3,r12,pc}^    ;所有寄存器出栈,返回地址出栈并恢复 CPSR
```

介绍了中断向量表和中断处理程序的汇编部分,接下来讨论中断处理程序的C语言部分。由于ARM处理器只有一个IRQ信号和FIQ信号,因此对于绝大多数SOC设计而言,通常采用一个专门的中断控制器(INTC)来接收各个不同外设发出的中断请求,由INTC按照事先设定好的优先级选择优先级最高的中断请求送给CPU处理。因此,中断服务程序首先要通过读取中断控制器的相关状态寄存器获知到底是哪个硬件模块产生了这个中断,然后根据产生中断模块的不同,调用不同硬件模块的中断处理程序。为了方便中断处理程序调用不同的硬件模块处理函数,可以首先定义一个各硬件模块的中断处理函数的函数指针数组,代码如下。对于SEP3203和SEP4020处理器而言,其中断源一共有32个,因此定义函数指针数组IntHandler[]一共有32个元素,每一个元素都是对应硬件模块的中断处理函数,如果该中断源没有使用则标示为NULL。


```
void ( * IntHandler[32])(void) = {
  /* 中断号,描述,中断处理函数          */
  /* 00  INT_NULL,          */          ENT_INT_EMPTY       ,
  /* 01  INT_EXT0, (PE0)振铃 1 中断 */  ENT_INT_RING1       ,
  /* 02  INT_EXT1, (PE1) */             NULL                ,
  /* 03  INT_EXT2, (PE2) */             NULL                ,
  /* 04  INT_EXT3, (PE3)振铃 2 中断 */  ENT_INT_RING2       ,
  /* 05  INT_EXT4, (PE4) */             NULL                ,
  /* 06  INT_EXT5, (PE5) */             NULL                ,
  /* 07  INT_EXT6, (PE6)振铃 3 中断 */  ENT_INT_RING3       ,
  /* 08  INT_EXT7, (PE7) */             NULL                ,
  /* 09  INT_EXT8, (PE8) */             NULL                ,
  /* 10  INT_EXT9, (PE9 按键中断 */     ENT_INT_BUTTON      ,
  /* 11  INT_EXT10, (PE10) */           NULL                ,
  /* 12  INT_EXT11, (PE11) */           NULL                ,
  /* 13  INT_EXT12, (PH0) */            NULL                ,
  /* 14  INT_EXT13, (PH1) */            ENT_INT_SSRT        ,
  /* 15  INT_EXT14, (PH2) */            NULL                ,
  /* 16  INT_NONE, */                   NULL                ,
  /* 17  INT_EXT15, (PH3) */            NULL                ,
  /* 18  INT_EXT16, (PH4) */            NULL                ,
```

```
/* 19  INT_EXT17,(PH5) */                  NULL         ,
/* 20  INT_LCDC, */                        NULL         ,
/* 21  INT_AC97, */                        NULL         ,
/* 22  INT_PWM, */                         NULL         ,
/* 23  INT_UART1, */                       NULL         ,
/* 24  INT_UART0, */                       NULL         ,
/* 25  INT_MMC, */                         NULL         ,
/* 26  INT_SPI, */                         NULL         ,
/* 27  INT_USB,USB中断 */                   ENT_INT_USB  ,
/* 28  INT_GPT,定时器中断 */                 ENT_INT_GPT  ,
/* 29  INT_EMI,EMI中断 */                   ENT_INT_EMI  ,
/* 30  INT_DMA,DMA中断 */                   ENT_INT_DMA  ,
/* 31  INT_RTC,RTC中断 */                   ENT_INT_RTC  };
```

正如我们在 Irq_Do 汇编代码中看到的，这段汇编代码最终调用了 C 函数 int_vector_handler()，这个函数通过读取中断控制器(INTC)中的状态寄存器，通过移位操作获得产生该中断的硬件模块，并根据函数指针数组 IntHandler[]中的定义调用相关的硬件模块处理函数。下面的代码给出了函数 int_vector_handler()的实现。


```
void int_vector_handler(void)
{ int i;
unsigned long IFSTAT = *(RP)(INTC_IFSTAT);
  if(IFSTAT<1)IFSTAT = *(RP)(INTC_ISTAT) & (~ *(RP)(INTC_IMSK)) & *(RP)(INTC_IEN);
  if(IFSTAT>1)
  {
    i = -1;
    while( IFSTAT )
    {
        IFSTAT >>= 1;
        i++;
    }
  } else i = 0;
  if(IntHandler[i])
      (*IntHandler[i])();       /*调用相关硬件模块的处理函数*/
  else
  {                              /*PANIC! 该中断源没有相关的处理函数! */
        ent_int();
      printf("No interrupt entry for INT NO. %d\n",i);
        ret_int();
  }
}
```

如果在我们的例子中产生中断的硬件模块是 RTC(实时钟),那么 int_vector_handler()函数最终会通过函数指针数组 IntHandler[]调用 RTC 的处理函数 ENT_INT_RTC()。在下面的代码中我们看到该函数调用了用户真正的中断服务程序 rtc_isr(),但是在它之前调用了函数 ent_int(),而在它之后则调用了函数 ret_int()。这两个函数(ent_int 与 ret_int)是由操作系统内核提供的,其中 ent_int 的作用是向内核注册有一个硬件中断发生,ent_int 将一个标识中断嵌套深度的全局变量 g_ubIntNestCnt 加 1,并将内核的状态 g_ubSysStat 进行或操作表示处于中断处理程序中的标识 TSS_INDP。

```
void ENT_INT_RTC( void )      //int_vector_handler()函数调用
{
    ent_int();                //告诉内核,中断发生了
    rtc_isr();                //用户真正的中断服务程序
    ret_int();                //要返回了,或者要切换任务了
}
```


ret_int()函数的情况比较复杂,该函数首先将当前任务的上下文压入堆栈,然后判断是否处于中断嵌套中,如果有中断嵌套则直接返回到上一级中断处理程序中;否则,将当前任务的状态位进行处理后将调用调度器 schedule(),由调度器选择下一个可运行的任务,并通过中断返回的形式回到该任务中,完成任务的切换。下面的代码给出了 ent_int 和 ret_int 的实现。

```
int ent_int(void)
{
    g_ubIntNestCnt ++ ;                          //中断嵌套 ++
    g_ubSysStat |= TSS_INDP;                     // 系统状态或上中断位
}

void ret_int( void )
{
    ENTER_CRITICAL_SECTION; /* 进入临界区 */

    /* 将当前任务的上下文压栈 */
    PUSH_ALL_COMM_REG;

    /* 如果处于中断嵌套中,则返回至上一级中断 */
    if ( --g_ubIntNestCnt )
    {
        /* 中断返回 */
        POP_ALL_COMM_REG;
        RETI;
```

```
    }
    g_ubSysStat &= ~TSS_INDP;                    /* 清楚系统状态中的中断位 */
    if ( g_ubSysStat & (TSS_LOC|TSS_DDSP) )     /* 如果内核锁定或内核关闭调度 */
        goto not_dispatch;                       /* 则不参与调度直接返回 */
    /* 如果延时调度则直接返回 */
    if ( !(g_blDelay & 0x01) )
        goto not_dispatch;
    /* 清除延时调度标识 */
    g_blDelay &= 0x0;
    /* 保存当前任务堆栈指针 : g_pCurTsk->uwSP = sp */
    SAVE_CURTSK_SP;
    /* 显示本任务为中断 */
    g_pCurTsk->ubIntinfo |= 0x01;
    /* 将当前任务状态置为就绪态,准备参与调度 */
    g_pCurTsk->ubStatus |= TTS_RDY;
    schedule(); /* 调用调度器 */
not_dispatch:
    POP_ALL_COMM_REG;
    RETI;
}
```

有细心的读者可能会问:既然 ent_int() 和 ret_int()这两个内核提供的函数需要在调用用户编写的中断处理程序前后被调用,那么为什么不直接将这两个函数写在 int_vector_handler()函数调用用户程序的前后呢?比如将前面的代码改为:

```
……
if(IntHandler[i]) {
    ent_int();
    (*IntHandler[i])();       /* 调用相关硬件模块的处理函数 */
    ret_int();
}
……
```

当然这样编写也是完全正确的,却损失了系统的灵活性,也就是如果按照上面这样的改法,所有的中断处理程序都将被内核接管。但是在嵌入式系统中,有时往往需要绕开内核编写中断处理程序,这样可以使中断处理程序更快。在这种情况下,程序员绝不能在中断处理程序中使用或调用任何内核提供的函数或变量。图 6-7 给出了 ASIX OS 中断处理的简单流程。

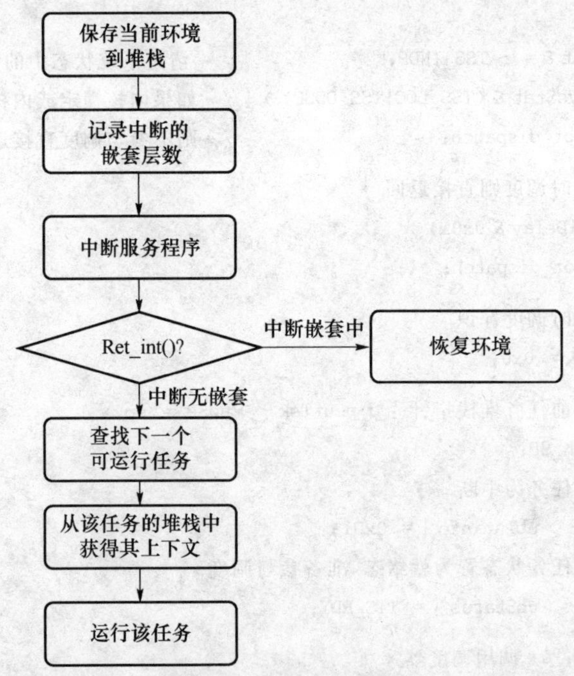

图 6-7　ASIX OS 中中断处理程序的流程

6.3　函数的可重入问题

函数的重入问题本质上是由对函数的并发访问引起的。在一个存在中断或者是多任务的系统中往往都存在函数的重入问题。在这一节中，我们将讨论什么是函数的重入？重入的原因是什么？什么样的函数是可以安全重入的？对于不能安全重入的函数如何对它们进行保护？

6.3.1　什么是函数的重入

一共有 3 种情况会引起函数的重入，下面将分别介绍。

由于中断的异步属性，因此中断可能会打断正在被执行的某个函数 A 而将程序的控制权交给相应的中断服务程序(ISR)，这时会有两种可能性出现：

① 中断服务程序中又重新调用了刚才被中断的函数 A。

② 在一个抢占式多任务的 RTOS 内核中，中断服务程序激活了一个更高优先级的任务，并且在中断返回时由 RTOS 内核的调度器将控制权交给了这个高优先级任务，这个任务接着又重新调用了刚才被中断的函数 A。

不管是上面的哪种情况，对于函数 A 而言，都出现了在第一次调用未完成的情况下，由于中断或者是任务切换造成了程序流第二次进入函数 A(如图 6-8 所示)，这时称函数 A 被重入(Re_entry)。

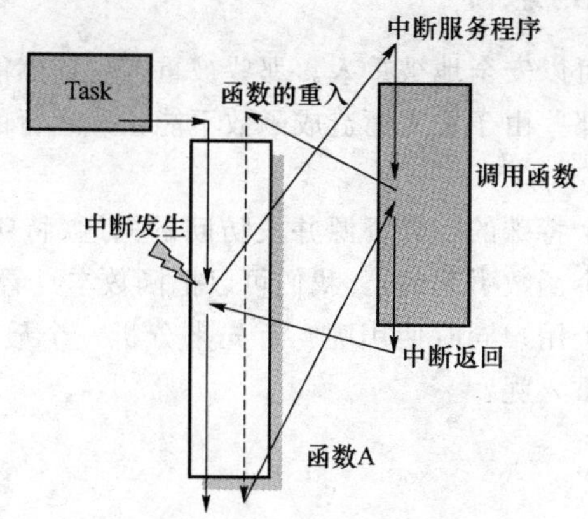

(a) 由于中断程序而引起的函数重入

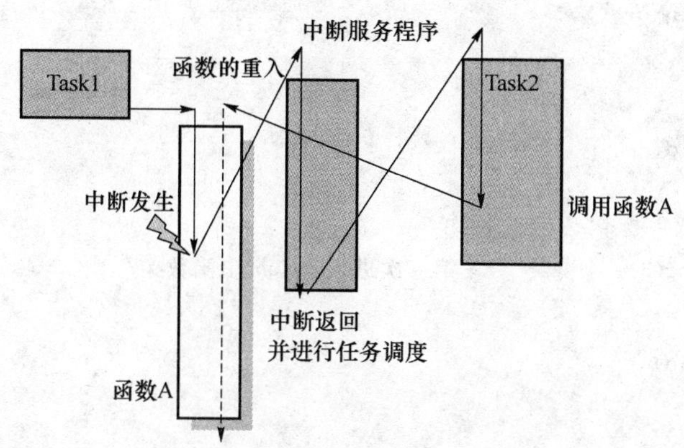

(b) 由于在另一个任务中调用函数而引起的重入

图 6-8　函数重入的两个主要原因

除了由于中断这种异步事件引起的函数重入,第三种可能会造成函数的重入的情况,就是前面介绍过的递归调用。不管是直接递归还是间接递归都会造成函数自己调用自己的情况,这时也就同样产生了函数的重入,如图 6-9 所示。由递归而引起的重入相对而言要简单一些,这是因为程序员非常清楚在什么时候会发生递归调用(也就是发生函数重入),所以他可以自己判断重入的安全性问题,并加以保护。我们在下面的讨论中将不再讨论递归而引发的重入问题。

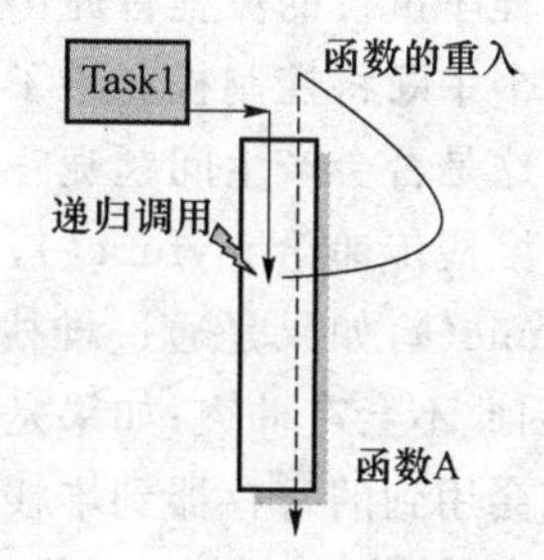

图 6-9　由于递归调用而引起的重入

6.3.2　函数可重入的条件

并不是所有的函数都可以安全地被重入。那些被重入后依然能够正确执行的函数称为可重入函数；反之，那些由于重入而造成函数不能正确运行的函数称为不可重入函数。

其实函数的重入是一个特殊的临界资源并发访问的问题(特殊性表现在对临界资源的并发访问是由同一个函数引起的)。我们可以把函数本身看作是一个资源，那么这个资源是否可以被多个用户同时使用呢？首先来分析一个最简单的情况：下面的这个函数是否可以安全重入呢？

```
int myfunc(int a)
{
    int b;
    b = a * a;
    return b;
}
void task1(void)
{
    int c;
    c = myfunc(3);          /*第一次进入 myfunc()函数*/
}
void task2(void)
{
    int d;
    d = myfunc(5);          /*第二次重新进入 myfunc()函数*/
}
```

如果程序执行的流程首先由 task1()开始，在第一次进入函数 myfunc()后，系统产生了一个中断将控制权交给了 task2()，task2()将重新进入函数 myfunc()，我们分析一下这是否会产生问题呢？首先是入口参数，task1()将入口参数整数 3 通过寄存器或者堆栈传递给 myfunc()，task2()也是通过堆栈或者寄存器将参数整数 5 传递给 myfunc()，如果是通过堆栈传参，则每个函数调用都会由编译器构建自己的调用栈帧，因此不会有冲突；如果是通过寄存器传参，编译器和中断处理程序必须注意保存可能会用到的寄存器到堆栈中，因此也不会有问题。现在再来看函数内部的代码和局部变量：代码本身并不是临界资源可以随时中断(否则中断程序就不可能实现了，多任务更是不可能了)；局部变量是分别保存在每次调用的栈帧中的，虽然都以变量名“b”表示，但实际上第一次调用进入的变量 b 和第二次调用进入的变量 b 是两个独立存放在各自栈帧的不同数据，因此局部变量在重入的时候不会引起冲突。

下面来看另外一个例子：

```
int array[100];

void myfunc(int * ptr)
{
    int i, * p = ptr;
    for (i = 0; i < 100; i++ )
        array[i] = * p++;
    return;
}
```

在这个函数中，程序访问了一个全局数组 array[]，并对这个全局数组进行了赋值。现在考虑一下这个函数的重入问题，如果第一次进入这个函数时在对 array[]的赋值循环进行了 50 次时系统产生了中断，并在中断服务程序中重新调用了 myfunc()函数，第二次进入该函数后重新开始对 array[]数组进行赋值，这样就会造成把第一次写了一半的数据冲掉，等程序从中断返回时 array[]数组内已被填满了由中断处理器程序写的数据，接着原来被中断的第一次进入的函数会从第 51 个元素接着写数据。最后造成的结果就是 array[]数组中前一半的数据是中断程序写的，后一半的数据是从中断返回后填写的。显然，这样的代码执行逻辑是错误的，因此这个函数是不可重入的。

造成这个代码不可重入的根本原因可以理解为全局数据本身是一个临界资源，而临界资源是不能够被多个用户共享的。我们还可以从这个结论进一步推断，事实上任何未采取互斥保护而使用临界资源的函数都不可能安全地重入。这里的临界资源可以是多种形式的，包括上面介绍的全局变量或者全局数据结构、外设(比如串口、打印机等)，甚至也包括其他的不可重入函数(同样可以将一个不可重入函数看作是一个临界资源)。

需要提醒读者注意的是：在编写自己程序的过程中如果需要调用操作系统提供的 API 或者是其他软件中间件的库函数，甚至包括随编译器附带的 ANSI C 运行库和浮点库中的函数时，需要清楚这些函数哪些是可以安全重入的，而哪些不可以。标准 C 并没有要求库函数必须是可重入的；在很多 RTOS 提供的 API 函数中有很多也是不能被安全重入的，RTOS 的用户手册一般都会提醒程序员不要在中断处理程序中调用这些函数。

6.3.3 不可重入函数的互斥保护

如何将不可重入的函数变成可重入的函数呢？正如前面分析的，函数不可重入是因为函数中使用了临界资源，另外函数不可安全重入的部分其实只是在访问临界区的部分，其他没有访问临界资源的代码是可以安全重入的。因此，这个问题就变成了如何能够让程序安全地并发访问临界资源的问题。学习过操作系统的读者应该知道这是一个对临界资源进行互斥访问的问题。

通过上面的分析我们知道函数的重入有3个原因，其中递归造成的函数重入相对简单，因为递归是由程序本身主动发起的，因此程序可以在递归前进行适当的保护；但是由于中断发生的随机性，程序员不清楚函数什么时候会被重入，因此在处理由于中断或者任务切换而引起的重入问题时必须尽可能地小心。与临界资源打交道时，使之满足互斥条件最一般的方法有：

① 关中断。既然对临界资源的并发访问是由中断引起的(不管是在中断服务程序中的访问还是在切换后的新任务中访问，本质的原因就是由于中断的发生)，那么在访问临界资源前关闭中断，在完成访问后再重新使能中断就能够避免临界资源的并发访问从而实现互斥。关中断的方法虽然可以在根本上解决临界资源的并发访问问题，但是由于中断发生的随机性，在关中断期间系统可能会丢失一些中断请求，因此程序员最好尽量避免直接使用关中断的方法，如果必须采用也应该保证关中断的时间尽可能地短。

② 禁止做任务切换。一般嵌入式操作系统的任务切换发生在两个地方：一是系统调用结束前，该系统调用会调用OS的调度器；二是在中断返回前，一般OS将接管整个系统的中断，因此在用户的中断程序结束后会将控制权交给OS内核提供的一个中断返回函数，这个函数将调用OS的调度器。不管是哪种情况，调度器(其实调度器也是一段OS内部的程序)将重新选择合适的任务运行(通常是处于就绪态且优先级最高的那个任务)。如果函数的重入是由于另外一个任务抢占了原来任务的执行而引起的，那么在访问临界资源前关闭操作系统的任务调度，完成访问后再打开操作系统的任务调度就可以避免临界区的重入。注意：关闭任务调度并没有关中断，系统的中断可以继续得到处理，不同的是在中断结束调用调度器时将直接返回而不会发生任务切换。所以采用关闭任务调度的方法虽然可以解决由于任务切换而引起的临界资源访问冲突的问题，但如果在中断处理程序中访问这个临界资源依然会引起冲突，因此在采用关调度的方法时，程序员必须保证在中断处理程序中不会调用这个函数。比如，我们在前面介绍了动态内存分配函数malloc()的实现，其中在访问临界资源时采用了关闭调度器的方法，这使得我们可以安全地在各个不同任务中调用这个函数，但程序员必须保证不在中断服务程序中调用malloc()函数。

```
……
/* 注意：在这里进入临界区，我们将调用 OS 提供的 API 关闭任务调度 */
vDisableDispatch();
……
……
/* 注意：出临界区，重新打开内核的调度 */
vEnableDispatch();
```

③ 利用信号量。对于临界资源实现互斥访问的最好方法就是采用操作系统提供的信号量原语。信号量的实现取决于具体的操作系统和硬件平台。在有些系统

中,由于硬件提供了能够在一条指令中完成存储器中两个数据的交换操作,那么操作系统在实现信号量时就可以采用不关中断的方法。如果硬件系统没有提供这样的指令,那么在实现信号量时,操作系统可能需要短暂地关闭中断。不管是哪种情况,信号量可以在最小代价的前提下实现对临界资源的互斥访问。

事实上,上面介绍的3种方法本质上并没有将不可安全重入的函数改造成为可重入,但是这些方法确实可以将原来存在重入风险的函数改造成为没有重入风险的函数。这些方法可以确保在访问临界代码区的时候实现每次只能有一个执行流进入,从而规避了这段代码的重入。

6.3.4　重入函数的伪问题

前面讨论了函数的重入问题,在这一小节将讨论关于函数重入的伪问题(Pseudo Problem)。很多刚刚开始编程的程序员在一开始可能从来就没有意识到函数的重入问题,他们缺乏函数重入的概念。而当他们知道了重入的问题后又往往变得草木皆兵,动则关中断、加保护,而这些互斥保护也许是根本不需要的。虽然有些函数不能安全重入,但是也许这个函数根本就没有重入的可能性,那么对于这个函数的重入保护就是多余的,这就是所谓重入的伪问题。如果这个函数根本就不可能重入,那么讨论它的重入问题就没有意义。

那么,在什么情况下函数根本就不存在重入问题呢?其实我们只需要对照造成重入的原因就可以得出结论:

① 这个函数是一个非递归函数;

② 这个函数不会被中断服务程序调用;

③ 这个函数只会在一个任务中被调用,其他任务中不会调用这个函数。

如果函数同时满足上面的3个条件,那么这个函数一定不会被重入,因此对于这个函数就不需要作相应的保护。其实这个问题还是有特例的,如果函数满足了上述的3个条件,虽然函数本身不会有重入的问题,但如果这个函数访问了临界资源,而其他的函数又可能对这个临界资源进行并发访问,这时出于对临界资源的保护,还是需要增加额外的保护机制的。

关于函数重入的伪问题,我可以举一个在实际项目中碰到的实例。在最近的一个嵌入式网络设备的项目中,发现以太网控制器的硬件FIFO总是发生溢出中断。初步判断硬件FIFO的溢出有两种可能:①网络上的数据包非常多,超出了CPU的处理能力造成硬件FIFO中的数据没有及时地被取走,从而造成了后续到达的新数据包没有足够的FIFO缓冲区存放而产生接收溢出;②操作系统响应硬件中断的效率太低,没有能够及时地取走数据。通过分析我们排除了网络数据太多的可能性,那么问题出在系统响应中断的速度上,通过进一步的排查,我们在应用层软件中发现了这样一段代码:

……

```
Disable_IRQ();          /*关中断*/
DoSomthing……;
Sleep(1000);            /*挂起任务1 000 ms*/
DoSomthing else……;
Sleep(1000);            /*挂起任务1 000 ms*/
Enable_IRQ();           /*开中断*/
……
```

看到这段代码我立刻意识到问题的所在了,在关中断和开中断两个源语之间还调用了两次分别挂起任务1 000 ms的系统调用,这就意味着系统在执行到这段代码的时侯至少需要关闭中断2 s时间(2×1 000 ms)。要知道我们所连接的是10 Mbps的以太网,理论上来说在网络最繁忙的时侯这个网络每秒钟都可能会往以太网控制器的接收FIFO中写入超过1 Mb的数据(10 Mb/8),而控制器中的硬件FIFO最大也只有几十个字节,在关中断期间这些数据立刻就将FIFO塞满了。因此,在2 s后打开中断,控制器就会立刻产生FIFO溢出的中断。问题的根源找到了,接下来我与编写这段代码的程序员沟通,问他为什么要在进入这段代码前关中断?他告诉我说怕这段代码会有重入问题,希望通过关中断来实现保护。进一步交流之后我发现这个函数其实根本就没有重入的问题,因为这是一个应用任务的函数,这个函数只会在这个任务中被调用,中断服务程序也不可能调用这个函数,另外这个函数本身也没有使用到其他的临界资源。我建议程序员直接将关中断和开中断的语句删除,然后重新测试——一切都恢复正常了!

6.4 设备驱动案例——键盘驱动

6.4.1 5×5键盘的硬件原理

Linux设备驱动分为3类,即字符型设备驱动、块设备驱动、网络设备驱动。而在这些驱动类型中,字符型设备驱动较为基础,不像块设备驱动和网络设备驱动那样经过了很多层内核的封装,因此字符型设备能够更加直接地理解驱动的结构以及设备驱动中非常重要的中断、定时器、缓冲区等概念。而在嵌入式系统,键盘驱动是比较能体现字符型设备驱动的特性而且其本身的硬件原理也比较简单。因此,在这里选择5×5键盘驱动来作为实例。

5×5键盘的基本原理是将键盘的5根行线接到处理器的普通gpio口线上,将5根列线接到处理器的外部中断口线上。如果有键按下,则相应的列线将会拉低从而产生相应的中断,确定列线,并通过行扫描来确定行线(这种列中断行扫描的方式比较消耗硬件资源,这里仅从原理清晰从发来选择,读者在实际开发时也可以使用其他方式。)

所有按键、触摸屏等机械设备都存在一个固有的问题，这就是"抖动"，在编写这些硬件设备的驱动时一定要考虑抖动的影响，否则将可能导致键盘的过度灵敏——一次按键有多次响应。一般消除按键抖动的方法是：在判断是否有键按下时先进行软件延时，然后再判断此时按键状态，如果仍处于按下状态时，则可以判断该按键被按下。

本驱动所使用硬件平台为基于 SEP4020 微处理的的 UB4020MBT1.1 开发板，其原理图见图 6－10。关于开发板的详细介绍可参考附录 D。

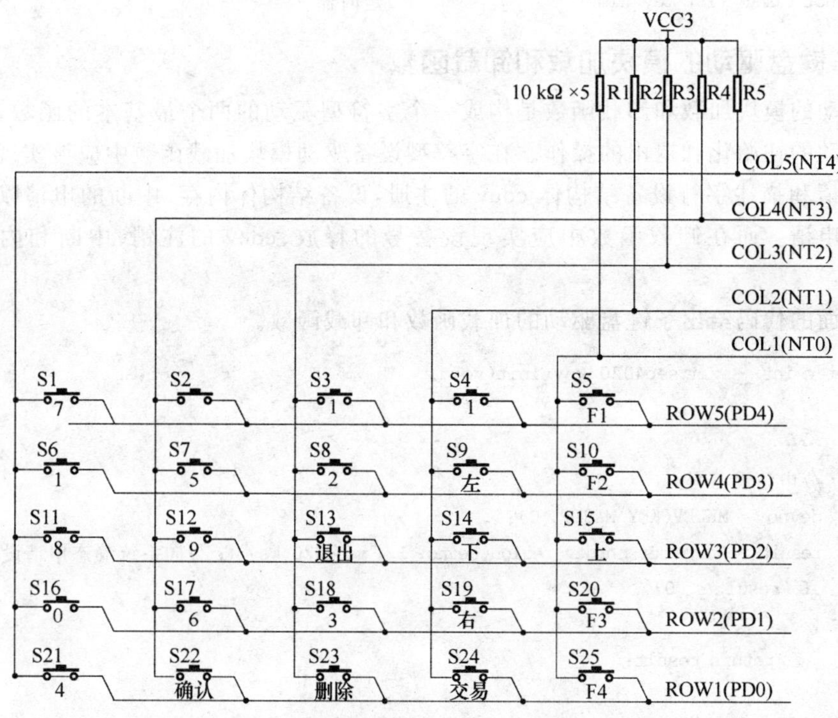

图 6－10 UB4020MBT1.1 开发板的键盘原理图

6.4.2 键盘设备驱动实例

1. 键盘驱动的数据结构

设备驱动中主要涉及的数据结构是设备结构体。按键的设备结构体应包含一个按键缓冲区，因为多次按键可能无法被及时处理，可以用该缓冲区缓存按键；用于缓冲区的读/写标志(关于环形缓冲区的详细介绍请参考 6.1.2 小节)，还应该包括系统描述字符设备结构体 cdev 以及用于同步的信号量。当然为了实现消抖，软件延时、定时器也是必须的。

```
struct keydev
```

```
{
    unsigned int keystatus;                      //用于确定按键的变量
    unsigned int buf[MAX_KEY_BUF];               //按键缓冲区
    unsigned int write,read;                     //按键缓冲区头和尾
    struct semaphore sem;                        //sem 信号量用于同步
    struct cdev cdev;                            //cdev 结构体
};
struct keydev * key_dev;                         //键盘结构体
struct timer_list key_timer;                     //定时器
```

2. 键盘驱动的模块加载和卸载函数

驱动的模块加载和卸载函数是构成一个字符型驱动的两个最基本的函数，主要实现驱动的初始化和退出的操作。在字符型设备驱动模块加载函数中应该实现设备号的申请和描述字符设备结构体 cdev 的注册，设备结构体内存、中断的申请以及定时器的申请。而在卸载函数中应实现设备号的释放、cdev 的注销、中断和内存的释放。

下面的代码给出了键盘驱动的加载函数和卸载函数。

```
static int __init sep4020_key_init(void)
{
    ……
    //申请设备号
    devno = MKDEV(KEY_MAJOR, 0);
    result = register_chrdev_region(devno, 1, "sep4020_key"); //向系统静态申请设备号
    if (result < 0)
    {
        return result;
    }
    key_dev = kmalloc(sizeof(struct keydev), GFP_KERNEL);
    if (key_dev == NULL)
    {
        result = -ENOMEM;
        unregister_chrdev_region(devno, 1);
        return result;
    }
    memset(key_dev,0,sizeof(struct keydev));                     //初始化
    if(sep4020_request_irqs())                                   //注册中断函数
    {
        unregister_chrdev_region(devno,1);
        kfree(key_dev);
        printk("request key irq failed! \n");
```

```
        return -1;
    }
    //注册系统 cdev 结构体
    cdev_init(&key_dev->cdev, &sep4020_key_fops);
    key_dev->cdev.owner = THIS_MODULE;
    key_dev->keystatus = KEY_UP;
    setup_timer(&key_timer,key_timer_handler,0);            //初始化定时器
    //初始化信号量
    init_MUTEX_LOCKED(&key_dev->sem);
    //向系统注册该字符设备
    err = cdev_add(&key_dev->cdev, devno, 1);
    ……
}
static void __exit sep4020_key_exit(void)
{
    //释放申请的中断
    sep4020_free_irqs();
    cdev_del(&key_dev->cdev);                                //删除 cdev
    kfree(key_dev);                                          //释放内存
    unregister_chrdev_region(MKDEV(KEY_MAJOR, 0), 1);        //释放设备号
}
```

3. 键盘驱动的打开、释放函数

键盘驱动的打开和释放函数比较简单，主要是配置 gpio 口线及清除缓冲区。下面的代码给出了键盘驱动的打开函数和释放函数。

```
static int sep4020_key_open(struct inode * inode, struct file * filp)
{
    //关闭键盘中断
    maskkey();
    *(volatile unsigned long *)GPIO_PORTD_SEL_V |= 0x1F ;          //通用用途
    *(volatile unsigned long *)GPIO_PORTD_DIR_V &= (~0x1F);        //输出
    *(volatile unsigned long *)GPIO_PORTD_DATA_V &= (~0x1F);

    *(volatile unsigned long *)GPIO_PORTA_SEL_V |= 0x001F ;        //通用用途
    *(volatile unsigned long *)GPIO_PORTA_DIR_V |= 0x001F ;        //输入
    *(volatile unsigned long *)GPIO_PORTA_INTRCTL_V |= 0x03ff;     //低电平触发
    *(volatile unsigned long *)GPIO_PORTA_INCTL_V |= 0x001F;       //外部中断源输入

    *(volatile unsigned long *)GPIO_PORTA_INTRCLR_V |= 0x001F;
    *(volatile unsigned long *)GPIO_PORTA_INTRCLR_V = 0x0000;      //清除中断
    //开启键盘中断
    unmaskkey();
```

```
    key_dev->write = key_dev->read= 0;                    //清空按键动作缓冲区
    return 0;
}

static int sep4020_key_release(struct inode * inode, struct file * filp)
{
    return 0;
}
```

4. 键盘驱动的中断、定时器处理函数

正如之前所提到的，Linux将中断处理程序分解为顶半部和底半部。顶半部完成尽可能少的比较紧急的功能，它往往只是简单地读取寄存器中的中断状态并清除中断标志后就进行“登记中断”的工作。登记中断意味着将底半部的处理函数挂到设备的底半部执行队列中。这样顶半部执行的速度就会很快，可以服务更多的中断请求。

尽管顶半部、底半部的结合能够改善系统的响应能力，但是僵化地认为Linux设备驱动中的中断处理一定要分为两个半部是不对的。如果中断要处理的工作本身就很少，则完全可以直接在顶半部实现。

在这里，由于键盘的中断中需要实现判断是否为抖动，通过行扫描获取键值等一系列操作，中断中需要完成的工作很多，而之前所谈到的编写中断处理函数时一个重要的原则就是快速。因此，在设计中断处理函数时应尽可能简短，采用定时器实现顶半部和底半部的功能。在键盘的中断处理函数中只实现了关键盘中断、清中断标志、启动定时器的操作，加快了系统的响应，将耗时的操作(如对键值的计算和获得)放在定时器的处理函数中实现。

```
static irqreturn_t sep4020_key_irqhandler(int irq, void * dev_id, struct pt_regs * reg)
{
    //关闭键盘中断
    maskkey();
    * (volatile unsigned long * )GPIO_PORTA_INTRCLR_V |= 0x001F;
    * (volatile unsigned long * )GPIO_PORTA_INTRCLR_V = 0x0000;   //清除中断
    //启动一个定时器,作为判断这次按键是否为抖动
    key_timer.expires = jiffies + KEY_TIMER_DELAY_JUDGE;
    add_timer(&key_timer);                                  //启动定时器
    //在 timer_handler 中打开中断
    return IRQ_HANDLED;
}
```

这里的定时器是软件定时器，但软件意义上的定时器最终也是依赖硬件定时器实现的，而就实现机制而言定时器本身也是依赖一种顶半部、底半部的机制。内核在时钟中断发生之后检测各定时器是否到期，到期后的定时器处理函数作为软中断在

底半部执行。

在定时器的处理函数中，首先查询按键是否被按下，如果被按下则认为这次按键不是抖动（经过了一段延时键仍被按下），并将按键值记录进缓冲区，释放同步信号量，同时启动一个新的定时器延时，延时一个相对消抖更长的时间。每次定时器到期之后，查询按键是否被按下，如果是则重新启动新的定时器延时；若查询到没有按下，则认为键已抬起，这时候应该开启按键中断，等待新的按键。

```
static void key_timer_handler(unsigned long arg)
{
    int irq_value = 0;
    int key_value = 0;
    irq_value = *(volatile unsigned long *)GPIO_PORTA_DATA_V; //读取中断口数值
    if ((irq_value&0x1f) != 0x1f) //如果有低电平，表示键盘仍然有键被按下
    {
        if (key_dev->keystatus == KEY_UNSURE)//判断是第一次延时，还是多次延时
        {
            key_dev->keystatus = KEY_DOWN;    //确定按键状态
            key_value = keyevent(); //通过 keyevent 函数读取键值，若有多个按键会返
                                    回 -1
            if (key_value > 0)                       //认为是有效按键
{
            key_dev->buf[key_dev->write] = key_map[key_value];
            if (++(key_dev->write) == MAX_KEY_BUF)//按键缓冲区循环存取
            {
                key_dev->write = 0;
            }
}
            up(&key_dev->sem);        //释放同步信号量，唤醒读函数
                                      //检测是否持续按键
            key_timer.expires = jiffies + KEY_TIMER_DELAY_LONGTOUCH;
            add_timer(&key_timer);
        }
        else                          //一定是键按下
        {
            key_timer.expires = jiffies + KEY_TIMER_DELAY_LONGTOUCH; //继续延迟
            add_timer(&key_timer);
        }
    }
    else                              //键已抬起
    {
        key_dev->keystatus = KEY_UP;
        //打开键盘中断
        unmaskkey();
```

```
    }
}
```

5. 键盘驱动的读函数设计

显而易见，键盘驱动只有读函数，没有写函数。读函数的功能主要是将缓冲区中的数据复制到用户空间，当(key_dev－>write) !＝ (key_dev－>read)时意味着缓冲区中有数据，否则根据用户的读取方式是阻塞还是非阻塞，分别做相应的操作。

```
static ssize_t sep4020_key_read(struct file * filp, char __user * buff, size_t size, loff_t
* ppos)
{
    int total_num = 0;
    unsigned long err;
    int i;
    char buffer[17] = {0};
    retry:
    if ((key_dev->write) != (key_dev->read))        //当前缓冲队列中有数据
      {
          //获取缓冲区中键值的总数
          if ((key_dev->write) > (key_dev->read))
          {
              total_num = (key_dev->write) - (key_dev->read);
          }
          else
          {
              total_num = (16 - key_dev->read) + key_dev->write;
          }
          //如果用户空间需要得到的数据超过了缓冲区中的总数,则仅把缓冲区中的
          //所有数据返回给用户空间
          if (size > total_num)
          {
              size = total_num;
          }
          buffer[0] = size;
          for (i=1; i<(size+1); i++)
          {
              buffer[i] = key_dev->buf[key_dev->read];
              if (++(key_dev->read) == MAX_KEY_BUF)
              {
                  key_dev->read = 0;
              }
          }
          err = copy_to_user(buff, (char *)buffer, size+1);
```

```
            return err ? -EFAULT : 0;
        }
        else                                              //当前缓冲队列中没有数据
        {
            if(filp->f_flags & O_NONBLOCK)    //假如用户采用的是非堵塞方式读取
            return -EAGAIN;
            //用户采用阻塞方式读取,调用该函数使进程睡眠
            down_interruptible(&key_dev->sem);
            goto retry;
        }
    }
```

6. 键盘驱动的 file_operations 结构体

file_operations 结构体中成员函数是字符型设备驱动与内核的接口,是用户空间对 Linux 进行系统调用的最终的落实者。还记得 4.1.2 小节中的函数指针吗?这里就充分利用了函数指针所带来的多态特性实现了对具体硬件的函数操作。而刚才实现的 read()、open()、close()函数又都是通过函数指针的回调功能实现。

```
static struct file_operations sep4020_key_fops =
{
    .owner = THIS_MODULE,
    .read = sep4020_key_read,
    .open = sep4020_key_open,
    .release = sep4020_key_release,
};
```

以上是一个 5×5 键盘在 Linux 中的实现。图 6-11 为设备驱动的结构与具体设备硬件、用户空间访问该设备的应用程序之间的关系。

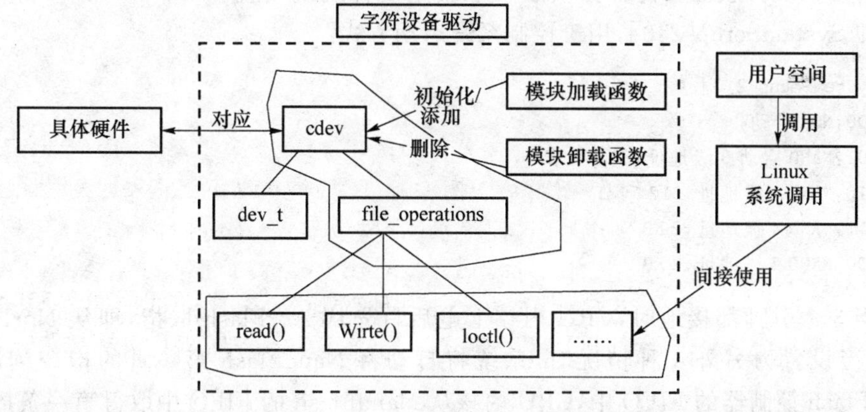

图 6-11　Linux 中字符设备驱动的结构

6.5 启动代码——UBOOT分析

与PC的BIOS类似，嵌入式系统在上电时会运行一小段程序。一般来说，这段程序主要完成硬件初始化、代码搬运及必要的软件运行环境初始化，被称为“BootLoader”。这段程序与硬件（特别是CPU的体系结构）密切相关。至少到现在为止，人们还不可能在嵌入式世界里建立一个通用的Boot Loader。本小节将以SEP4020处理器和UBOOT为例，对BootLoader作简要的分析。这里所使用硬件平台为基于SEP4020微处理的的UB4020MBT1.1开发板。

6.5.1 系统启动与BootLoader

首先来分析在按下电源开关的瞬间系统发生了哪些变化，也就是说系统将如何得到第一条指令？有了第一条指令，下面的系统控制权就交给程序员了——有了强大的C和汇编，还有什么做不了呢？对于ARM处理器而言，上电后做的第一件事情就是到系统的“零地址”（也就是复位向量所在的地址）去取指并执行得到的这条指令。因此，系统启动的过程也就是到零地址取指并执行的过程。但对于一个硬件系统而言，一般会有若干有效的Memory空间，哪一个物理Memory处于零地址，系统就会选择从哪一个Memory启动。

1. 系统零地址与启动方式选择

系统在上电或复位时通常都从地址0x00000000处开始执行，而在这个地址处安排的通常就是系统的Boot Loader程序。

系统的零地址在什么地方？这个问题与处理器有着非常密切的关系。以SEP4020嵌入式微处理器为例，SEP4020嵌入式微处理器支持NorFlash、NandFlash两种启动介质。系统从何种介质启动取决于硬件跳线设置。SEP4020有3个硬件引脚即SystemSetup[2:0]，用于控制系统启动方式：

```
SystemSetup[2:0]
000:NOR启动
001:NAND启动3级地址,512字节
010:NAND 4级地址,512字节
011:NAND 4级地址,2 KB
100:NAND 5级地址,2 KB
```

当3个引脚都接地时，CPU内核上电后首先从NorFlash取指，即从NorFlash启动；当设置为另外4种情况时，系统将自动将NandFlash第一页的指令读取到NandFlash控制器的FIFO中，CPU内核从NandFlash的FIFO中取得第一条指令，即从NandFlash启动。由于NandFlash启动机制较为复杂，下面将以NorFlash启动为例分析BootLoader的实现方法。

2. BootLoader 的作用与实现

BootLoader 实现了系统的启动控制，最简单的 BootLoader 可以只使用一条 B 指令即跳转指令实现。但在实际的应用中，BootLoader 至少要完成系统初始化和代码搬运的功能。较为完善的 BootLoader 除了系统初始化和代码搬运，还会提供一套系统更新机制来完成系统的更新，甚至会提供一个命令集来实现与用户的交互。

首先我们来看一个简单 BootLoader 的实例，在这个 BootLoader 中实现了系统初始化和代码搬运。由于功能比较简单，为了最大限度地提高效率，我们使用汇编语言来实现它。整个工程仅由一个汇编文件 boot.s 实现，首先在文件的开头添加版本说明，并对需要使用的寄存器进行宏定义。本节中使用到的寄存器定义，请参照 SEP4020 用户手册。

```
;******************************************************************************
;* filename:       boot.s
;* author:         trio
;* create date:    2008-6-17 9:25
;* description:    16 bit NOR FLASH 启动引导程序
;* modify history:
;* misc:
;******************************************************************************
PMU_PLTR         EQU          0x10001000          ; PLL 的稳定过渡时间
PMU_PMCR         EQU          0x10001004          ; 系统主时钟 PLL 的控制寄存器
PMU_PCSR         EQU          0x1000100C          ; 内部模块时钟源供给的控制寄存器
PMU_PMDR         EQU          0x10001014          ; 芯片工作模式寄存器

EMI_CSECONF      EQU          0x11000010          ; CSE 参数配置寄存器
EMI_SDCONF1      EQU          0x11000018          ; SDRAM 时序配置寄存器 1
EMI_SDCONF2      EQU          0x1100001C          ; SDRAM 时序配置寄存器
```

接下来对硬件进行必要的初始化。首先对 PMU 进行初始化，以使系统工作在所需的时钟频率。上电后，SEP4020 处理器工作在 Slow 模式，时钟频率仅与外部晶振相当(典型值为4 MHz)。下面一段代码实现将 CPU 的时钟通过 PLL 倍频提升到 80 MHz。

```
    AREA BOOTLOADER, CODE, READONLY
    ENTRY
;******************************************************************************
;    初始化 PMU(功耗管理单元)并获得内存空间;
;******************************************************************************
    ldr     r4,     = PMU_PCSR          ; 打开所有模块时钟
    ldr     r5,     = 0x0001FFFF
    str     r5,     [ r4 ]
```

```
    ldr    r4,     = PMU_PLTR           ; 配置 PLL 稳定过度时间
    ldr    r5,     = 0x0FFA0FFA
    str    r5,    [ r4 ]
    ldr    r4,     = PMU_PMCR           ; 配置系统时钟为 80 MHz
    ldr    r5,     = 0x0000400c
    str    r5,    [ r4 ]
    ldr    r4,     = PMU_PMDR           ; 由 SLOW 模式进入 NORMAL 模式
    ldr    r5,     = 0x00000001         ; 00:slow,01:normal,10:sleep,11:idle
    str    r5,    [ r4 ]
    ldr    r4,     = PMU_PMCR           ; 配置系统时钟为 80 MHz,确认系统时钟配置
    ldr    r5,     = 0x0000c00c
    str    r5,    [ r4 ]
```

为了提高系统运行效率，需要将代码从 NorFlash 复制到 SDRAM 中执行。因此，首先要对 SDRAM 进行必要的初始化：


```
;****************************************************************
;    初始化 EMI(外部存储器接口)并获得内存空间;
;****************************************************************
    ldr    r4,     = EMI_CSECONF        ; CSE 片选时序参数配置
    ldr    r5,     = 0x8ca6a6a1
    str    r5,    [ r4 ]
    ldr    r4,     = EMI_SDCONF1        ; SDRAM 参数配置 1
    ldr    r5,     = 0x1e104177         ; 0x1d004177,32MSDRAM
    str    r5,    [ r4 ]
    ldr    r4,     = EMI_SDCONF2        ; SDRAM 参数配置 2
    ldr    r5,     = 0x80002860
    str    r5,    [ r4 ]
```

接下来，将代码由 NorFlash 复制到 SDRAM 中。为了方便表述，示例中采用的是逐字节复制，实际的应用中，可以使用 ARM 的多 Load 多 Store 指令或 DMA 来进行复制。

```
;****************************************************************
;复制代码到 SDRAM
;源地址:0x20001000,目的地址:0x30000000,大小:0x44000 字节
;****************************************************************
    ldr    r3, = 0x00000000
    ldr    r1, = 0x30000000             ;SDRAM 的基址
    ldr    r2, = 0x20001000             ;NorFlash 的基址
LOOP
    ldrb   r4, [r2], #1
```

```
    strb   r4, [r1], #1
    add    r3, r3, #1
    cmp    r3, #0x44000
    bne  LOOP
```

最后，控制 PC 指针跳转到 SDRAM 去执行刚才复制过去的代码：

```
    ldr    pc, = 0x30000000
DEAD
    b DEAD
    END
```

6.5.2 UBOOT 技术实现分析

UBOOT(全称 Universal Boot Loader)是遵循 GPL 条款的开放源码项目。从 FADSROM、8xxROM、PPCBOOT 逐步发展演化而来。其源码目录、编译形式与 Linux 内核很相似。事实上不少 UBOOT 源码就是相应的 Linux 内核源程序的简化，尤其是一些设备的驱动程序，UBOOT 源码的注释就能体现这一点。但是 UBOOT 不仅支持嵌入式 Linux 系统的引导，当前它还支持 NetBSD、VxWorks、QNX、RTEMS、ARTOS、LynxOS 嵌入式操作系统。其目前主要支持的目标操作系统是 OpenBSD、NetBSD、FreeBSD、4.4BSD、Linux、SVR4、Esix、Solaris、Irix、SCO、Dell、NCR、VxWorks、LynxOS、pSOS、QNX、RTEMS、ARTOS。这是 UBOOT 中 Universal 的一层含义，其另外一层含义是 UBOOT 除了支持 PowerPC 系列的处理器，还能支持 MIPS、x86、ARM、NIOS、XScale 等诸多常用处理器。

相对于前面提到的简易 BootLoader，UBOOT 的功能要复杂得多。它不仅能完成系统硬件初始化、代码搬运，还提供了一套完善的命令集实现了与用户的交互。下面将从系统初始化与 Linux 操作系统引导两个方面来对 UBOOT 的实现机制进行分析。

1. UBOOT 启动与系统初始化：Stage 1

通过对 UBOOT 的 Makefile 和链接脚本的分析可以知道，系统上电后首先执行的是 Start.s 这个汇编文件，称为第一阶段(stage 1)。在进行必要的硬件初始化后，在 Start.s 的最后一个汇编语句，程序跳转到 UBOOT 的第一个 C 函数 start_armboot，进入第二阶段(stage 2)。

在 Stage 1 中，首先设置各模式的堆栈指针，由于 UBOOT 中没有引入中断，所以只需要设置 SVC 模式的 SP 就可以了，其他模式各分配 8 个字节甚至更少的堆栈空间。

完成堆栈初始化后，通过两个汇编函数 cpu_init_crit 和 lowlevel_init 分别完成 CPU 主频的初始化和 SDRAM 控制器的初始化，使 CPU 工作在合适的时钟频率下，并为下面的代码复制做好准备。

接下来的代码将根据当前地址判断是否需要代码复制。如果需要,则将 Nor-Flash 中的 Stage 2 的代码复制到 SDRAM 中,以加速代码的执行过程。

```
relocate:                          /* 将 UBOOT 在 RAM 存储器中重定位 */
    adr  r0, _start                /* 将当前代码位置赋给 ro */
    ldr  r1, _TEXT_BASE            /* 测试我们是运行在 Flash 中还是 RAM 中 */
    cmp   r0, r1                   /* 如果在调试状态,则不作重定位 */
    beq   do_not_need_copy

    ldr  r2, _armboot_start
    ldr  r3, _bss_start
    sub  r2, r3, r2                /* r2 <- armboot 的大小 */
    add  r2, r0, r2                /* r2 <- 源结束地址 */

copy_loop:
    ldmia  r0!, {r3 - r10}         /* 从源地址[r0]开始复制 */
    stmia  r1!, {r3 - r10}         /* 复制到目标地址[r1] */
    cmp  r0, r2                    /* 直到结束地址[r2] */
    ble  copy_loop

do_not_need_copy:
```

下面的代码完成 BSS 段的清除:

```
    ldr r0, = 0
    ldr r1, _bss_start
    ldr r2, _bss_end
bss_init:
    str r0, [r1]
    add r1,r1, #4
    cmp r1,r2
    blt bss_init
```

至此,Stage 1 的工作已经完成,程序将跳转到到 Stage 2 的入口函数:start_armboot。

```
    ldr  pc, _start_armboot

_start_armboot:.word start_armboot
```

2. UBOOT 启动与系统初始化:Stage 2

在 Stage 2 中,将进一步完成其他硬件设备(如 UART、Timer、网络等)的初始化,完成后将循环调用 main_loop 来接受用户输入,并响应用户输入的指令。

在 start_armboot 中,巧妙地使用了函数指针数组完成系统各模块的初始化:

```
for (init_fnc_ptr = init_sequence; * init_fnc_ptr; ++ init_fnc_ptr) {
        if (( * init_fnc_ptr)() != 0) {
            hang ();
        }
    }
```

函数指针数组的定义如下：

```
typedef int (init_fnc_t) (void);
init_fnc_t * init_sequence[] = {
    cpu_init,                   /* 基本的 CPU 相关初始化 */
    board_init,                 /* 基本的板级初始化 */
    interrupt_init,             /* 中断初始化 */
    env_init,                   /* 初始化环境变量 */
    init_baudrate,              /* 初始化波特率 */
    serial_init,                /* 串口通信初始化 */
    console_init_f,             /* 控制台初始化 */
    display_banner,             /* 显示标题 */
    dram_init,                  /* 配置可用 RAM */
    display_dram_config,
    NULL,
};
```

在 UBOOT 的源码中，多处巧妙地利用函数指针来完成相关的操作，上面提到的系统初始化就是一个例子。接下来我们还将看到更多函数指针的妙用。

3. Linux 操作系统引导与参数传递

BootLoader 最重要的一个作用就是引导操作系统，UBOOT 亦是如此。下面以 Linux 操作系统引导为例，分析 UBOOT 引导操作系统的机制与实现方法。

Linux 操作系统内核的引导需要 4 个因素，也就是 CPU 的 4 个寄存器参与其中，分别是 R0、R1、R2 和 PC。其中 R0 中一般为 0，R1 中放置的是机器号，Linux 内核根据机器号判断是否为对应的 CPU 型号，R2 中放置的是参数区(TAGS)的地址，PC 需要指向内核所在的地址，在 UBOOT 中是如何实现这 4 个因素的呢？

最容易想到的方法是汇编，在汇编中可以任意控制寄存中的值。但是这种方法比较繁琐，而且效率不高。在 UBOOT 中，巧妙地利用了 C 语言参数传递规范(参见 4.3.1 小节)，通过一次函数调用完成了 Linux 操作系统内核的引导：

```
theKernel = (void ( * )(int, int, uint))ntohl(hdr->ih_ep);
theKernel (0, bd->bi_arch_number, bd->bi_boot_params);
```

首先使用强制类型转换，将 ntohl(hdr—>ih_ep)的返回值(即 Linux 内核的入口地址)转换为一个函数指针 theKernel。theKernel 有 3 个参数，类型分别是 int、int

和 unsigned int，返回值为 void。然后调用 theKernel 函数，根据 C 语言参数传递规范，0 被放入 R0，bd－＞bi_arch_number 被放入 R1，bd－＞bi_boot_params 被放入 R2，并且 PC 跳转到 theKernel 指向的地址。一句函数调用，解决所有问题，妙！

在 Linux 内核的引导中，需要向内核传递各类参数，比如 Command Line、RAMFS 的地址等。这些参数统一被定义为 TAGS，在内核引导的过程中，第三个参数即 TAG 区的入口地址。下面是 UBOOT 中 TAGS 的定义：


```
struct tag {
    struct tag_header hdr;
    union {
        struct tag_core core;
        struct tag_mem32 mem;
        struct tag_videotext videotext;
        struct tag_ramdisk ramdisk;
        struct tag_initrd initrd;
        struct tag_serialnr serialnr;
        struct tag_revision revision;
        struct tag_videolfb videolfb;
        struct tag_cmdline cmdline;
        struct tag_acorn acorn;
        struct tag_memclk memclk;
    } u;
};

struct tag_header {
    u32 size;
    u32 tag;
};
```

下面是在内存中 TAG 区的内容：

```
0x30000100    00000005 54410001 00000000 00000000
0x30000110    00000000 0000000F 54410009 746F6F72
0x30000120    65642F3D 61722F76 7220306D 6F632077
0x30000130    6C6F736E 74743D65 2C305379 30303639
0x30000140    696E6920 6C2F3D74 78756E69 EA006372
0x30000150    00000004 54420005 30300040 00200000
0x30000160    00000000 00000000
```

根据头文件的定义：

```
#define ATAG_CORE 0x54410001
struct tag_core {
    u32 flags;        /* bit 0 = read-only */
    u32 pagesize;
```

```
    u32 rootdev;
};
#define ATAG_CMDLINE 0x54410009
struct tag_cmdline {
    char cmdline[1];      /* 这是最小容量 */
};
#define ATAG_INITRD2  0x54420005
struct tag_initrd {
    u32 start;            /* 物理起始地址 */
    u32 size;             /* 被压缩 ramdisk 镜像的大小,单位为字节 */
};
```

我们可以知道这一段 TAG 区共包含 3 个 TAGS:第一个为 ATAG_CORE,大小为 5 个 Word;第二个为 ATAG_CMDLINE,大小为 15 个 Word;第三个为 ATAG_INITRD2,大小为 4 个 Word。最后两个 Word 的全 0 代表 TAG 区的结束。

UBOOT 中定义了需要用到的各种类型的 TAGS,用户也可以根据需要扩展 TAG 的定义,通过自定义的 TAG 向内核传递更多的参数。当然,需要同步修正 Linux 内核源码中对 TAG 区的处理,以识别用户自定义的 TAGS。关于 BootLoader 的相关知识,可以参考:http://www.ibm.com/developerworks/cn/linux/l-btloader/。

6.6 思考题

1. 请简述调用栈帧与中断栈帧的区别?

2. 请简述什么是函数的重入?函数可以安全重入的条件是什么?如何对不可安全重入的函数进行保护(有几种方法)?

3. 请尝试自己编写 6.2.5 小节中所介绍的 QueueAddTail()函数和 GetFirstInt()函数,注意维护中断事件队列过程中的内存动态分配与释放存在的重入风险。

4. 中断是嵌入式系统中重要的组成部分,这导致了很多编译开发商都在提供一种扩展——让标准 C 支持中断。而事实是产生了一个新的关键字即__interrupt。下面的代码就使用了__interrupt 关键字去定义了一个中断服务子程序(ISR)。请评论以下这段代码:

```
__interrupt double compute_area (double radius)
{
double area = PI * radius * radius;
 printf(" Area = %f", area);
 return area;
}
```

第 7 章

编码风格

7.1 简介及说明

林锐博士在他的《高质量 C++/C 编程指南》[7]一书中曾经引用过互联网上的一段关于“真正”程序员的标准：

① 真正的程序员没有进度表，只有讨好领导的马屁精才有进度表，真正的程序员会让领导提心吊胆。

② 真正的程序员不写使用说明书，用户应当自己去猜想程序的功能。

③ 真正的程序员几乎不写代码的注释，如果注释很难写，它理所当然也很难读。

④ 真正的程序员不画流程图，原始人和文盲才会干这事。

⑤ 真正的程序员不看参考手册，新手和胆小鬼才会看。

⑥ 真正的程序员不写文档也不需要文档，只有看不懂程序的笨蛋才用文档。

⑦ 真正的程序员认为自己比用户更明白用户需要什么。

⑧ 真正的程序员不接受团队开发的理念，除非他自己是头头儿。

⑨ 真正的程序员的程序不会在第一次就正确运行，但是他们愿意守着机器进行若干个 30 小时的调试改错。

⑩ 真正的程序员不会在上午 9:00 到下午 5:00 之间工作，如果你看到他在上午 9:00 工

作，这表明他从昨晚一直干到现在。

具备上述特征越多，就越显得水平高、资格老。所以别奇怪，程序员的很多缺点竟然可以被当作优点来欣赏。就像在武侠小说中，那些独来独往、不受约束且带点邪气的高手最令人崇拜。我曾经也这样信奉，并且希望自己成为那样的“真正”的程序员，结果没有得到好下场。

令人遗憾的是，依靠一个人独行侠似的编写软件的时代已经一去不复返了。软件更多地变成了工程，需要团队的合作与分工并且通过工程化的管理才能完成，这一点对于越来越复杂的嵌入式软件同样如此。因此，嵌入式软件开发人员从第一天开始就应该非常清楚地知道什么样的代码才是好的代码；在编写软件的过程中应该注意和遵守的基本规则是什么。这些问题正是我们在这一章中要讨论的主题。

优秀的代码首先应该是功能正确的代码，这是我们讨论编码风格的前提。没有程序的正确性，再漂亮的代码也只能是一堆无用的符号堆砌。但是，大量的实践表明，风格优秀的代码往往更易于规避程序中的潜在错误，更易于在调试过程中发现程序中的错误。所以，程序员应该在一开始就遵循优秀的编码风格，这对于保证程序的正确性往往有着非常重要的作用。

在功能正确的基础上，优秀的代码还应该是易于阅读和维护的。由于嵌入式软件功能越来越复杂，团队化的开发已经成为主流。另外，由于软件工作量在整个产品开发过程中的比重越来越大，开发过程必须基于模块化、平台化的开发流程。这些都要求程序员在编写代码时遵循易读和易维护的原则。

嵌入式系统的硬件系统随着应用的不同而千差万别，如果针对每个不同的硬件平台都要维护一套底层软件平台，这是非常不经济的，因此优秀的嵌入式软件代码应该能够非常方便地在不同的硬件系统中进行移植。这就要求程序员在编写代码时尽可能采用与硬件平台无关的代码来实现，如果必须与硬件平台相关（比如操作系统的最底层代码以及驱动程序的底层代码）则应尽可能将这些代码尽可能地局限在某几个C文件中，或者采用C语言中的宏定义和条件编译将硬件平台相关的代码封装在这些宏定义中。

最后，优秀的嵌入式软件代码还应该是高效的。嵌入式系统往往由于成本、功耗、体积的严格限制，在计算性能、存储器容量等方面都远远低于桌面PC系统；反之，如果软件的设计效率较高，在采用更低的处理器和存储器时能够满足应用的需求，那么就可以降低产品的成本，提升产品的竞争力。因此，对于软件效率的优化，尤其是底层系统软件的效率优化是嵌入式软件开发的永恒主题。但是，对效率的优化不应以牺牲代码的易读性与易维护性为代价。对于代码效率的优化更主要的应该侧重在算法本身的优化上，而不是将太多的精力耗费在具体的语句优化。一来性能的优化主要来自于算法，二来现代商用编译器的优化效率已经非常高了，程序员应该将具体的语句优化交给编译器完成。

下面来看具体的例子。请阅读这段代码，请问这段程序在做什么？它是否有错误？存在哪些不良的书写风格？它们可能会引起什么后果？

```
float b, c[10];
void abc(void)
{float zongfen = 0; int d;
for(d = 0; d<10; d ++){
if(c[d]>0)
zongfen + = c[b];
b = zongfen /10;
}
```

这段代码的功能是计算存放在c[]数组中学生分数的平均分。虽然功能非常简单，但是相信读者得花一点时间才能真正明白程序员想做什么。坦率地说，在阅读这段代码的时候，我感觉似曾相识，在刚刚开始学习写代码时我的代码应该也是这样的。首先我们来看这段代码中的错误：

① 代码的第6行 zongfen += c[b]在功能上是错误的，正确的写法应该是 zongfen +=c[d]。注意：这个错误并不是语法错误，编译器会在没有任何提示的情况下将其编译。

② 同样是在第6行，在对 zongfen 这个变量进行累加后，应该继续进入下一轮循环，程序员在这个语句之后漏了 for 循环的"}"，这是一个语法错误，编译器会在编译时报错。

显然，这段代码的风格也不好，我个人在评估一个程序员时首先看的就是他的编码风格。我相信一个合格的程序员一定不会在编码风格上犯太多的错。在C语言的发展过程中逐步形成了一些约定俗成的编码风格，遗憾的是在目前的本科教学中很少提及编码风格，造成的后果之一就是很多刚入门的程序员写出的代码就像上面的代码一样。让我们来分析一下上面代码的问题：

① 变量的命名没有意义，比如"b,c[10]"；或者采用中文拼音来命名变量，比如 zongfen。初学者往往会出现这样的错误。记得我读研究生时有个师弟，他的代码中充满了诸如 temp1、temp2、temp3、temp4 这样的变量。时间久了，当我再问他这些变量的含义时，他自己都记不清楚了。

② 函数名的命名没有意义，阅读这段代码的人很难从 abc 这个函数名上看出这个函数到底是什么功能。程序员在编写代码时，首先要想到的就是自己编写的代码不仅是给编译器"看"的，更重要的是给别人或是自己看的。因此在函数命名以及变量命名时必须采用有意义的英文单词或者是单词短语。

③ 数组 c[]中存放的是学生的成绩，程序定义了数组中一共有9个元素。但是为了程序的易读性和将来的可维护性，最好应该将学生的人数定义为一个常量宏，这样当学生人数发生变化时可以非常方便地进行修改。

④ 函数 abc()没有入口参数，也没有返回值，程序通过全局数组 c[]和全局变量 b 来传递函数内部的数据。初学写程序的人都特别喜欢使用全局变量，因为没有限制，想什么时候引用都可以。其实，不恰当地使用全局变量是程序员的恶梦，全局变量加强了函数间的耦合度，使得程序的模块间彼此紧密关联，这样会使得对程序的修改牵一发而动全身，非常不适合代码的复用和调试；而且正如我们在第6章中所介绍的，全局变量是临界资源，会造成代码变得不可安全重入。因此，一个设计合理的软件项目一定是非常谨慎地使用全局变量的，函数间的关联通过函数的入口参数与返回值发生。

⑤ 最后的问题是程序书写风格的问题，比如上面的代码没有按照规则缩进，没有必要的注释，在运算符前后没有必要的空格。虽然这些问题并不影响程序的正确执行，但它们的确会给程序的阅读带来理解上的困难，因此从程序易读和易维护的角

度上来看，我们必须遵循一些通用的代码书写规则。

通过上面的分析可以看到在短短的8行代码里存在这么多的代码风格问题，下面的代码是针对这些问题修改后的结果。为了说明函数的入口参数和返回值，增加了 main()函数以实现对函数的调用。

```
#define STUDENT_NUM    10                                   //学生总数
float fScore[STUDENT_NUM ];                                 //分数
/*平均分计算函数*/
float AvgScore( float *score, unsigned int student_num)
{
    int i;
    float total_score = 0;                                  //总分
    if (score == NULL) return -1.0;                         //参数检查
    if ( student_num == 0 ) return -1.0;                    //参数检查
    /*关于参数检查，我们也可以采用断言的方式进行*/
    //assert(score != NULL);
    //sssert(student_num > 0);

    for(i = 0; i < student_num; i++ )
    {                                                       //累加计算总分
        if(score[i] > 0)                                    //遇到负分，记为0分
            total_score += score[i];
    }

    return (total_score / student_num);                     //返回平均分
}
void main(void)
{
    float avg_score;

    avg_score = AvgScore( fScore, STUDENT_NUM);

    if (avg_score > 0)
        printf("The Average Score is %f\n", avg_score);
    else
        printf("Error!\n");
    return;
}
```

本章的后面部分将分两部分来介绍C语言编程需要遵循的一般规则和风格指导。7.2节将介绍语言规则。所谓语言规则是指在C编码过程中应该强制要求遵守的部分，虽然这些规则并不是ANSI C标准的一部分，但事实上每个公司或组织一般都有自己内部的代码规则，7.2节中所列的基本上是业内普遍认可的。我们将分基

础、数据、声明与表达式、函数、源文件几个部分进行阐述。风格指导是对编码格式的指导意见，相对来说不像语言规则那样属于强制性的要求，程序员可以根据实际情况选择实施，我们将在 7.3 节对风格指导进行介绍。附录 A 摘录了林锐博士在其《高质量 C++/C 编程指南》[7] 一书中关于 C++/C 代码审查表的内容，读者可以参考。

7.2　语言规则

7.2.1　基　础

【规则 7-1-1】　编写能清晰表达设计思路和意图的代码。

请看下面这段代码*，不管你相信与否，下面的代码确实是合法的 C 程序！

```
                        #include\
                        <stdio.h>
                  #include                   <stdlib.h>
                  #include                   <string.h>
                  #define w "Hk~HdA=Jk|Jk~LSyL[{M[wMcxNksNss:"
                #define r"Ht@H|@=HdJHtJHdYHtY:HtFHtF=JDBIl"\
              "DJTEJDFIlMIlM:HdMHdM=I|KIlMJTOJDOIlWITY:8Y"
             #define S"IT@I\\@=HdHHtGH|KILJJDIJDH:H|KID"\
           "K=HdQHtPH|TIDRJDRJDQ:JC? JK? =JDRJLRI|UItU:8T"
          #define _(i,j)L[i=2*T[j,O[i=O[j-R[j,T[i=2*\
         R[j-5*T[j+4*O[j-L[j,R[i=3*T[j-R[j-3*O[j+L[j,
       #define t"IS? I\\@=HdGHtGIDJILIJDIItHJTFJDF:8J"

  #define y              yy(4),yy(5),              yy(6),yy(7)
 #define yy(             i)R[i]=T[i],T[i ]           =O[i],O[i]=L [i]
#define Y _(0       ], 4])_ (1 ], 5])_ (2 ], 6])_ (3 ], 7])_=1
#define v(i)( (( R[ i ] * _ + T [ i ]) * _ + O [ i ]) * _ + L [ i ]) *2
double b = 32 ,l ,k ,o ,B ,_ ; int Q , s , V , R [8 ], T[ 8] ,O [8 ], L[ 8] ;
#define q(Q,R)R= *X++ % 64 *8 ,R|= *X /8 &7 ,Q= *X++ %8,Q=Q*64+ *X++ %64-256,
# define p "G\\QG\\P=GLPGTPGdMGdNGtOGlOG" "dSGdRGDPGLPG\\LG\\LHtGHtH:"
#     define W      "Hs? H{? =HdGH|FI\\II\\GJlHJ"     "lFL\\DLTCMlAM\\@Ns}Nk|:8G"
# define U          "EDGEDH=EtCElDH{~H|AJk}"          "Jk? LSzL[|M[wMcxNksNst:"
# define u               "Hs? H|@=HdFHtEI"            "\\HI\\FJLHJTD:8H"
char * x                 ,*X , ( * i )[              640],z[3]="4_",
```

*　注：这是一段 2004 年国际 C 混乱代码大赛（International Obfuscated C Code Contest，参见 http://www.ioccc.org/2004/anonymous.hint）中获胜的代码，它的作用是将输入的参数字符串转换成为 PGM 格式的图形文件。

```
*Z = "4,804.804G" r U "4M"u S"4R"u t"4S8CHdDH|E = HtAIDAIt@IlAJTCJDCIlKI\\K:8K"U
"4TDdWDdW = D\\UD\\VF\\FFdHGtCGtEIDBIDDIlBIdDJT@JLC:8D"t"4UGDNG\\L = GDJGLKHL\
FHLGHtEHtE:"p"4ZFDTFLT = G|EGlHITBH|DIlDIdE:HtMH|M = JDBJLDKLAKDALDFKtFKdMK\
\\LJTOJ\\NJTMJTM:8M4aGtFGlG = G|HG|H:G\\IG\\J = G|IG|I:GdKGlL = G|JG|J:4b"W
S"4d"W t t"4g"r w"4iGlIGlK = G|JG|J:4kHl@Ht@ = HdDHtCHdPH|P:HdDHdD = It\
BIlDJTEJDFIdNI\\N:8N"w"4lID@IL@ = HlIH|FHlPH|NHt^H|^:H|MH|N = J\\D\
J\\GK\\OKTOKDXJtXItZI|YIlWI|V:8^4mHLGH\\G = HLVH\\V:4n" u t t
"4p"W"IT@I\\@ = HdHHtGIDKILIJLGJLG:JK? JK? = JDGJLGI|MJDL:8M4\
rHt@H|@ = HtDH|BJdLJTH:ITEI\\E = ILPILNNtCNlB:8N4t"W t"4u"
p"4zI[? Il@ = HlHH|HIDLILIJDII|HKDAJ|A:JtCJtC = JdLJtJL\
THLdFNk|Nc|\
:8K"; main (
int C,char **      A) {for(x = A[1],i = calloc(strlen(x) + 2,163840);
C - 1;C<3? Q = _ =       0,(z[1] = *x++)?((*x++ == 104? z[1]^= 32: --x), X =
strstr(Z,z))       &&(X+ = C++):(printf("P2 %d 320 4 ",V = b/2 + 32),
V* = 2,s = Q = 0,C       = 4):C<4? Q-- >0? i[(int)((l+ = o) + b)][(int)(k+ = B)
] = 1:_? _-= .5/      256,o = (v(2) - (l = v(0)))/(Q = 16),B = (v(3) - (k = v(1)
))/Q: *X>60? y   ,q(L[4],L[5])q(L[6],L[7]) *X - 61||(++X,y,y,y),
Y: *X>57? ++X,   y,Y: *X >54? ++X,b+ = *X++ %64 *4: --C:printf(" %d "
,i[Q][s] + i[Q ][s + 1] + i[Q + 1][s] + i[Q + 1][s + 1])&&(Q+ = 2)<V||(Q =
0,s+ = 2)<640
||(C = 1));}
```

相信除了参加国际C混乱代码大赛外,没有人愿意写这样的程序,更没有人愿意阅读或者修改这样的代码。因此C编程的第一规则就是编写能够清晰表达程序员思路的代码,切忌为了炫耀技巧而使程序的结构和流程变得难以理解。

【规则7-1-2】 针对易读性来优化代码,效率的优化留给编译器去做。

效率的优化首先是算法的设计,系统设计人员需要关注整个程序的算法效率,程序员的职责应该是使用代码清晰地描述这个算法。接下来让编译器去做具体的优化,现代商用编译器的优化效率已经很高了,程序员不应该以牺牲代码的可读性为代价去做代码级的细微优化。

【规则7-1-3】 编写可大声朗读的代码。

作为程序员需要永远记住一点的就是代码是写给人看的,否则我们应该都用机器编码进行编程。因此,程序代码应该非常清晰地体现编程者的思路,尤其是清晰地表达算法的逻辑。评估代码可读性的一个行之有效的办法就是看程序的作者是否能够按照所编写的代码用自然语言描述这段代码的功能。

【规则7-1-4】 利用注释阐述和解释代码,并进行总结。

注释是C源程序中非常重要的组成部分,很多初学者认为注释是可有可无的东西,其实这是一种非常错误的观点。注释不仅可以帮助读者了解编程者的思路和逻辑，而且对于程序的原作者而言，在维护和修改代码时也需要借助注释理解自己当时的编写思路。要知道程序的原作者在将代码放置一段时间后再重读，有时也会看不明白自己为什么当时要这样编写代码。

当然，注释并不是越多越好，所谓过犹不及，太多琐碎的注释反而会增加代码阅读和理解的困难。

【规则 7-1-5】使用有意义且无歧义的命名方法(推荐使用全英文的命名)。

在C程序中所有的程序对象(如函数、变量、指针、数组等)都应该有名字，编译器会为其分配相应的内存地址，而这些名字就是指向这个地址的指针(我们前面说过，数组名就是指向数组首元素的指针，而函数名则是指向函数入口地址的指针)。虽然编译器本身并不需要使用名字来对这些程序元素进行访问(最终对程序元素的访问都是通过地址进行的)，但是C源程序是给人读的，程序元素的名字当然也就是给人看的，因此为了便于程序阅读者理解程序的内在逻辑，C程序中所有程序元素的命名应该尽可能使用能够说明该程序元素作用的单词或词组。尽量避免在程序中使用 Temp、a[]、pp 等这样的命名。

【规则 7-1-6】不要自己编写库函数已包括的函数，尽可能使用标准C函数。

通常情况下与编译器一同发布的标准C库是经过仔细和严格测试的，其次这些函数也都经过了比较好的优化，从效率上来说是比较高的。使用标准C函数的另一个优点是，几乎每一个遵循 ANSI C 标准的C编译器都必须实现这些C函数，因此使用标准C函数会使程序的可移植性更好。当然，在使用标准C函数的时候程序员需要注意以下几点：

① 由于 ANSI C 库函数在很大程度上起源于早期的 UNIX 系统，因此在函数命名、参数排列等风格上都与 UNIX 系统一脉相承，所以程序员在使用标准库函数的时候需要仔细阅读相应的库函数文档(一般都包含在编译器的文档中)。

② 一般库函数为了提高效率，往往对参数的合法性检查都比较弱，甚至没有。如果程序中存入了非法的入口参数，这些库函数往往会造成比较严重的后果，甚至使系统崩溃。因此，在调用库函数的时候需要非常谨慎地检查参数。

【规则 7-1-7】 不要将同样的代码使用3次以上，编写相应的函数。

【规则 7-1-8】让程序自己检查运行中的错误——编写调试代码。

在集成电路设计领域有 DFT(可测性设计，Design For Testing)和 DFM(可生产性设计，Design For Manufacture)这两种说法，即在设计过程中就必须考虑本设计在生产过程中的测试问题和易于生产(主要是提升良品率)的问题。其实对于软件的编写与设计何尝不是这样呢？程序员应该在开始设计时就要想好将来代码应该如何调试，如何才能便于调试(姑且称之为 Design For Debugging 吧)。关于这一点将在第8章专门阐述。

【规则 7-1-9】谨慎使用 GOTO 语句。

首先，由于 goto 语句可以灵活跳转，如果不加限制，它就会破坏结构化设计风格。其次，goto 语句经常带来错误或隐患。它可能跳过了某些对象的构造、变量的初始化、重要的计算等语句。但是在某些特定情况下使用 goto 语句可能会使程序的可读性变得更好，因此虽然 goto 语句有太多争议，但是 C 语言中依然保留了这个关键字。关于 goto 语句的使用规则，读者可以参阅 2.1.2 小节。

【规则 7-1-10】不要修补那些风格差的代码，重写它们。

小的时候练过毛笔字的人应该都有这样的经验，就是在描红的时候一定要一气呵成，切忌描完了再回过头去修改笔迹，因为那样做往往会越描越差。对于那些风格差的代码，这个经验同样适用，由于这些代码在数据结构、模块划分上已经千疮百孔了，因此没有必要去修补这些代码，最好的方法就是重新编写它。

【规则 7-1-11】不要比较两个浮点数是否相等。

千万要留心，无论是 float 还是 double 类型的变量都有精度限制。所以一定要避免将浮点变量用"=="或"!="与其他数字比较，而应设法转化成">="或"<="形式。假设浮点变量的名字为 x，应当将：

```
if (x == 0.0) // 隐含错误的比较
```

转化为：

```
if ((x>= - EPSINON) && (x<= EPSINON))
```

其中，EPSINON 是允许的误差（即精度）。

【规则 7-1-12】优化代码或调试旧版本前，备份并记录所做的修改。

这绝对是一个好的工作习惯！备份最好存放在服务器上，而不是简单地在本机存放。对于使用版本管理工具（比如 CVS、ClearCase 等）的开发团队，这个问题要简单得多。我在读研究生时曾经有过惨痛的教训，当时我的工作是调试网络协议，由于硬盘坏了，我几天的工作全都没有了！幸亏在服务器上有一个几天前的备份，但是由于没有记录自己所作的修改，接下来的日子就非常痛苦了，我得完全依靠回忆将所作的修改恢复出来。所以对于程序员而言除了需要备份自己的代码，还需要有好的工作日志习惯，可以将所作的修改以注释的方式记录在 C 文件中，并注明修改的日期和原因及修改人等信息。同时应该将工作的主要内容记录在自己的工作日志中备查。

【规则 7-1-13】避免机器及编译器相关的代码，如必需，隔离相关代码。

在嵌入式系统编程过程中，由于不同嵌入式应用的千差万别，因此不可避免地会在不同的处理器平台之间共享软件平台，所以首先应该尽可能避免使用目标系统体系架构独特功能以及编译器在 ANSI C 标准外所扩展的功能，这是因为这些代码将引起移植性的问题。如果在代码的实现过程中必须使用，也应该尽可能将与机器或编译器相关的代码集中在一个或几个 C 文件与头文件中，这样在进行代码移植的时候只需要将主要精力放在这一个或几个文件的移植上。

【规则 7-1-14】将编译器设为最高警告水平,把每一个警告视为错误来处理。

很多初学者在写程序时将工作的重点放在编译错误上,只要编译没有错误就认为万事大吉了,至于编译器的警告基本上是置若罔闻。其实,编译器的警告往往是针对那些不是非常符合规范的表达式产生的,这里往往隐藏了潜在的程序错误(当然不是程序的语法错误,而是逻辑错误)。比如不同类型的变量间的赋值,函数有返回值却被调用者忽略等。因此编程规则要求程序员检查所有的编译器警告,并像修改错误那样清除这些警告,这将极大地减少程序中的潜在隐患。

【规则 7-1-15】不要在程序中直接书写常量,而应该使用常量的宏定义。

使用宏定义常量有两个好处。第一,通过有意义的宏名来代替常量本身会使得程序的可读性提高。第二,在程序中往往需要在多个地方引用同一个常量,如果直接书写常量,则在程序需要修改这个常量值时,程序员必须在多处代码中进行替换,很容易遗漏从而造成数据的不一致;反之,如果我们将常量定义为宏,则只需要修改宏的定义一处地方就可以完成,这样将使程序的可维护性大大增强。

7.2.2 数 据

【规则 7-2-1】推荐使用 typedef 来进行数据类型的说明。

【规则 7-2-2】所有不同类型变量间的运算,必须显式地进行类型转换(这一点对于不同类型的指针间的运算尤其重要)。

【规则 7-2-3】对于没有加 unsigned 修饰的类型,应该小心处理可能的数据溢出。

2.1.1 小节曾经介绍过这个问题。由于一般编译器将没有加 unsigned 关键字修饰的类型都缺省作为有符号数来处理,这样该数据的取值范围就会包含从负数到正数。当这个变量的取值范围超过所能表示的最大正数时,数据就会溢出,从而产生一个最小的负数,也就是发生了下溢。对这样的情况编译器在编译的时候不会给出任何错误,但是在程序中引起的逻辑错误将非常难以查找,所以程序员在使用有符号数时需要谨慎地处理这种可能的问题。请再看一遍我们在前面举过的例子:

```
char i;                          /* 在大多数编译器下 i 的取值范围是 -127 ～ 127 */
unsigned int array[255];
……
for ( i = 0; i < 255; i++ )      /* 这个循环永远不会退出,因为 i 永远小于 255 */
        array[ i ] = i;
……
```

【规则 7-2-4】在程序(函数或 c 文件)的开始处对变量进行说明,将相关的变量说明放在相邻的行。

不管是在 C 文件中声明的全局变量还是在函数中声明的局部变量,都应该在文件的开始处或者是函数的开始处进行声明,这样阅读程序的人可以清晰地知道本文件或者本函数需要使用的变量有哪些。另外，将相关的变量放在相邻的行中进行声明有两个好处：第一，相关的变量尽可能地放在相邻的地方声明有利于程序的可读性；第二，对于很多编译器而言，在为变量分配内存时一般会按照原程序声明的顺序进行内存组织，因此相邻的变量往往在编译后也会被安排在相邻的内存单元，这将有利于提高数据高速缓存(Data Cache)的命中率。相关的变量往往会在一段时间内频繁地访问，相邻内存单元存放的数据要么可能被缓冲到一个 Cache 行中，要么由于 Cache 组关联的存在引起 Cache 抖动的可能性较小。对于使用 SDRAM 的系统，将相关变量存放在相邻内存单元的额外好处是由于相关变量尽可能地存放在 SDRAM 的一个页(Page)中，因此在频繁访问这些变量的时候将有效减少 SDRAM 访问中的激活(Active)与预充电(PreCharge)操作，而这两种操作正是 SDRAM 性能与功耗的瓶颈。

【规则 7-2-5】变量的说明应该遵循一个变量一行的原则，除非所说明的变量是紧密相关的。

【规则 7-2-6】将不变的变量说明为 const 。

如果不使用常量而直接在程序中填写数字或字符串，将会有什么麻烦？

① 程序的可读性(可理解性)变差。程序员自己会忘记那些数字或字符串是什么意思，用户则更不知道它们从何处来、表示什么。

② 在程序的很多地方输入同样的数字或字符串，难保不发生书写错误。

③ 如果要修改数字或字符串，则会在很多地方改动，既麻烦又容易出错。

C 语言可以用 const 来定义常量，也可以用 #define 来定义常量。但是前者比后者有更多的优点。首先，const 常量有数据类型，而宏常量没有数据类型；编译器可以对前者进行类型安全检查，而对后者只进行字符替换，没有类型安全检查，并且在字符替换时可能会产生意料不到的错误(边际效应)。其次，有些集成化的调试工具可以对 const 常量进行调试，但是不能对宏常量进行调试。

【规则 7-2-7】尽量在变量的说明行中对变量进行初始化。

C 编译器对于全局变量和局部变量的处理是不同的。对于全局变量又分为两种情况：对有初值的全局变量，C 编译器会在程序运行前为这些全局变量初始化为初始值；对于没有初值的全局变量，C 编译器通常情况会将这些变量清 0。总的来说，全局变量的初值在程序开始运行时就是确定的(要么被编译器初始化为 0，要么初始化为初值)。但对于局部变量，情况就不同了：通常情况下编译器会使用寄存器或者堆栈空间实现局部变量，但是编译器不会对这些寄存器或者堆栈空间做任何初始化的工作，所以局部变量的初值是不确定的。这一点对于指针变量尤其危险，因为局部指针变量的初值是一个随机值，它可以指向任何地方，如果程序员在没有对其初始化的情况下对其进行访问，那么，套用一句时髦的广告语就是——“一切皆有可能”。

【规则 7-2-8】避免不必要的全局变量。

全局变量是程序员的恶梦！对于初学者或者是仅仅编写单任务程序的程序员而

言，全局变量似乎是一个非常好的程序元素，因为可以非常方便地利用全局变量进行数据交互与共享。但是对于存在中断处理程序或者是多任务系统，全局变量将使得程序的可读性、可维护性急剧下降，程序的调试也会变得非常困难。另外，由于全局变量本质上是临界资源，因此对于存在中断处理程序和多任务并发的系统而言，对全局变量的访问非常容易造成重入问题，需要增加额外的保护机制(关于重入的问题具体见 6.3 节)。

在东南大学国家专用集成电路系统工程技术研究中心内部，我们甚至要求应用程序员(注意：对于系统程序员而言，一些全局数据结构的描述必须使用全局变量)禁止使用全局变量，除非有非常充分的理由说明该全局变量是必不可少的。

【规则 7-2-9】假设任何指针都可能为空。

指针无疑是 C 语言的难点，许多初学者都对指针感到头疼。由于指针操作错误而带来的程序问题比比皆是，其中对空指针的操作将引起程序的不可知行为，因此程序员在编写代码的时候需要牢记的一点是假设任何指针都可能为空，表现在程序中就是利用诸如下面的语句来判断所访问的真正是否为空：

```
if ( ptr != NULL )
{
    ……
}
```

另外需要说明的是，使用 NULL 来比较指针，而不是数字 0。仅有指针才会拥有 NULL 值。使用 NULL 来表示指针不指向任何对象；使用 0x0 表示数值 0；使用‘\0’表示字符串的结束。

7.2.3　说明与表达式

【规则 7-3-1】如果代码行中的运算符比较多，用括号确定表达式的操作顺序，避免使用默认的优先级。

由于 C 语言 34 个运算符的 15 级优先级是比较难记的，为了防止产生歧义并提高可读性，应当用括号确定表达式的操作顺序。例如：

```
word = (high << 8) | low;
if ((a | b) && (a & c));
```

【规则 7-3-2】不要编写太复杂的复合表达式。

如 a = b = c = 0 这样的表达式称为复合表达式。允许复合表达式存在的理由是：①书写简洁；②可以提高编译效率。但要防止滥用复合表达式，太过复杂的复合表达式将使程序的可读性下降，比如：

```
i = a >= b && c < d && c + f <= g + h ;        /* 复合表达式过于复杂 */
```

【规则 7-3-3】不要把程序中的复合表达式与“真正的数学表达式”混淆。

```
if (a < b < c)
/* a < b < c 是数学表达式而不是程序表达式,并不表示 if ((a<b) && (b<c)) */
/* 而是成了令人费解的 */
if ( (a<b)<c )
```

【规则 7-3-4】避免在程序中编写假设求值顺序的表达式。

同大多数语言一样,C 语言没有指定同一运算符中多个操作数的计算顺序(&&、||、?:、,除外)。例如:"x = f() + g();"这条语句中函数 f()可以在 g()之前计算,也可以在 g()之后计算。因此,如果函数 f 或者函数 g 改变了另一个函数所使用的变量,那么 x 的结果可能会依赖于这两个函数的求值顺序。为了保证特定的计算顺序,可以把中间结果保存在临时变量中。

类似地,C 语言也没有指定函数各个参数的求值顺序。因此,下面的语句在不同的编译器中可能会产生不同的结果,这取决于 *n* 自增运算在 power 函数调用之前还是之后执行。

```
printf("%d %d\n", ++n, power(2, n) );
```

另外一个关于求值顺序的经典范例是下面这条语句:

```
a[i] = i++;
```

这个语句的问题是数组下标 *i* 是引用旧值还是引用新值?对于不同的编译器,结果可能不同,并因此产生不同的结果。C 语言标准对大多数这类问题并未给出具体规定,而是只是给出标准未定义的警告。表达式何时会产生这种副作用,将由具体的编译器自己决定,因为最佳的求值顺序与机器结构有很大的关系。总之,程序员应该尽量避免假设求值顺序的表达式,否则将会造成程序可移植性的问题!

【规则 7-3-5】每个 case 语句的结尾不要忘了加 break,否则将导致多个分支重叠(除非有意使多个分支重叠,在这种情况下程序员应该加注释说明)。

有了 if 语句为什么还要 switch 语句? switch 是多分支选择语句,而 if 语句只有两个分支可供选择。虽然可以用嵌套的 if 语句来实现多分支选择,但那样的程序冗长难读。这是 switch 语句存在的理由。

【规则 7-3-6】不要忘记最后那个 default 分支。即使程序真的不需要 default 处理,也应该保留语句"default : break;"。这样做并非多此一举,而是为了防止别人误以为你忘了 default 处理。

7.2.4 函 数

【规则 7-4-1】所有函数的入口参数都必须进行合法性检查。

很多程序错误是由非法参数引起的,我们应该充分理解并正确使用"断言"(assert)来避免此类错误(详见 8.3.1 小节"利用断言")。使用断言的好处在于当程序完成了调试阶段后,通过关闭调试宏,断言语句将被编译为空语句,这将降低由于参数检查语句而带来的系统性能开销。对于那些公开给上层应用程序员的 API 函数,由于应用程序员或者用户输入的参数出错的可能性较大,我们建议程序员不要使用断言进行参数的合法性检查,而应该将参数检查的代码显式地写入函数入口,这样可以确保当上层软件传入非法参数时,底层函数可以有效地处理这种差错情况。

【规则7-4-2】函数名字与返回值类型在语义上不可冲突。

违反这条规则的典型代表是C标准库函数getchar。例如:

```
char c;
c = getchar();
if (c == EOF)
```

按照getchar名字的意思,将变量c声明为char类型是很自然的事情。但不幸的是,getchar的确不是char类型,而是int类型,其原型是"int getchar(void);"。由于c是char类型,取值区间是[-128,127],如果宏EOF的值在char的取值范围之外,那么if语句将总是失败!导致本例错误的责任并不在用户,而是函数getchar误导了使用者。

【规则7-4-3】函数间的接口越简洁越好,参数传递应该尽可能简单。

我在上课的时候经常讲写软件的精髓用一句不一定很恰当的话来说就是老子的"鸡犬之声相闻,老死不相往来"。程序各函数应该尽可能将细节封装在模块内部,而函数之间的关系越简单越好(专业术语为"函数间的耦合度"),只有这样才易于将各个函数组装在一起,而调试的时候也便于将排错的主要精力集中在函数内部。参数列表是反映函数间关系的一个重要指标(另一个重要指标是函数间共用的全局数据结构),尽量减少传递参数的个数可以有效降低函数间的耦合度。对于多个相关的参数,可以将它们封装在一个结构体中进行传递。减少参数个数的另一个好处是减少了函数调用过程中传参的开销。要知道对于大多数C编译器而言,参数的传递是通过堆栈进行的;而对于ARM处理器如果参数少于4个则所有参数通过寄存器r0~r3进行传递,如果参数多于4个则多出的参数依然要通过堆栈进行传递。

关于函数间传参需要注意的另外一个问题是,作为被调函数(Callee)需要谨慎地处理由调用者传递的指针参数。Steve Maguire在其所著的《编程精粹——Microsoft编写优质无错C程序秘诀》[3]一书中曾经写道:

实际上在调用某个函数的程序员和写这个函数的程序员之间有个隐式的约定:假设我是调用者,你是被调用者,我向你传递一个指向输入的指针,那么你就同意将输入当作常量并且承诺不对其进行写操作。同样,如果我向你传递一个指向输出的指针,你就同意把它当作只写对象来处理并承诺不对其进行读操作。最后,无论指针指向输入还是指向输出,你都同意严格限制对保存这些输出的存储空间的引用。

【规则7-4-4】对于某个具体的项目而言,函数应该拥有尽量统一的返回值约定。

对于一个具体的项目而言,公开给上层代码的API函数最好能够拥有统一的返回值约定,这样做的好处是上层软件的程序员可以非常方便地对底层函数的返回值进行判断,而且从源码的组织角度来看也非常工整。下面的代码是 ASIX Window 中 asixwin.h 头文件中关于 API 的声明(注意:几乎所有函数的返回值都是统一的,如果函数正常返回则返回 ASIX_OK,否则返回 ASIX_ERROR 或者是其他的编码):

```
……
#define ASIX_OK             0x0000          /* 函数正常返回 */
#define ASIX_ERROR          0x0001          /* 函数错误返回,执行失败 */
#define ASIX_NO_MEM         0x4001          /* 函数错误返回,原因是没有内存 */
#define ASIX_NO_MSG         0x5001          /* 函数错误返回,原因是没有消息 */
……
extern U32 CreateWindow(U8 ClassName, char * Caption, U32 Style,
                U16 x, U16 y, U16 Width, U16 Height,
                U32 Parent, U32 hMenu, void * exdata);
extern STATUS DestroyWindow(U32 Wndid);
extern STATUS ASIXGetMessage(PMSG pMessage, U32 * pWnd_id,
                U16 mode, U16 Reserved2);
extern STATUS DefWindowProc(U16 MsgCmd, U32 lparam, P_U16 data, U16 wparam);
extern STATUS SetWindowText(U32 Wndid, P_U8 Caption, void * exdata);
extern STATUS EnableWindow(U32 Wndid, U8 Enable);
extern  STATUS  SetFocus(U32 Wndid);
extern  STATUS  GetFocus(void);
extern  STATUS  EnableFocus( U32 wndid, U8 state );
extern  STATUS  RepaintWindow(U32 wndid, U32 lparam);
extern  STATUS  PopUpWindow( U32 Wndid, U32 reserved );
extern  STATUS  GetWindowStatus(U32 Wndid, P_U32 Status);
……
```


需要说明的是,上面代码中的一个特例是 CreateWindow 函数,因为该函数返回的是所创建窗口的句柄,如果返回的句柄为 0 则创建失败。当然我们也可以将这个函数的原型定义为:

```
extern STATUS CreateWindow(U32 * pWinID, U8 ClassName, char * Caption, U32 Style,
                U16 x, U16 y, U16 Width, U16 Height,
                U32 Parent, U32 hMenu, void * exdata);
```

将所创建窗口句柄通过参数 pWinID 返回出去,可以和其他函数的定义保持形式上的一致,但这样做的缺点是使得程序的可读性变差(毕竟要通过入口参数返回函数的运行结果不是很好理解),且与习惯的定义方法不一致。

【规则 7-4-5】所有函数的返回类型必须显式地定义,没有返回值的函数应该说明为 void。函数的调用者应该检查函数的返回值。

C 语言将没有显式定义返回值的函数作为返回值为整型的函数来处理,因此如果程序员设计的函数确实没有返回值时，应该用 void 关键字加以声明，告诉编译器该函数没有返回值(关于这个问题请参见 2.1.1 小节中关于 void 关键字的说明)。

正如我们在规则 7-4-4 中所说明的，每个函数的返回值都有特定的含义，因此作为函数的调用者应该检查被调函数的返回值，以判断被调函数的执行是否正确。如果被调函数执行不正确，则进入相应的差错处理。这一点对于申请系统资源的函数调用尤其需要坚持。下面的代码是 CreateWindow 函数中通过调用 SysLcalloc 函数申请内存后的处理。

```
……
//分配窗口数据结构
if ( (winptr = (ASIX_WINDOW *)SysLcalloc( sizeof(ASIX_WINDOW) )) == NULL )
{
    asixoutput( "### Create %s Error ###", WinClassName[ClassName] );
    return (U32)NULL;
}
……
```


【规则 7-4-6】过深层次的嵌套调用应该充分考虑系统或该进程的堆栈大小，防止堆栈溢出。

程序员应该永远记住的一点：函数的调用在 C 语言中是通过堆栈来保存调用顺序的，在调用过程中许多与函数相关的信息都是通过堆栈进行实现的(参见 4.3.2 小节)。而对于一个特定的系统或进程(任务)而言，堆栈空间总归是有限的，因此如果函数调用的层次很深的话(比如：A 函数调用 B，B 调用 C，C 调用 D……)就有可能会耗尽系统所分配的堆栈空间造成堆栈溢出。另外一个非常可能造成函数过深调用的原因是递归，由于递归的深度往往随着入口参数的变化而变化(试想 n 的阶乘，n 越大则递归的深度越深)，因此程序员应该小心地处理递归函数最深的情况。

【规则 7-4-7】在程序的书写方面，每个函数前必须有相应的说明。

为了方便程序的阅读，程序员应该在每个函数的前面加上相应的说明。说明以注释的形式编写，一般而言其内容包括函数的参数说明、函数的功能说明、调用者需要注意的问题以及该函数的修订记录等。更详细的说明内容还包括该函数调用的函数列表和访问的全局变量列表等。下面给出的是一个范例，程序员可以根据项目内的统一要求进行编写：

```
/*************************************************************
* FUNCTION NAME :    test_func
*
* ARGUMENT:
* in_arg1: brief description of the argument
* in_arg2: brief description of the argument
* in_arg3: brief description of the argument
```

```
 *
 * FUNCTION(S) CALLED
 * function1
 * function2
 *
 * GLOBAL VAR REFERENCED: g_var1, g_var2
 * GLOBAL VAR MODIFIED:  g_var2
 *
 * DESCRIPTION: A detailed description of the function should be list here
 *
 * NOTE: The information should be noted list here
 *
 ****************************************************************
 * MODIFICATION HISTORY
mm.dd.yy    Lingming    Description of the changes made to this func
Changes should be list in reverse order
****************************************************************/
```


7.2.5 源文件

【规则 7-5-1】在每个 C 文件开始的部分，应该有关于本文件的说明。

在每个 C 文件开始的部分，应该书写关于该 C 文件的说明。这些说明应该包括的信息有：文件的版本和版权信息；文件的编写者；文件的创建日期；关于文件功能的描述；注意事项；本文件中的函数列表以及对这些函数的简要说明；本文件中声明和定义的全局变量列表；文件的修改记录等。以下是文件说明的一个例子：

```
/****************************************************************
 *
 * Copyright © 2008 National ASIC Center, All right Reserved
 *
 *  FILE NAME:        test.c
 *  PROGRAMMER:  Lingming
 *  Date of Creation      yyyy/mm/dd
 *
 * DESCRIPTION:  Describe the function of the file
 * NOTE:             the information that should be noted of this file
 * FUNCTIONS LIST:
 * fun1(arg1,arg2)          description of func1
 * fun2(arg1,arg2,arg3)    description of func2
 *
 * GLOBAL VARS LIST:
 * gVar1   description of gvar
```

```
* gVar2   description of gvar
* gVar3   description of gvar
*
***********************************************************
* MODIFICATION HISTORY
*
*
* yyyy/mm/dd  by Lingming  Description of the changes mode to the file
* changes should be listed in the reverse order
***********************************************************/
```

【规则 7-5-2】每个C文件中所包含头文件的顺序应该遵循先底层后上层的原则。

一般来说,在每个C文件中包含头文件时,首先应该包含底层的头文件,然后再逐层包含上层的头文件,最后包含与该C文件相关的应用层头文件。比如:首先包含与硬件相关的头文件,然后是标准C库的头文件、操作系统头文件、中间件头文件、应用层序头文件。当然,并不是所有的C文件都需要包含这么多的头文件,有些C文件中也许就不包含硬件相关的头文件,而有些可能不需要包含中间件头文件,但是这并不影响先底层后上层的原则。请参考下面的例子:

```
……
#include <stdio.h>                    //编译器头文件
#include <stdlib.h>                   //编译器头文件
#include <string.h>                   //编译器头文件
#include <asixwin.h>                  //操作系统头文件
#include <asixapp.h>                  //操作系统头文件
#include <resource\bitmap.h>          //应用程序头文件
#include <resource\picture.h>         //应用程序头文件
……
```

【规则 7-5-3】在每个头文件中必须包含多重应用检查。

```
#ifndef    _INCLUDEFILENAME_H
#define    _INCLUDEFILENAME_H
……
(include file contents)
……
#endif      /* _INCLUDEFILENAME_H */
```

7.3 风格指导

程序是写给人看的!好的程序首先应该在形式上是优美的,然后才是功能和效

率上的正确性。记得有个在企业工作的朋友问我如何面试程序员，我给他的建议之一就是把被面试者曾经写过的程序打印出来看看，不用看程序的具体实现，只看程序的格式就基本可以判断被面试人是否是有经验的程序员，是否受过正规的编程训练。

本节中介绍的程序编写风格指导将帮助读者规范程序的书写格式。

7.3.1 程序的书写

【指导 7-1-1】使用合适的注释，在需要的地方写注释。

注释是C程序源代码中非常重要的组成部分。适当的注释将有效地帮助程序的阅读者理解程序的编写思路，并在需要注意的地方提醒读者。但是，并不是注释越多越好，太多不必要的注释往往会造成对读者的干扰。通常在以下代码处需要加注释进行说明：

- 预编译宏定义语句；
- 每个函数前，说明函数的功能、参数、返回值、出错处理等；
- 较为复杂的 if... else... 语句；
- 大块的、逻辑上独立的代码段，用以说明该段代码的作用；
- 循环语句，说明循环的功能及跳出循环的条件；
- 全局变量的定义处；
- 结构定义中的分量；
- 一些特殊的程序结构（比如没有 break 语句的 switch case 等）。

【指导 7-1-2】利用括号来表示运算的优先顺序。

C语言有34个运算符，分为15个优先级，即使是有经验的程序员也很难把所有的优先级都记得非常清楚。为了使程序的可读性更好，不要假设阅读代码的人能够很好地记住所有优先级，必要的情况下采用括号来表示运算的优先顺序。注意：这个指导意见要恰到好处，并不是所有的运算都需要加括号，事实上括号太多反而会使程序的可读性变差，正所谓过犹不及。通常大家对最高优先级和最低优先级记得比较清楚，对于这些运算可以不加括号，而对于处于中间部分的运算，比如双目关系运算符（>、>=、<、<=、==、!=）、双目逻辑运算符（&&、||）、双目逻辑位运算符（&、|、^）等最好采用括号的形式表达运算的优先顺序。

【指导 7-1-3】每行语句单独占用一行，不要使用过长的语句，必要时可以换行写。

理论上来说，C编译器通过对分号“;”的判断来确定一个语句，因此程序员可以在一行中连续编写若干条C语句，但是这样将造成程序可读性的下降。所以规范的写法是每个语句单独占用一行，即使是非常简单的赋值语句。

另外一个需要注意的问题是，在程序中可能会出现比较长的语句，这时程序员应该使用换行书写，因为太长的语句也会增加阅读程序的困难。

【指导 7-1-4】正确使用操作符间的空格。

虽然C语言标准中并没有规定程序书写过程中应该遵循什么样的格式，但正确使用空格会使得程序的形式非常规整，便于程序的阅读。一般来说对程序中的空格使用应该遵循下面的约定：

- 关键字之后要留空格。像const、virtual、inline、case等关键字之后至少要留一个空格，否则无法辨析关键字。像if、for、while等关键字之后应留一个空格再跟左括号“(”，以突出关键字。
- 函数名之后不要留空格，紧跟左括号“(”，以与关键字区别开。
- “(”向后紧跟，“)”、“,”、“;”向前紧跟，且紧跟处不留空格。
- “,”之后要留空格，如Function(x, y, z)。如果“;”不是一行的结束符号，其后要留空格，如for (initialization; condition; update)。
- 赋值操作符、比较操作符、算术操作符、逻辑操作符、位域操作符(如＝、＋＝、＞＝、＜＝、＋、＊、%、&&、||、＜＜、^)等二元操作符的前后应当加空格。
- 一元操作符(如!、～、＋＋、－、& 等)前后不加空格。
- 像“[]”、“.”、“－＞”这类操作符前后不加空格。
- 对于表达式比较长的for语句和if语句，为了紧凑起见可以适当去掉一些空格，如for (i＝0;i＜10;i＋＋)和if ((a＜＝b) && (c＜＝d))

【指导7-1-5】合理规范地使用程序缩进，注意大括号的使用，谨慎地使用TAB键作为缩进符。

几乎所有C语言入门教材都会介绍源程序的缩进，通过缩进的格式书写程序将有助于程序阅读者方便地理解程序的逻辑。一般会有两种不同的缩进格式，如下面的代码所示。其中后一种缩进风格采用的人比较少，我们建议读者不要使用这种风格。

```
for ( i = 0; i <= max; i++ )
{
    codes here;
    codes here;
}
if ( 条件表达式)
{
    Codes here;
} else if ( 条件表达式 ) {
    Codes here;
} else {
    Codes here;
}
/////////////////////////////////////////////////////////////////////////
/* 另外一种缩进风格，这种风格比较古老，不推荐大家使用 */
for ( i = 0; i <= max; i++ )
```

```
    {
    codes here;
    codes here;
    }
if ( 条件表达式)
    {
    Codes here;
    } else if ( 条件表达式 ) {
    Codes here;
    } else {
    Codes here;
    }
```

关于缩进另外一个需要注意的问题是TAB键的使用。程序员往往喜欢采用TAB键来实现程序的缩进,但这会带来一定的隐患,因为不同系统的编辑器可能会对TAB键的解释不太一样,比如有的编辑器将一个TAB字符认为是8个空格的缩进,而有些编辑器则将一个TAB字符解释成为4个空格的缩进,所以如果采用TAB字符作为缩进符的话,就有可能出现在一个编辑器中正常的格式在另外一个编辑器中的实现却不正常。解决这个问题的方法是采用空格键而不是TAB键来实现缩进,因为所有的编辑器对于空格的解释都是一样的。这样做的坏处是程序员必须手工击键多次才能实现缩进,好在现在有限源码的编辑器有自动将TAB键转换成为多个空格键的功能,比如UltraEdit编辑器就可以让程序员自定义将一个TAB键转换为4个空格键或者是8个空格键。

【指导7-1-6】谨慎地使用源代码的编辑器,注意不同系统对于换行符的不同定义。

关于编辑器还有一个需要注意的问题就是换行符的定义问题。UNIX系统(包括Linux系统)、DOS系统(包括Windows系统)、MAC系统对于源文件的换行符定义不完全相同。UNIX系统下的换行符是0x0a;DOS系统下的换行符是0x0d、0x0a;MAC系统下的换行符是0x0d。因此,在不同系统下编辑的源代码在另一个系统下就有可能没有办法正常显示,甚至源文件编译都会有问题。有一次我的研究生将在Windows环境下编辑好的C代码上传到Linux服务器上进行编译,每次GCC编译器都会给出一条似是而非的错误报告,他检查了好半天都觉得源文件的语法不可能有错误。我建议他在源文件保存时注意选择UNIX格式,结果修改后的源文件顺利地通过了编译。好在现在的编辑器都具备保存不同系统格式的功能,比如UltraEdit就可以在保存源文件的时候选择采用DOS格式、UNIX格式或是MAC格式。程序员在编写代码的时候应该小心地选择合适的格式进行源文件保存。

7.3.2 命 名

【指导7-2-1】标识符应当直观且可以拼读,可望文知意,不必进行"解码"。

标识符最好采用英文单词或其组合词，便于记忆和阅读。切忌使用汉语拼音来命名。程序中的英文单词一般不会太复杂，注意用词应当准确。

比较著名的命名规则当数 Microsoft 公司的“匈牙利”法(之所以用这个名字据说是因为提出这种命名方法的程序员是一个匈牙利人)，该命名规则的主要思想是“在变量和函数名中加入前缀以增进人们对程序的理解”。例如所有的字符变量均以 ch 为前缀，若是指针变量则追加前缀 p。如果一个变量由 ppch 开头，则表明它是指向字符指针的指针。“匈牙利”法最大的缺点是繁琐。例如 ：

```
int i, j, k;
float x, y, z;
```

若采用“匈牙利”命名规则，则应当写成：

```
int iI, iJ, ik;         // 前缀 i表示 int类型
float fX, fY, fZ;       // 前缀 f 表示 float 类型
```


如此繁琐的程序让大多数程序员无法忍受。没有哪种命名规则可以让所有的程序员赞同，程序设计教科书一般都不指定命名规则。命名规则对软件产品并不是“成败悠关”的事，我们不必花太多精力试图制定世界上最好的命名规则，而应当制定一种令大多数项目成员满意的命名规则，并在项目中贯彻实施。下面介绍的规则并不是唯一合理的命名规则，可以作为一个参考。无论如何，至少应该在一个项目中使用统一的命名规则。

【指导 7-2-2】全局函数与全局变量的命名规则基本相同，通常采用动宾结构的两个英文单词或者完整的名词词组构成，每个单词的首字母大写，单词之间没有连字符或空格。

全局变量和全局函数的意思是指需要被定义这个函数或变量的 C 文件之外的其他 C 文件引用的函数或变量(通常这些函数和变量需要在相应的头文件中被声明为 extern 属性)。全局函数和全局变量命名的最主要特征是采用若干个单词的词组构成，通常函数名采用动宾结构，变量名采用名词词组的形式。

```
extern ASIX_WINDOW          * CurWindow;        //指向当前窗口
extern ASIX_WINDOW          * FocusWindow;      //指向有输入焦点的窗口
extern ASIX_COLOR_THEME     ColorTheme;
// 函数原型
extern U32 CreateWindow (U8 ClassName, char * Caption, U32 Style,
                         U16 x, U16 y, U16 Width, U16 Height,
                         U32 Parent, U32 hMenu, void * exdata);
extern STATUS DestroyWindow(U32 Wndid);
extern STATUS DefWindowProc(U16 MsgCmd, U32 lparam, P_U16 data, U16 wparam);
extern STATUS SetWindowText(U32 Wndid, char * Caption, void * exdata);
extern STATUS EnableWindow(U32 Wndid, U8 Enable);
```

```
extern U32     SetFocus(U32 Wndid);
extern U32     GetFocus(void);
extern STATUS EnableFocus( U32 wndid, U8 state );
extern ASIX_WINDOW * FocusLookUp(ASIX_WINDOW * wndhead);
extern STATUS RepaintWindow(U32 wndid, U32 lparam);
extern STATUS PopUpWindow( U32 Wndid, U32 reserved );
extern STATUS GetWindowStatus(U32 Wndid, P_U32 Status);
extern U32 GetCurWindow( void );
extern SYSTCB * GetCurTask( void );
extern STATUS IsMyWindow(U32 Wndid, U32 Head);
/* 滚动条相关函数在 scroll.c 文件中定义 */
extern  STATUS    SetScrollRange(U32 windowid,U16 minpos, U16 maxpos);
extern  STATUS    GetScrollRange(U32 windowid, P_U16 minpos,P_U16 maxpos);
extern  U16       GetScrollPos(U32 windowid, U16 message, U16 wparam, U8 flag);
extern  STATUS    SetScrollPos(U32 windowid, U16 wparam, U32 menu, U16 message);
……
```


【指导7-2-3】局部函数与局部变量的命名规则基本相同,局部变量和局部函数的命名约束相对较弱,毕竟它们在整个项目中的影响较弱。局部变量和函数采用动宾短语或名词短语的词组构成,各单词全部采用小写,可以采用缩略形式,单词间可以采用下划线连接。

这里所说的局部变量和局部函数是指定义在函数内部的局部变量以及定义为static属性的函数以及全局变量(这些函数和全局变量只能在定义它们的C文件中被访问)。由于这些变量和函数仅在定义它们的C文件中被访问,其影响范围仅限定在该C文件中,因此对于这些函数和变量的命名约束是比较弱的。请看下面的例子:

```
……
//局部函数的命名
static STATUS push_win(void);
static STATUS pop_win(void);
/* 定时器 */
static void do_minute(void * arg);
static void do_hour(void * arg);
static void do_day(void * arg);
U32 CreateWindow(U8 ClassName, char * Caption, U32 Style,
                 U16 x, U16 y, U16 Width, U16 Height,
                 U32 Parent, U32 hMenu, void * exdata)
{
    //局部变量的命名
    void                    * ctrl_str = NULL;
```

```
    ASIX_WINDOW             * parent_win, * winptr;
    ASIX_WINDOW             * winlist;
    ASIX_WINDOW             * curwin;
    SYSTCB                  * curtask;
    U32                     old_curwindow = 0;
    U16                     padx = 0, pady = 0;
    U16                     cursor;
    ……
}
```

【指导 7-2-4】宏、自定义类型、常量的命名规则基本相同，这些元素的命名通常采用名词词组的形式构成，要求所有字母大写，单词间可以采用下划线连接。

```
……
 * 窗口风格 */
/* 基本窗口风格 */
#define WS_OVERLAPPED           0x00000000L
#define WS_POPUP                0x80000000L
#define WS_CHILD                0x40000000L
/* 窗口剪切风格 */
#define WS_CLIPSIBLINGS         0x04000000L
#define WS_CLIPCHILDREN         0x02000000L
/* 一般的窗口状态 */
#define WS_VISIBLE              0x10000000L
#define WS_DISABLED             0x08000000L
/* 主窗口状态 */
#define WS_MINIMIZE             0x20000000L
#define WS_MAXIMIZE             0x01000000L
……
//自定义类型
typedef struct asix_window
{
    struct asix_window * prev;              //指向前一个窗口
    struct asix_window * next;              //指向后一个窗口
    struct asix_window * child;             //指向子窗口链

    WNDCLASS            * wndclass;         //指向窗口类

    unsigned int        task_id;            //窗口所属任务的 ID
    unsigned int        wnd_id;             // Creatwindow()函数为本窗口分配的窗口 ID
    unsigned int        parent_id;          //本窗口的父窗口 ID

    unsigned int        status;
```

```
    unsigned short      x;
    unsigned short      y;
    unsigned short      width;
    unsigned short      hight;
    char                * caption;          //标题字符串
    char                * tag;              //标签字符串

    unsigned int        style;
    unsigned int        hmenu;

    void                * ctrl_str;         //指向窗口的私有控制数据
    void                * exdata;
} ASIX_WINDOW;
```

7.4 思考题

1. 在 UNIX、Linux、苹果 MAC OS、Window 等不同系统中，对于 C 源码的回车换行符的定义是不同的，请查阅相关资料并作出总结。

2. 请查阅相关资料，比较总结 UNIX(Linux)系统与 Windows 系统的命名规则。

3. 查阅以前编写的代码，找出这些代码中不符合规范的地方并给出修改意见。

第 8 章 代码的调试

8.1 Bug 与 Debug

在开始讨论软件的调试之前，我想先讲两个真实的案例。

1999 年，美国一枚 Titan IVb 型火箭装载着一颗军用通信卫星从发射台上起飞，按照预定计划它将把卫星送入地球同步轨道。发射 9 min 后，第一级火箭发动机关闭并且正常分离，但是第二级火箭发动机点火后却引起火箭轴向上的不稳定，这种不稳定最终引起了另外两个维度上的偏离直至整个火箭发生了翻滚。箭载计算机启动了反应控制系统推进器试图修正这个问题，然而直到推进器的燃料耗尽，火箭也没能回归正常，它最终将卫星带入了一个毫无用处的低椭圆轨道。事后的调查表明，事故的原因是一个常量−0.199 247 6 被错误地录入为−1.992 476。原来，在火箭飞行的过程中需要使用大量的常量数据来控制飞行的姿态，不巧的是记录这些数据的文件丢失了，工程师只能从与之相似的另一个文件中重新生成这个数据表，在这个过程中这个常量被录错了。就这么一个简单的错误使得美国的纳税人白白浪费了 10 亿美元。

一年之后的海上平台发射(这是人类历史上第一次尝试依靠改装的石油钻井平台进行火箭发射，读者可以访问 www.sea-launch.com)由于第二级火箭发动机的过早关闭使得价值 1 亿美元的 ICO F-1 飞船打了水漂。发射失败的原因出在地面控制软件。为了适应发射的需要，工程师对这个软件进行了一点修改。不知什么原因，程序中一行用于在发射前关闭某个阀门的代码被意外删除了。结果，用于为第二级发动机燃料箱加压的氦气被漏光了。发射前的测试漏过了这个错误。

上面举的这些例子可以说明软件开发的难以驾驭。当进入倒计数时，地面控制软件需要检测上万个传感器的数据，向飞船发出上百万条命令——只有一条命令是错误的，我们的正确率已经达到了 99.999 9%。要知道在学校里 90 分以上就是 A 了。但是对于计算机程序99.999 9%的正确率还不够，上百万行代码中哪怕一个比特的错误都可能引起整个系统的崩溃。上面的例子还说明，要想避免软件中的错误是多么的困难。

事实上，我认为现代所有的软件开发方法和工具都只能最大程度上减少软件开发中的错误，但是想通过工具绝对保证软件无错是不太可能的——唯一的办法就是通过科学的软件测试，发现程序中隐藏的 Bug，然后修正它们！面对程序中的错误，建设性的态度应该是：

- 怎样能够尽可能地发现程序中的错误？
- 怎样发现程序中的这些错误的原因是什么？
- 怎样在软件中自动地查出这个错误？
- 怎样修正这个错误？
- 怎样在以后的编程中尽可能地避免这样的同类错误？

8.1.1 初学者的困惑

调试代码也就是发现代码中的错误并且修正这些错误，对于初学者而言是有一定难度的。这使我想起一个北京雍和宫的故事：据说当年雍和宫中的佛像刚刚建成之时，人们觉得佛像的面部表情有些呆板，于是找来一位非常有经验的老工匠来帮助解决这个问题，老头先开了一个非常高的价钱，然后拿起自己的锤头在佛像嘴角的两边分别向上敲了一锤子，顿时佛像的表情面含微笑，生动了起来；事后，有人愤愤不平地问老人，凭什么他敲了两下就可以拿到那么多工钱，老工匠回答说，敲两锤子的确不值钱，但是知道在什么地方敲就值钱了。这个故事与我们调试代码有异曲同工之妙，它至少说明了两个问题：第一，调试代码是一项需要丰富经验的工作；第二，调试代码和测试代码不同，后者只需要证明代码中存在错误，而前者则需要找到错误的根源并且修正这个错误。

初学者在调试代码的过程中，往往会有这样或者那样的困惑。总结起来主要有以下 3 类。

第一类程序员在错误面前一筹莫展，要么拼命地单步跟踪程序的运行，却不知道自己到底要关心什么，是希望通过单步跟踪程序的流程？还是通过单步跟踪某个变量的变化？要么根本就不愿或者是不敢跟踪程序，尤其是当程序流程进入到底层函数或者是其他程序员写的代码的时候更是如此。

第二类人总是希望将程序的错误归结为他人的原因。软件人员首先归罪的是硬件板子的不稳定；如果硬件系统确实被证明没有问题，就开始怀疑是别人的代码中的错误；如果别人的代码也没有问题，就怀疑是否芯片本身有问题或者是编译器有问题。我在刚刚开始写程序时就不止一次地发现编译器存在严重“Bug”——令人汗颜的是每一次的错误最终都被证明是我代码中的问题。人都有为自己辩解的本能，我们总是不自觉地将错误原因推给别人，而不愿相信是自己的错误。这对于调试程序是非常不利的，面对错误我们首先应该做的是先查看自己的代码是否有问题，在经过认真的排查确认自己代码没有问题之后再去怀疑是否是别人的原因。

第三类人总是随便地、漫无目地修改代码，屏掉这个语句，增加那个语句，重新编译，然后祈求奇迹出现。如果碰巧程序能够正常工作了，当问他问题出在哪里时，他的回答是“不知道,反正程序现在能够工作了”。这种调试代码的心态也是非常要不得的,要知道我们面对的数字系统是一个纯粹的逻辑系统,没有什么说不清的东西。有的时候表面上看起来好了的东西可能隐藏着更深的问题,这些问题不在开发的过程中暴露出来,就一定会在用户那里爆发出来,那个时候再想弥补这个错误所付出的代价就大得多了。我们在为 SEP3203 处理器编写 PS2 键盘驱动的时候曾经发生过这样的怪事。由于 SEP3203 处理器没有 PS2 控制器,所以要使用 GPIO 来模拟 PS2 的时序。负责这个工作的研究生告诉我他的驱动有时好有时不好(大概 10 次命令有 7～8 次是正常的),这取决于驱动中的一个 for 循环的延时。我问他这个延时的作用是什么,他说不知道,反正需要延时。按照 PS2 的时序,这个延时是没有道理的,我说你不应该使用任何延时,因为这个 for 循环构成的延时程序没有任何道理。他按照我的要求去掉了代码中的所有循环延时,然后更加沮丧地告诉我说这下什么都出不来了。试验似乎在告诉我们这个循环延时的重要性,但是我依然觉得这个循环是没道理的,于是和他一起重新分析 PS2 时序,最后我们发现,他最初的代码对时序理解有误,应该是在时钟上升沿采数据的,他将程序写成是在下降沿采数据,这当然是错误的！那么为什么加上延时就会有可能正确呢？原因很简单,因为加上延时后,原来程序希望在下降沿采数据的,由于延时就有可能正好在下一个上升沿来到时采到数据,就这样歪打正着了。

不管是上面的哪种心态对于真正的调试代码都是有害无益的。正确的心态应该是首先相信程序中的问题一定是有原因的。对于软件这种纯逻辑的东西,所有的现象都必然有可以解释的原因。基于这个前提,程序员应该冷静地分析代码中的问题,切忌束手无策,病急乱投医。建议根据程序的逻辑一层层地排查,最后将问题缩小在一个函数内部,并最终解决它。

8.1.2 Debug 的手段和工具

工欲善其事,必先利其器。嵌入式程序员调试程序的工具是 Debug 工作的物质保证。总的来说,嵌入式程序员用于调试程序的工具可以分为两大类:第一类是采用物理信号采样的方式对被调试系统进行观测的各种仪器,比如逻辑分析系统、示波器等;第二类是用来调试代码的调试器或者跟踪(Trace)工具。不管是哪一类工具,本质上都是为了给调试人员提供被调试系统的可观测性和可控制性。程序 Debug 的过程就像我们在医院看病一样,通常病人只是告诉医生症状(比如头疼、恶心等),医生要做的事情就是通过各种医学检测仪器和相关试验找到这些症状背后的原因,然后对症下药。

相对于桌面系统的程序员而言,嵌入式系统程序员调试代码的过程可能需要使用到一些底层的硬件仪器设备,其中最有用的工具莫过于逻辑分析系统(逻辑分析仪)和示波器。读者可能会说这些设备都是硬件工程师的工具,与软件工程师有何关系？其实,嵌入式系统本身就是一个软硬件密不可分的系统,软件工程师经常需要用到一些底层的工具。比如对于处理器的设计人员而言，在开发的早期可能根本就没有集成开发环境可以使用，这时就必须借助硬件工具对处理器的行为进行观测。我们在与北京大学微处理器研究中心合作众志805处理器时，刚开始我们没有集成环境，甚至连串口都没有，为了能够调试系统Boot的最初的代码，只能通过逻辑分析系统一条指令接着一条指令、一个地址跟着一个地址地分析程序的运行情况。调试底层设备驱动的时候，采用逻辑分析系统更是非常方便地看到每个输出信号的变化情况，有一定时序的外围设备驱动对于调试是非常有效的。如果说逻辑分析系统过于昂贵和庞大的话，那么示波器就比较廉价和小巧了。通过示波器，软件程序员可以看到一些基本的时序，还可以通过GPIO口的拉高和拉低在示波器上测量某段程序的运行时间。比如在进入中断前将一个I/O口拉高，出中断后再将这个I/O口拉低，这样在示波器上测量这个I/O就会看到一个下降沿，我们可以方便地测量这个时间。这对于调试实时系统是非常有用的。

大多数程序员最后还是通过处理器厂家推出的调试软件来进行软件的调试工作，比如对于ARM公司的ADS开发套件（最新的版本应该是RVDS和MDK），其中就包含了AXD调试器。目前，商用的软件调试工具一般都包含以下这些基本功能：

① 断点与数据观测点（Breakpoint and Watchpoint）。可以说断点功能是所有调试功能的基础，只有将程序停下来才能实现对程序执行中间过程进行观测。所谓数据观测点是指当所指定的某个变量的值发生改变时，程序就停下进入调试状态的一种观测手段，数据观测点对于跟踪变量被意外修改的情况是非常有用的工具。

② 单步（Step）。虽然商用的调试器一般都会有好几种单步模式，比如按行单步、跳入函数（Step in）、跳出函数（Step Out）、跳过函数（Step Over）等。但只要有断点的功能，这些单步功能就都不难实现，比如最简单的按行单步其实就是在下一行需要运行的代码前加一个断点，当程序运行到这里时停下，然后取消原来的断点，同时在这条语句后面再设上新的断点。这样我们就可以实现一步一停的单步执行了。

③ 寄存器的观察与修改（Register）。我们将程序停下的目的是为了观测当前的程序执行状态以及中间结果。处理器可以在调试状态下通过扫描链将CPU内部寄存器的当前值输出到片外，这样程序员就可以观测到当前的程序执行状态。

④ 内存观察与修改（Memory）。除了观测和修改CPU内部的寄存器值之外，程序员还需要了解当前存储器中的状态，同样可以借助扫描链向CPU插入访存指令的方法读取和修改存储器某个地址的内容。只要我们能够实现向某个特定地址读取或写入某个数据，那么实现程序下载和存储器内容保存（Memory Dump）就不难了。

⑤ 变量的观察与修改（Watch）。变量的观察与修改其实是内存观测与修改的特例，只要调试器知道每个变量在存储器中的地址就可以方便地实现。

⑥ 调用栈（Call Stack）。很多商用调试工具都提供了调用栈这个观测工具。当程序通过断点停下时，可以通过调用栈回溯函数的调用关系。这对于跟踪程序的执

行流是非常有用的。

随着嵌入式软件复杂性的不断增加,嵌入式软件的调试难度也越来越大。比如,对于网络协议等通信类软件,采用断点和单步的方式进行调试就比较困难了。因为网络上的数据是异步到达的,如果接收方的软件进入单步调试状态,那么发送方的协议软件可能就会超时,从而导致通信的协议状态发生改变。又比如,现在的 SOC 往往采用多 CPU 核的架构设计,假设系统中有一颗 ARM9 的 CPU 和一颗 DSP 核,如果通过断点将 ARM9 停了下来,DSP 处理器应该怎么办?这两个 CPU 之间的通信又该怎么办?因此,除了上面介绍的基于断点和单步的调试方法和工具,现在又有了 Trace 工具。该工具可以在不停止 CPU 的情况下,记录 CPU 的运行过程。当然 Trace 工具往往需要借助底层硬件的支持,比如 ARM9 之后的处理器都包含了 ETM(Embedded Trace Macro,嵌入式跟踪宏单元)的模块,这个模块类似于前面介绍的 Embedded ICE 电路,它将记录 CPU 总线上的所有信号。如果说传统的断点和单步调试方法是为程序的运行拍照的话,那么 Trace 就是为程序运行录像,它将完整地记录程序运行的动态过程。

8.2　Bug 的定位与修正

解决问题的关键是发现问题的根源。面对程序运行不正常的错误,Debug 的关键是找到错误现象背后的本质,本节将讨论在 Debug 过程中程序员可以遵循的一些技巧和需要重点关注的地方(也就是最容易出问题的地方)。

8.2.1　关注代码的层次与接口

好的软件架构总是基于层次性的架构,通过相对单纯的数据结构和接口函数与外界交互。因此,Bug 的定位首先应该从上层逐渐往下层排查,将断点设在上层函数的入口,单步执行跟踪程序的流程,特别关注底层函数的执行是否正确(主要是观察其返回值是否正确),将搜索的范围逐渐缩小,最后定位在一个函数内部。

如图 8-1 所示,应用程序在访问文件时出错,可以先从应用程序调用 API 开始

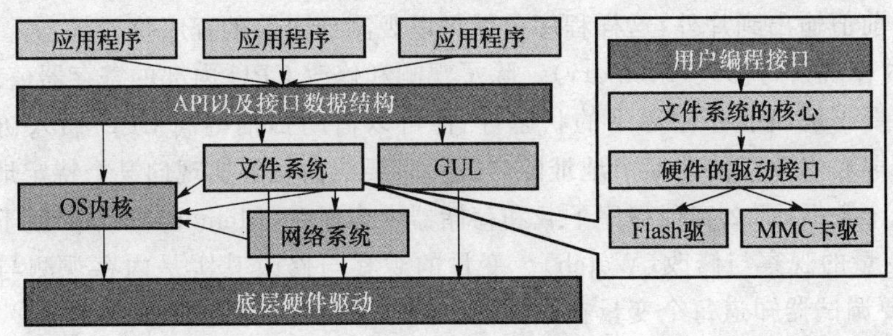

图 8-1　软件的层次结构

进行排查，首先程序员应该跟踪代码并仔细检查 API 函数的入口参数是否如文档所述？如果参数是合法的，则需要仔细核对 API 函数的返回值。如果参数合法但返回值错误，则应该可以判断问题出在下面；如果参数本身就是不合法的，那么一定是应用程序的代码中存在什么问题。如果我们判断是 API 函数内部有问题，在有源码的情况下可以继续跟踪程序的执行流进入 API 内部，用同样的方法逐步排查。

8.2.2 关注内存的访问越界

C 语言的灵活性、指针的应用以及 C 语法的宽容性很容易造成代码的中潜藏着错误，这其中最主要的就是关于内存访问而引起的问题。C 程序的内存问题最主要的分为两大类，一类是第 4 章介绍的内存泄漏，另一类就是内存单元的访问越界。与其他高级语言不同，C 语言内部从不检查数组或者动态内存区的访问是否越界(特别是 C 语言中指针和数组的处理方式)，而是完全由程序员自己负责。这一方面使得 C 语言的效率较高，另一方面编程的灵活性也非常大，但是在获得这些好处的同时，我们也付出了惨烈的代价。本小节重点讨论内存越界访问的问题。

内存单元越界访问问题又主要分为 3 类：堆栈溢出、缓冲区溢出和数组越界。下面详细介绍这些错误的形成原因、在代码运行时可能造成的现象以及应如何避免这些错误。

1. 堆栈溢出

所谓堆栈溢出是指由程序中的错误而引起的压栈操作超出原来分配的堆栈底部的问题。在一个多任务系统中，每个任务在创建之初一般都会由操作系统分配一块内存区域作为该任务的堆栈区。该堆栈区的大小一般在任务创建函数的参数中指定。任务创建函数通过动态内存分配函数在系统堆(Heap)中申请一块指定大小的内存区作为堆栈(由于大多数系统的堆栈组织都采用满递减栈的形式，因此实际堆栈顶部的指针是内存分配函数返回的指针加上堆栈容量)。堆栈从顶部的高地址向低地址的堆栈底部方向增长(压栈)，由于堆栈的大小是有限的，如果程序耗费了太多的堆栈空间，就有可能在压栈的过程中越过堆栈的底部边界而进入其他的内存区域(如图 8-2 所示)。这就是所谓的堆栈溢出。

造成堆栈溢出的主要原因有：

- 任务的堆栈预留太小。任务创建函数会根据入口参数为任务分配堆栈空间，如果程序员在一开始就为任务分配了太小的堆栈空间，则很容易造成堆栈溢出。关于如何评估应该开设多大的堆栈空间，我们在第 4 章已经进行了详细的讨论。
- 任务中开设了大的临时变量，正如前面讨论的，编译器使用堆栈来实现部分临时变量，如果在程序中声明了大的局部变量数据结构，尤其是大的数组，将占用大量的堆栈空间。
- 过深的函数递归消耗了堆栈。编译器为每次函数调用构建调用栈帧，如果程

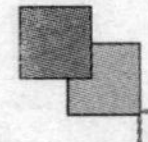

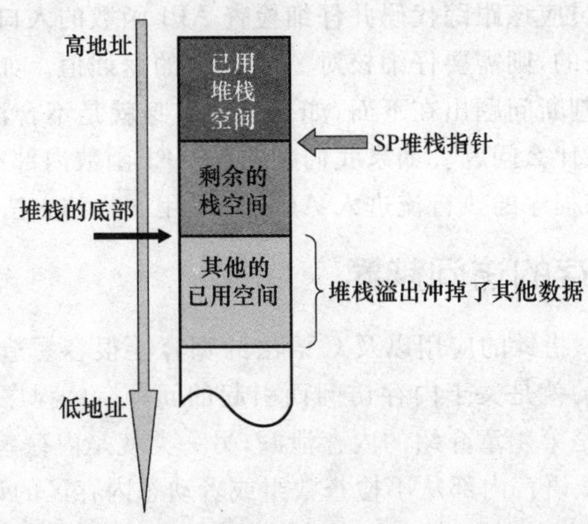

图8-2 堆栈溢出

序中的函数调用深度比较深，比如递归调用，将消耗大量的堆栈空间。

从调试的角度出发，如果程序运行时出现以下现象，就有可能是堆栈发生了溢出。

① 如果某些内存单元的值莫名其妙地被改，程序员就应该怀疑是否发生了堆栈溢出。由于超出堆栈底部的堆栈操作将破坏原来存放在这些区域内的数据，因此原来存放这些内存单元中的数据将被错误地修改。遗憾的是，对于"肇事者"(也就是造成堆栈溢出的那段代码)而言，如果它不立刻访问这些被破坏的数据(通常情况就是这样，因为那些存放在栈底外的数据也许属于另外一个任务)，一切工作仍正常——直到那些被破坏数据的拥有者开始访问这些数据时，错误才会发生。因此，程序发生错误的地方通常情况并不是造成这些错误的原因。为了找到"肇事者"，程序员可以通过数据观测点的方法跟踪到底是谁在非正常的情况下修改了这些内存单元。

② 由于与该任务堆栈相邻存放的数据可能是任何其他内存单元(比如一个动态的全局数据结构或者是另一个任务的堆栈)，而堆栈中保存了关于函数调用所有的信息(比如返回地址、调用者用到的寄存器的值、被调用者用到的临时变量等)，因此其他所有的奇怪问题(比如：函数调用不正常、局部变量莫名其妙被改)以及其他所有的死机与崩溃都有可能是堆栈溢出造成的。

2. 堆栈缓冲区溢出

被调用函数的局部变量，尤其是局部数组或缓冲区，是由编译器通过堆栈来实现的。对这些局部数组或者缓冲区的越界访问同样会造成严重的后果。如图8-3所示：假设程序声明了一个局部数组"int A[5];"，那么数组A的合法下标应该是从0到4。注意：数组元素的存放顺序一般是按照由低地址向高地址的方向进行存放，如A[0]元素所占用的地址比A[4]元素所占用的地址要低。在一个函数栈帧中，一般Caller函数会将参数和返回地址压入堆栈，控制全转给Callee函数后，被调函数将需要使用的寄存器的初始值也压入堆栈，最后才是利用堆栈空间表示的局部变量。因此通常情况下，包括函数调用的返回地址、被调函数保存的寄存器值等这些重要的信息都存放在比局部变量高的地址上。如果对局部数组的访问发生了越界，那么越界的部分很容易将包括返回地址在内的重要数据破坏掉。

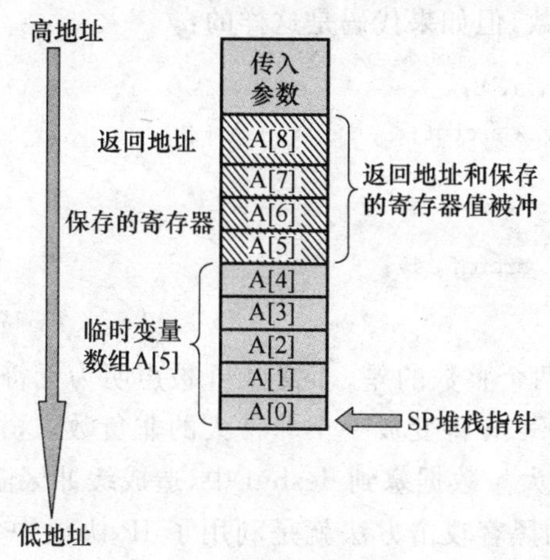

图 8-3 堆栈缓冲区溢出

造成堆栈缓冲区溢出的主要原因有：

- 在程序中对局部数组的操作发生了越界，比如 for 循环的 index 值超出了实际数组的下标值。
- 从根本上讲，在程序将数据读入或复制到缓冲区时，它需要在复制之前检查是否有足够的空间。遗憾的是，C 语言附带的大量危险函数（或普遍使用的库）甚至连这一点也无法做到。程序对这些函数的任何使用都是一个警告信号，因为如果不慎重地使用，它们就会成为程序缺陷。这些函数包括 strcpy()、strcat()、sprintf()、vsprintf()及 gets()。scanf()函数集包括 scanf()、fscanf()、sscanf()、vscanf()、vsscanf()和 vfscanf()。它们可能会导致问题，因为使用一个没有定义最大长度的格式很容易（当读取不受信任的输入时，使用格式“%s”总是一个错误）。
- 其他危险的函数包括 realpath()、getopt()、getpass()、streadd()、strecpy()和 strtrns()。从理论上讲，snprintf()应该是相对安全的——在现代 GNU/Linux 系统中的确是这样。但是非常老的 UNIX 和 Linux 系统没有实现 snprintf()所应该实现的保护机制。
- 另一个问题是 C 对整数具有非常弱的类型检查，一般不会检测操作这些整数的问题。由于它们要求程序员手工做所有的问题检测工作，因此以某种可被利用的方式不正确地操作那些整数是很容易的。特别是当您需要跟踪缓冲区长度或读取某个内容的长度时，通常就是这种情况。但如果使用一个有符号的值来存储这个长度值会出现什么情况呢？攻击者会使它“成为负值”，然后把该数据解释为一个实际上很大的正值吗？当数字值在不同的尺寸之间转换时，攻击者会利用这个操作吗？数值溢出可被利用吗？有时处理整数的方式会导致程序缺陷。在这种情况下，memcpy()函数也不再安全，虽然该函数指定了复制的字节数，但如果代码是这样的：

```
unsigned Int i, a, b;
char *desbuf, *srcbuf;
……
i = a - b;
memcpy(desbuf, srcbuf, i);
……
```

则 i 的值是另外两个整数的差。问题是 i 被声明为无符号数。如果 a－b 的结果是一个负数，那么 i 将变成一个非常大的非负数，这样接下来 memcpy()将从 srcbuf 开始的大量数据塞到 desbuf 中，造成缓冲区溢出。事实上有一种叫作 Tear Drops 的黑客攻击方法就是利用了 IP 协议中关于 IP 包分块与重组的特性，通过构建两个人造的 IP 碎片包，接收方在对这两个碎片进行重组时，将使 memcpy()函数的入口参数溢出，从而造成内核的崩溃。

关于缓冲区溢出的问题比我们介绍的还要复杂得多，在百度输入“缓冲区溢出”这个关键字将得到 783 000 个搜索结果。这其中最主要的问题是借助缓冲区溢出来进行安全攻击。(如图8－4所示)1988 年 11 月，许多组织不得不因为“Morris 蠕虫”而切断 Internet 连接，“Morris 蠕虫”是 23 岁的程序员 Robert Tappan Morris 编写的用于攻击 VAX 和 Sun 机器的程序。据有关方面估计，这个程序大约使得整个 Internet 的 10％崩溃。2001 年 7 月，另一个名为“Code Red”的蠕虫病毒最终导致了全球运行微软 IIS Web Server 的 300 000 多台计算机受到攻击。2003 年 1 月，“Slammer”(也称“Sapphire”)蠕虫利用 Microsoft SQL Server 2000 中的一个缺陷，使得韩国和日本的部分 Internet 崩溃，芬兰的电话服务中断，且美国航空订票系统、信用卡网络和自动出纳机运行缓慢。所有这些攻击都利用了一个称为“缓冲区溢出”的程序缺陷。

如果攻击者能够导致缓冲区溢出，那么它就能控制程序中的其他值。虽然存在许多利用缓冲区溢出的方法，不过最常见的方法还是 stack-smashing 攻击。Elias Levy(又名为 Aleph One)的一篇经典文章《Smashing the Stack for Fun and Profit》[19]解释了 stack-smashing 攻击。请看下面这段代码，当 main()调用 function1()时，它将 c 的值压入堆栈，然后压入 b 的值，最后压入 a 的值。之后它压入 return(ret)值，这个值在 function1()完成时告诉 function1()返回到 main()中的何处。它还把“已保存的帧指针”(saved frame pointer)记录到堆栈上；这并不是必须保存的内容，此处我们不需要理解它。在任何情况下，function1()在启动以后，它会为 buffer1()预留空间。

现在假设攻击者发送了超过 buffer1()所能处理的数据，会发生什么情况呢？当然，C 和 C++程序员不会自动检查这个问题，因此除非程序员明确地阻止它，否则下一个值将进入内存中的“下一个”位置。那意味着攻击者能够改写 sfp(即已保存的帧指针)，然后改写 ret(即返回地址)。之后，当 function1()完成时，它将返回——不过不是返回到 main()，而是返回到攻击者想要运行的任何代码。通常攻击者会使用它想要运行的恶意代码来使缓冲区溢出，然后攻击者会更改返回值以指向它们已发送的恶意代码。

```
void function1(int a, int b, int c) {
    char buffer1[5];
    gets(buffer1);              /* 请不要这样做!! */
}
void main() {
    function(1,2,3);
}
```

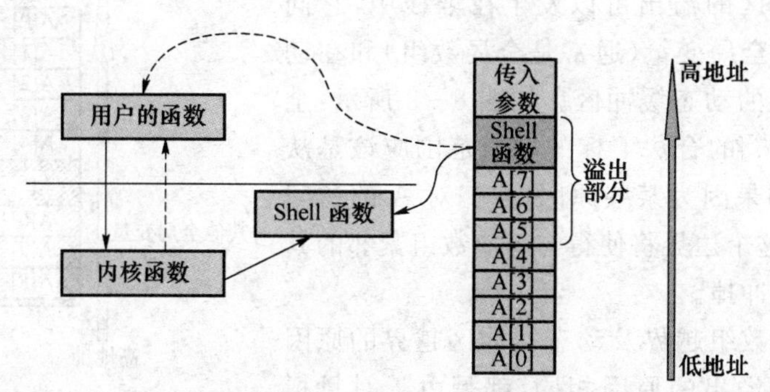

图 8-4　利用堆栈缓冲区溢出进行黑客攻击

如果上面代码的缓冲区溢出将返回地址由原来的调用函数修改成为 shell 函数的入口地址，那么用户调用函数后的返回地址将不再回到调用函数，而是将控制权交给了 shell 程序，那么攻击者将轻易拥有用户的权限来进行命令行操作。

如果被调试的程序有以下现象出现，就应该怀疑是否存在堆栈缓冲区溢出的可能性：

- 函数在运行时工作得很好(至少表面上看是这样)，但在返回时出现了意想不到的情况，比如程序飞了，或者是返回到了不正确的地方。
- 在返回地址和用户的局部变量之间往往还有被编译器保存的寄存器值，这些值是 Caller 函数中使用到的寄存器，但是 Callee(被调函数)也需要使用这些寄存器，于是编译器会将这些值先暂存在堆栈中，在函数返回时再将这些值恢复到寄存器堆中。因此，如果被调函数工作正常，并且能够正常返回，但是返回后 Caller 函数中的某些局部变量的值发生了非正常改变，就应改怀疑是否是 Callee 函数中发生了缓冲区溢出，修改了这些变量的值。

关于缓冲区溢出问题的解决办法，一般来说更改底层系统以避免常见的安全问题是一个极好的想法。事实证明存在许多可用的防御措施，而一些最受欢迎的措施可分组为以下类别：

- 基于探测方法(canary)的防御，包括 StackGuard(由 Immunix 所使用)、ProPolice(由 OpenBSD 所使用)和 Microsoft 的 $\overline{\text{GS}}$ 选项。
- 非执行的堆栈防御，包括 Solar Designer 的 non-exec 补丁(由 OpenWall 所使用)和 exec shield(由 Red Hat/Fedora 所使用)。
- 其他方法，包括 libsafe(由 Mandrake 所使用)和堆栈分割方法。

遗憾的是迄今所见的所有解决方法都有弱点，因此它们不是万能的，所以最好的方法是程序员在书写程序时尽量规避可能产生缓冲区溢出的函数调用，小心地处理缓冲区的问题。

3. 全局数组越界和动态缓冲区越界

既然缓冲区的溢出可以发生在堆栈中，它同样可以发生在全局变量(通常是全局数组)和在动态内存中分配的动态缓冲区。如图 8－5 所示：全局数组 int A[5]的合法下标的取值范围应该是从 0 到 4，但是如果因为某些原因，我们对 A 的访问超越了 A[4]这个边界将使得与 A[]数组紧邻的其他数据内容被冲掉。

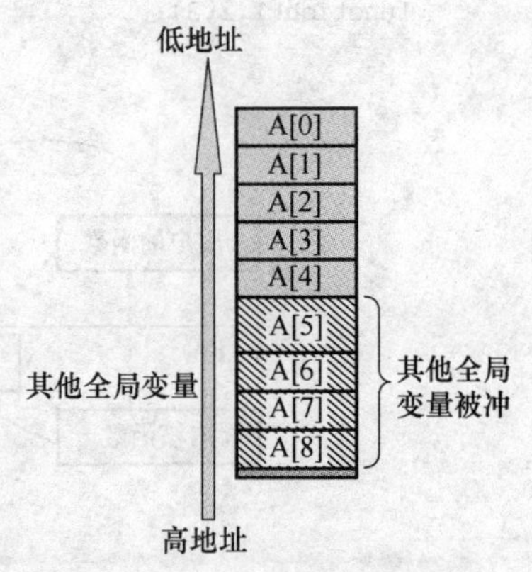

图 8－5 全局数组的越界

造成全局数组越界及动态缓冲区越界的原因与堆栈缓冲区溢出的原因相同，都是由于对目标缓冲区的越界访问造成的，读者可以参阅 8.2.2 小节中关于堆栈缓冲区溢出的分析。全局数组和动态缓冲区的越界访问同样会造成严重的问题，包括其他相邻的全局数据或者是堆数据被错误修改等。与堆栈缓冲区溢出相比，由于相邻数据区中一般不包括可执行的代码，因此全局数组和动态缓冲区越界一般不会造成安全问题。但是由于这种溢出的隐蔽性，要准确定位错误的根源是有一定难度的，因此程序员在编写代码时要非常小心地处理可能造成溢出的函数调用。

8.2.3 关注边界情况

除了内存访问越界和内存泄漏这些问题外，程序员在调试代码时还应特别注意程序中存在的各种边界条件。事实上，最容易出错的地方往往是最不起眼的地方。程序员在编写程序时会集中精力考虑代码中关键的逻辑和流程，但是往往在一些简单的问题上疏忽大意而造成错误。下面所列的只是这些意外情况的一部分，调试代码时需要对其重点检查：

- 数组的上限。数组上限的问题在前面已经讨论很多了，超出数组所定义的大小将造成缓冲区溢出，但在 C 语言中数组的声明与实际的数组上限值之间差 1，比如声明的数组是 int A[10]，但实际最大的合法下标是 9。

- 循环的次数。考虑一下这个问题，有 100 m 长的栅栏，现在每隔 10 米要埋下 1 根电线杆，请问一共需要埋多少根电线杆？如果你的回答是 10 根，那你就错了，正确的答案应该是 11 根。程序员在编写程序时往往会犯类似这样的简单错误。因此在编写循环语句时，程序员要小心地计算循环的上限到底是多少。这里有一个简单但是有效的方法，比如上面这个问题可以首先将问题简化成为如果只有 10 米的栅栏需要多少根电线杆？现在问题变得简单了，答案是需要 2 根。所以对于 100 米的情况，我们需要 100/10＋1 根。
- 链表的头部和尾部在插入新节点或删除节点的情况下的特殊处理。正如第 5 章所介绍的，不管是单向链表还是双向链表，在处理链表的首节点和末节点时都会有一些特殊的处理，程序应该正确处理在这些边界上的情况。
- 输入参数的极限情况（如 0、指针为空、负数、最大的情况等）。程序中往往有人机界面需要用户输入必要的参数，遗憾的是程序员往往高估了用户的使用水平。有一个关于人机界面的笑话是这样的：用户打电话来抱怨说计算机的界面上显示“Press Anykey to Continue”，但却在键盘上始终没有没找到哪个键是“Anykey”。这并不是贬低用户的水平，但用户确实会碰到程序员做梦也想不到的各种情况。因此，在设计程序的时候就要考虑用户可能的任何输入，比如输入年龄，我相信任何一个程序员都能很好地处理从 0 到 100 的任何输入，但是用户也许因为误操作而输入了一个负的值或者是一个超越实际可能的大数 500，我们的程序应该能够很好地处理这些看似“无理”的用户输入。我以前每次检查师弟师妹们的程序时总是很快就发现问题，以至于大家都叫我程序杀手。其实，我的测试方法非常简单，就是输入一些看似不可能、不合理的参数，很多情况下他们的程序就这样“中招”了。

在程序中还会有很多这样例子，程序员应该记住：越是不可能出错的地方，越是容易出错！在调试代码时，千万不要心存侥幸，必须对所有的代码进行仔细的跟踪，找到 Bug。

8.2.4 Bug 的修正

当定位到了程序的问题所在，接下来就是如何修正这些 Bug 了。我强烈建议程序员：别急着修改，先想想，再想想，想清楚了再动手！新的错误往往是在我们修改错误时产生，程序员在修改错误之前必须对所作的修改可能引起的后果有仔细而清晰的评估，在对所有的可能性都考虑了之后再对程序进行修改。我的一个师弟，人非常聪明，写程序非常快，一个复杂的问题他三下五除二就搞定了——虽然这些程序中往往会有一些 Bug，他修改这些 Bug 的速度也很快，但遗憾的是几乎每次他的修改会带来新的 Bug，所以每次测试他的程序都是一件很辛苦的差事。其实，他的每个问题都不是什么大问题，只是在修改的时候没有考虑自己所作的修改存在其他潜在影响而已。因此，程序员在修改 Bug 之前都应该问问自己下面这些问题：

- 考虑所作的修改可能会对系统造成的新的影响是什么？
- 我的修改会对其他人的代码造成影响吗？
- 是否会对全局的数据结构或者函数接口定义作了修改？如果是，如何通知其他所有的人？

修改完成了，应该有详细的文档、代码注释，并对修改过的代码进行回归测试。回归测试对于 Debug 的过程而言是非常重要的，通过版本管理和回归测试，我们可以尽可能地将新的错误暴露出来。

8.3 其他的方法和工具

8.3.1 利用断言

Assert 是个只有定义了 Debug 才起作用的宏，如果其参数的计算结果为假，则中止调用程序的执行。断言的作用在于检查程序中“不应该”发生的情况。请看下面的代码，如果定义了 Debug，Assert 将被扩展为一个 if 语句。也许读者认为在_Assert 调用的闭括号之后需要一个分号，实际并不需要。这是因为用户在使用 Assert 时，会在这个宏调用后加上一个分号的。当 Assert 失败时（也就是 if 语句判断为假时），它就使用预处理程序根据宏__FILE__和__LINE__所提供的文件名和行号参数调用_Assert()函数（__FILE__和__LINE__是两个 C 语言的标准宏，编译器在编译时会用当前 C 文件的文件名字符串常量来替代__FILE__，并用当前行的行号替换__LINE__）。_Assert()函数在标准错误输出设备 stderr 上打印出一条错误消息，然后中止：

```
#ifdef DEBUG
    void _Assert(char * , unsigned); /* 原型 */
    #define ASSERT(f) \
    if(f) NULL; \
    else \
        _Assert(__FILE__ , __LINE__)
#else
    #define ASSERT(f) NULL
#endif
void _Assert(char * strFile, unsigned uLine)
{
    fflush(stdout);
    fprintf(stderr, "\nAssertion failed: %s, line %u\n",strFile, uLine);
```

```
    fflush(stderr);
    abort();
}
```

在执行 abort 之前，需要调用 fflush 将所有的缓冲输出写到标准输出设备 stdout 上。同样，如果 stdout 和 stderr 都指向同一个设备，则 fflush stdout 仍然要放在 fflush stderr 之前，以确保只有在所有的输出都送到 stdout 之后，fprintf 才显示相应的错误信息。

现在如果用 NULL 指针调用下面给出的 memcpy()函数，Assert 就会抓住这个错误，并显示出如下的错误信息：

Assertion failed：string. c ，line ×××

```
/ * memcpy——复制不重叠的内存块 * /
void memcpy(void * pvTo, void * pvFrom, size_t size)
{
    void * pbTo = (byte * )pvTo;
    void * pbFrom = (byte * )pvFrom;
    ASSERT(pvTo != NULL && pvFrom != NULL);
    ASSERT(pbTo> = pbFrom + size || pbFrom> = pbTo + size);
    while(size -- >0)
        * pbTo ++ = * pbFrom ++ ;

    return(pvTo);
}
```

下面是关于使用断言的一些建议：

➢ 使用断言捕捉不应该发生的非法情况。不要混淆非法情况与错误情况之间的区别，后者是必然存在的并且是一定要做出处理的情况。

➢ 在函数的入口处，使用断言检查参数的有效性(合法性)。

➢ 在编写函数时，要进行反复考查，并且自问："我打算做哪些假定?"一旦确定了的假定，就要使用断言对假定进行检查。

➢ 一般教科书都鼓励程序员们进行防错设计，但要记住这种编程风格可能会隐瞒错误。当进行防错设计时，如果"不可能发生"的事情的确发生了，则要使用断言进行报警。当程序员刚开始使用断言时，有时会错误地利用断言去检查真正的错误，而不去检查非法的情况。

请看下面的函数 strdup 中的 2 个断言：

```
char * strdup(char * str)
{
    char * strNew;
    ASSERT(str != NULL);
    strNew = (char * )malloc(strlen(str) + 1);
```

```
    ASSERT(strNew != NULL); /* 滥用的断言，如果 strNew 为空，这时程序中的错误！ */
    strcpy(strNew, str);
    return(strNew);
}
```

上面程序中一个断言的用法是正确的，因为它被用来检查在该程序正常工作时绝不应该发生的非法情况。第二个断言的用法相当不同，它所测试的是错误情况是在其最终产品中肯定会出现并且必须对其进行处理的错误情况。

8.3.2　代码检查(Code Review)

所谓代码检查(Code Review，有时也称作 Code Inspection)，其实就是以组为单位阅读代码，是一系列规程和错误检查技术的集合。该过程通常将注意力集中在发现错误上，而不是纠正错误。

代码检查的成员组成：一个代码检查小组通常是由四人组成，其中一人发挥着协调作用，一人是该程序的编码人员，一人是其他成员通常是程序的设计人员，一人是测试专家。

值得一提的是那个发挥着协调作用的成员。该协调人应该是个称职的程序员，但不是该程序的编码人员，不需要对程序的细节了解得很清楚。协调人的职责包括：为代码检查分发材料、安排进程；在代码检查中起主导作用；记录发现的所有错误；确保所有错误随后得到改正。

这里要注意代码检查的过程：

- 在代码检查的时间和地点的选择上，应避免所有的外部干扰。
- 代码检查会议的理想时间应在 90～120 min 之内。
- 大多数的代码检查都是按每小时阅读大约 150 行代码的速度进行。
- 对大型软件的检查应安排多个代码检查会议同时进行，每个代码检查会议处理一个或几个模块或子程序。

除此之外，还需要从心理学角度给予提前的心理筹备。因为要使检查过程有成效，还必须树立正确的态度。其心理因素必须要提前分析正确，否则事倍功半。假设程序员将代码检查视为对其个人的攻击而采取了防范的态度，那么检查过程就不会有效果。正确的做法应该是：

- 一方面，提出的建议应针对程序本身，而不应针对程序员，即软件中存在的错误不应被视为编写程序的人员本身的弱点，且这些错误应被看作是伴随着软件开发的艰难性所固有的；
- 另一方面，程序员必须怀着非自我本位的态度来对待错误检查，对整个过程采取积极和建设性的态度，即代码检查的目标是发现程序中的错误，从而改进程序的质量。

正是因为这个原因，大多数人建议对代码检查的结果进行保密，仅限于参与者范

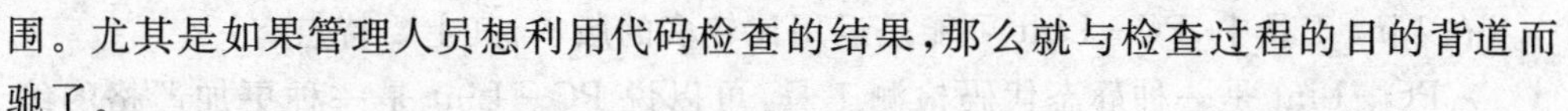

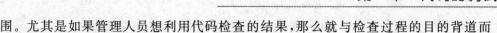

围。尤其是如果管理人员想利用代码检查的结果，那么就与检查过程的目的背道而驰了。

另外，代码检查附带的几个有益的作用如下：

- 程序员通常会得到编程风格、算法选择及编译技术等方面的反馈信息。
- 其他参与者也可以通过接触其他程序员的错误和编程风格而受益匪浅。
- 代码检查还是早期发现程序中最易出错部分的方法之一，有助于在基于计算机的测试过程中将更多的注意力集中在这些地方。

代码检查说白了就是代码的静态分析。参与代码检查的小组成员通过静态阅读被检查的代码，发现代码中的问题。代码检查是现代软件工程中非常有效的一种方法，研究表明软件中将近80%的潜在问题可以在这个阶段被发现。而在这个过程中，被检查的代码甚至不需要运行，因此代码检查是一种在软件开发早期发现问题的方法，而这个时间点恰恰是以最低的成本减少软件缺陷的阶段。这也是在软件成熟度模型(CMM)二级以上的级别中都严格要求有代码检查环节的重要原因。

8.3.3 编译器的警告与 Lint 工具

许多刚开始使用C语言的程序员都会有意无意地忽略编译器所给出的警告信息。对于他们而言最重要的是首先确保编译器没有给出错误信息，在花了九牛二虎之力才终于通过编译后，谁会在意那些“无关痛痒”的警告信息呢？其实这是一个非常致命的问题，由于C语言语法的灵活性，许多原本正确的表达式会因为程序员的疏忽漏了某些东西或者多写了一些东西而变成语意完全不同的表达式，而最要命的是这个错误的新表达式在语法上可能是完全正确的，因此编译器不会给出任何错误信息，但是通常情况下编译器会给出一些警告信息，如果程序员认真分析这些警告信息产生的原因，就有可能尽早排除这些潜在的 Bug。这方面的例子我们在前面已经举过一些，这里就不再赘述了。总之，一个合格的C程序员需要首先将编译器的警告级别设置到最高，并高度重视编译器所给出的警告信息，修正自己的代码直到消除所有编译器警告信息，这才算是真正意义上“Clean”的代码。需要说明的是，并不是所有的警告都能够被消除，如果有这些无法消除的警告信息，程序员应该给出合理的解释。

除了编译器自带的警告信息外，另一个重要的代码检查工具是 Lint。Lint 是一个历史悠久、功能异常强劲的静态代码检测工具。它的起源可以追溯到早期的计算机编程。经过这么多年的发展，它不但能够检测出许多语法逻辑上的隐患，而且能够有效地提出许多程序在空间利用、运行效率上的改进之处。在很多专业级的软件公司(比如 Microsoft)，Lint 检查无错误、无警告是代码首先要过的第一关(这时才能提交到版本库中)。对于小公司和个人开发而言，Lint 也非常重要，因为基于开发成本考虑，小公司和个人往往不能拿出很多很全面的测试，这时候 Lint 的强劲功能就可以很好地提高软件的质量。

在 Lint 工具中，PC－Lint 可能是运用比较多的版本，其主要特点有：

- PC－Lint 是一种静态代码检测工具，可以说 PC－Lint 是一种更加严格的编译器，不仅可以像普通编译器那样检查出一般的语法错误，还可以检查出那些虽然完全合乎语法要求但很可能是潜在的、不易发现的错误。
- PC－Lint 不但可以检测单个文件，也可以从整个项目的角度来检测问题。由于 C 语言编译器固有的单个编译功能使得这些问题在编译器环境下很难被检测，而 PC－Lint 在检查当前文件的同时还会检查所有与之相关的文件。
- PC－Lint 支持几乎所有流行的编辑环境和编译器，比如 Borland C＋＋从 1.x 到 5.x 各个版本、Borland C＋＋ Build、GCC、VC，VC.net、watcom C/C＋＋、Source insight、intel C/C＋＋等，也支持 16/32/64 的平台环境。遗憾的是 PC－Lint 不支持 ARM 的 ARMCC 编译器，不过可以用 VC 的 IDE 集成 Lint 工具，只是 Lint 在配置时选择通用 C 编译器即可。
- 支持 Scott Meyes 的名著《Effective C＋＋/More Effective C＋＋》[22] 中所描述的各种提高效率和防止错误的方法。

8.3.4 好的代码风格

正如最好的治疗方法是预防一样，最好的调试与 Debug 方法就是尽可能地在编码阶段少犯错误。事实上，越是在软件设计早期排除潜在的问题，排除这个错误的成本就越低。因此，在编写代码的过程中程序员应该时刻小心，尽可能少犯错误（不犯错误是不可能的）。好的代码风格是减少编码错误的一个重要手段，正如我们在第 7 章中所介绍的规则和风格约定。事实上，那些规则和约定在很大程度上是 C 程序员在长期的编程实践中总结出来的经验和教训，严格遵循这些规则和约定，一方面将减少程序员可能会犯的一些低级错误，另一方面也将大大提高代码的可读性和可维护性。

8.4 思考题

1. 阅读下面这段代码，并指出代码中的逻辑错误、存在的安全隐患和编码风格不好之处。

```
#include "stdlib.h"
#include "xlmalloc.h"

typedef struct mylink
{
        struct mylink       *next;
        struct mylink       *prev;
        int                 id;
```

```
} MYLINK;

static MYLINK * Header;

int AddNode(int id)
{
        MYLINK * index, * ptr;

        ptr = SysLmalloc( sizeof(MYLINK));
        if ( ptr = NULL ) return -1;

        ptr->id = id;

        if (Header == NULL){
            ptr ->next = NULL;
            Header = ptr;
            return 0;
        }
        for (index = Header; index->next != NULL; index = index->next)
        index->next = ptr;
        ptr->next = index;
        ptr->prev = NULL;

        return 0;
}
```

2. 请简述堆栈缓冲区溢出的一般原理、造成的原因以及可能的后果。

第 9 章

ASIX Window GUI 设计详解

9.1 ASIX Window 概述

ASIX Window 是东南大学国家专用集成电路系统工程技术研究中心为低成本手持设备和仪器仪表等应用开发的轻量级嵌入式系统图形用户界面(GUI)。ASIX Window 采用了面向对象的设计思想,基于消息循环和事件驱动机制,构建了比较完整的窗口系统,为用户提供了类 Win32 API 的用户编程接口;考虑到一般嵌入式应用的屏幕较小以及嵌入式系统处理器与存储器容量的限制,ASIX Window 在设计上放弃了窗口剪切等复杂特性,从而大大降低了系统的复杂性,减少了对系统资源的占用;由于采用了基于控件的设计概念,ASIX Window 非常适合裁剪,可根据用户的需求方便地增加或删减控件,增加了系统的可裁剪性。该图形用户界面已成功应用于 PDA、电子词典、税控收款机等多款产品设计中。

ASIX Window 的整体架构是基于消息分发、消息循环以及消息处理之上的。最底层的是系统的消息源,包括中断(键盘、触摸屏等)和定时器,一般将它们统称为中断源。中断发生后进入中断处理程序。该中断处理程序维护其对应的缓冲区后(如果它需要缓冲区的话),设置事件发生(通过调用内核的事件标志系统调用),即将系统任务(System Task)中的中断事件标志中对应位置位。因为系统任务是阻塞在这个事件标志上的,而且系统任务的优先级最高,系统任务将被内核调度运行,系统任务根据所发生事件的类型进行相应的处理。假设是笔中断事件,中断处理程序将笔的坐标信息存放在相应的缓冲区中,并设置相应的事件标志,系统任务将笔坐标的数据转换为相应活动区域(Active Area)的消息,由系统任务将这个消息发送到当前需要该中断事件的任务。LCD 显示、键盘和笔中断一定是由前台任务(拥有屏幕的任务)接管的,其他外围设备所对应的中断源则由占用该资源的任务接管。每个任务都有一个自己的信箱(Mail Box),在每个信箱上都维护着一条消息队列,所有发往该任务的消息都连接在这个队列中,任务的代码中应该通过消息循环不断地从该队列中取消息并处理之。如果消息队列为空,则该任务阻塞,由 ASIX OS 内核选择下一个就绪的高优先级任务运行。

ASIX Window 是基于消息驱动的图形用户接口。从 ASIX Window 的角度来看,应用程序是由一组窗口和控件组成的,程序的功能是通过窗口的操作来实现的。控件是在 ASIX Window 中定制的具有特定功能的独立模块,如按钮、菜单、下拉框、软键盘等。在 ASIX Window 中,每一个控件在数据结构上都被描述为一个窗口(在数据结构上,窗口和控件是一样的),不同的是控件是作为某个窗口的子窗口。在数据结构上将窗口与控件统一,使得整个系统的结构更简单。对窗口的操作与对控件的操作可以统一到一起,这使得系统的编程接口可以统一到窗口的操作函数上。在 ASIX Window 中所有的窗口操作,不管是窗口还是控件都使用这些统一的函数。系统通过下面这个统一的数据结构来对所有的控件进行管理。

每个窗体(Form)都拥有自己的消息处理函数,该函数接受来自系统(包括窗口和控件)的消息并作出相应的处理和动作。每一个窗口处理函数实际上就是一个消息循环,窗口函数通过取消息函数 ASIXGetMessage()获得系统任务发送给该窗口的消息,并处理之。ASIXGetMessage()获得系统消息并进行相应的处理和消息转换(实际上是将底层操作系统提供的硬件消息转换成 ASIX Window 的消息。该函数通过调用相应窗口类所定义的消息翻译函数 msg_trans()实现消息的转换),然后窗口函数对消息进行分检并作相应的处理。这部分代码是用户自己定制的,实际上是用户的程序处理来自窗口和控件的消息,用来实现该应用程序的功能。之后窗口函数调用 ASIX Window 的控件消息处理函数 DefWindowProc(),该函数是一个消息过滤器及转换器,它接管非用户的、属于控件自己的消息(这个消息可能来自用户的操作)。它首先扫描由取消息函数获得的消息,检查其中是否有属于 ASIX Window 控件的消息。如果该消息属于某个控件,则消息处理函数调用系统窗口链表中该控件所对应的窗口类所指明的消息处理函数,处理这个消息执行相应的动作并可能发出相应的消息(例如当用户单击某按钮时,控件消息处理函数将接管该单击事件,并执行按钮被单击的动画,同时发送一条该按钮被单击的消息)。

9.2 ASIX Window 底层软件平台的实现

从整个系统的角度看,ASIX WIN 在 ASIX OS 系统中不是孤立的功能模块,而是依赖于系统相关模块的支持。也就是说,ASIX WIN 是构建在 ASIX OX 系统之上的子系统。图 9-1所示为整个系统的结构。

在图 9-1 左侧,ASIX WIN 所有窗口和控件图像的绘制都是由 ASIX GPC 模块提供的基本绘图函数集来完成的,而最终在 LCD 显示屏上显示的图像则是通过 LCD 驱动程序在内存中为 LCD 创建 Frame Buffer 并控制处理器的 LCDC 模块来实现的。在图 9-1 右侧,ASIX OS 操作系统本身为 ASIX WIN 提供事件标志和邮箱等任务间通信机制,以实现应用程序间的交互和响应用户单击触摸显示屏对 ASIX WIN 界面的操作。触摸单击的笔中断的实现又依赖于 ActiveArea 模块的设计。ActiveArea 模块为 ASIX WIN 提供了与应用程序用户交互的一种实时手段:每个窗口或控件都定义了相应的活动区,只要触摸屏的该区域被单击,系统就会响应笔中断,产生并发送 ASIX WIN 消息,使得窗口和控件作出相应的调整。所以说,ASIX WIN 的实现依赖于底层平台的实现。

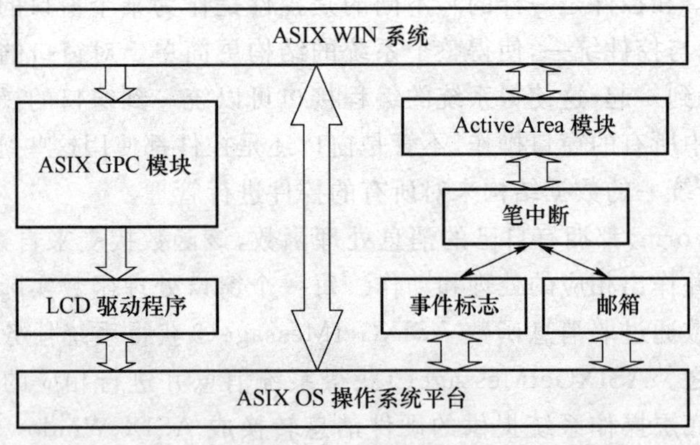

图 9-1 ASIX WIN 底层支持平台的结构

9.2.1 ASIX OS 对 ASIX WIN 在系统调用上的支持

图形用户接口 ASIX WIN 在 ASIX OS 操作系统的基础上封装了自己拥有的系统任务接口。从应用程序的角度看,用户创建应用程序是在 ASIX WIN 的平台上创建 ASIX WIN 的任务,与操作系统本身无关。而实际上,所有由 ASIX WIN 创建的 ASIX WIN 任务最终都将由 ASIX OS操作系统内核来创建,并挂到由内核控制的任务队列中。因此,ASIX WIN 的系统任务都由 ASIX OS Kernel 来实现任务的创建、删除、调度等功能。ASIX WIN 任务间、各窗口之间、各控件之间的通信和交互也依赖于 ASIX OS 操作系统提供的任务间通信机制。ASIX WIN 在 ASIX OS 的邮箱和事件标志模块之上封装了自己的消息体系结构,通过把来自 ASIX OS 的消息转化成 ASIX WIN 定义的格式再分发至目标任务来实现 ASIX WIN 体系结构中的消息传递。

1. 任务的状态和调度

ASIX OS 定义的任务(TASK)就是拥有自己堆栈的函数。系统维护多个就绪任务队列,其中优先级最高的任务获得运行。每个任务都有一个 ID,任务 ID 从 1 到 255,也就是最多能有 255 个任务可以同时运行。任务的优先级规定从 1 到 9,数值越小,优先级越高。同优先级任务按先后就绪的顺序被排列在该优先级对应的就绪队列中。可以通过系统调用来改变任务在就绪队列中的位置或者它的优先级。

ASIX OS 中,任务有 6 种状态:RUN、READY、WAIT、WAIT_SUSPEND、SUSPEND、DORMANT。任务刚被创建时,处于 DORMANT 状态;等到任务被启动变为 READY 状态时,才有机会等待运行。任务状态的转换如图 9-2 所示。

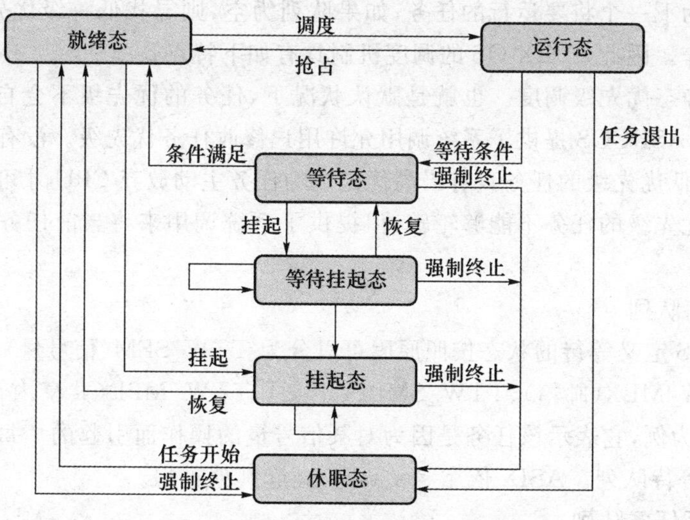

图 9-2 ASIX OS 内核任务状态转换图

READY 状态(就绪态)——如果任务处于可被调度运行状态,则此前的状态必为 READY 状态;如果被调度运行,则状态会变为 RUN;如果被其他的任务挂起,则状态变为 SUSPEND;如果被强制终止,则状态变为 DORMANT。

RUN 状态(运行态)——如果当前任务正在被运行,则其状态为 RUN。如果任务运行时调用优先级抢占函数,此时状态将变为 READY。如果任务运行过程中等待某个条件,则状态变为 WAIT;如果执行完退出,则任务的状态为 DORMANT。

WAIT 状态(等待态)——当任务等待一个事件或是自己执行一个系统调用时,会将当前任务置为 WAIT 状态。当等待事件完成后状态为 READY,如果被其他程序挂起则状态为 WAIT_SUSPEND,若任务被终止则状态为 DORMANT。

WAIT_SUSPEND 状态(等待挂起态)——当任务处于 WAIT 态的时如果被其他任务挂起,该任务的状态就变为 WAIT_SUSPEND 状态,如果此时的任务的 WAIT 态解除,则任务状态变为 SUSPEND,相应地,任务的 SUSPEND 态解除,状态将变为 WAIT,如果任务被强行终止,状态为 DORMANT。

SUSPEND 状态(挂起态)——如果当前任务被其他任务挂起,状态将变为 SUSPEND。如果其他任务恢复它,其状态将变为 READY;如果任务被强行终止,其状态将变为 DORMANT。

ASIX OS 调度相对简单,系统中维护了多个就绪任务队列、一个延迟任务队列、多个等待队列。

(1) 就绪任务队列

ASIX OS 中任务的优先级有 9 个,从 1 到 9。系统定义了一个全局数组,共有 9 个单元,分别代表对应的优先级。每个优先级都维护着一个就绪队列。ASIX OS 的调度策略是从最高优先级对应的就绪队列开始找起。如果该队列不为空,则取它头部的任务作为下一个将要运行的任务；如果队列为空，则寻找低一级优先级的队列；如此循环操作。因此，ASIX OS 的调度机制具有如下特点：

- 它是静态优先级调度。也就是默认状况下，任务的优先级不会自动被 OS 改变，但 ASIX OS 提供了系统调用允许用户修改任务优先级。没有运行时间的概念，低优先级的任务只有当高优先级的任务主动放弃 CPU 才可能运行。
- 同等优先级的任务不能够轮转，但提供了系统调用来将当前任务放到队列的末尾。

(2) 等待队列

ASIX OS 定义等待的状态按照原因可以分为 TTW_SEM(信号量)、TTW_FLG(事件)、TTW_MBX(邮箱)、TTW_SMBF(消息)、TTW_MPL(共享内存)几种。以 TTW_SEM 为例，它表示该任务是因为对某信号量的操作而引起的。每个信号量都维护自己的等待队列。ASIX 依靠 sus_tsk()挂起其他进程。

(3) 延迟任务队列

ASIX OS 中维护了一个延迟任务队列，用来维护那些为了等待某操作而主动或者被动将自己挂起的任务。等到时间一过，系统就会将该任务转移到就绪队列中去。tslp_tsk(int timeout)延迟一个任务的执行。

2. 任务间通信与同步机制

ASIX OS 提供了常用的任务间通信机制，有信号量(Semaphore)、事件标识(Event Flag)、邮箱(MailBox)、消息缓冲区(Message Buffer)、内存池(Memory Pool)，ASIX WIN 中用到的通信机制主要有邮箱(MailBox)和事件标志(Event Flag)。

(1) 邮箱(MailBox)

邮箱的数据结构定义如下：

```
typedef struct t_msg
{
    Struct t_msg * pNxt;            //消息队列
    VB msgcont[10];                 //消息体
}T_MSG;
```

事件标识有以下 2 个相关系统调用及它们的流程：

snd_msg——首先，如果该邮箱没有其他任务在等待消息，则将该消息加入到邮箱的消息链表的尾部，然后返回；如果有任务在等待消息，则取其中的第一个，将消息传给它。同时清除该任务的 TTS_WAI 态，以及 TTW_MBX 标志。然后从 g_sTimeOverTsk 队列中删除，添加到就绪任务队列。调用系统调度程序 int_dispatch。

trcv_msg——首先，如果邮箱中有消息，则将消息链表中第一条取走，然后返回；如果邮箱中没有消息，但入口参数中所设的等待时间为 0，该调用也会立即返回；否则，操作系统将把调用本函数的任务加入到该 mailbox 的等待队列中，并标为 TTW_MBX；如果入口参数所设等待时间为有限时间，则同时将该任务加入到 g_sTimeOverTsk 队列中去。在处理完上述工作后，调用系统调度程序 int_dispatch。

(2) 事件标识(Event Flag)

事件标识的数据结构定义如下：

```
typedef struct
{
    U32 *      pNxtTsk;          //等待任务
    U32 *      pPrvTsk;
    U16        uhFlgPtn;         //已恢复的标志位
    U16        uhWaiPtn;         //正等待的标志位
    U8         bWaiMode;         //选择等待的模式
}T_FLGCB
```

事件标识有 3 个相关系统调用，下面分别介绍它们的流程：

twai_flg——首先，查看该 flag 中是否有任务在等待，若有则返回错误，因为只能有一个任务在等待。如果等待队列为空，则判断入口参数的等待模式。如果等待模式为 OR，则检查 uhFlgPtn，只要有一位已经满足即返回，这时如果设置了 TWF_CLR，则把该位清 0。如果等待模式为 AND，则检查 uhFlgPtn，只有所有位都满足才返回，这时如果设置了 TWF_CLR，则把该位清 0。如果没有满足条件，则接下来判断用户设置的等待时间：如果入口参数所设等待时间为 0，则返回；否则，将该任务加入到该 flag 的等待队列中，并标为 TTW_FLG。如果入口参数所设等待时间为有限时间，则同时将该任务加入等待队列中去，然后进行任务调度。

set_flg——首先，将新的标志位或到原来的 uhFlgPtn 上去；如果没有等待的任务，则返回；否则，检查是否符合该任务的等待条件(OR/AND)：如果不符合条件，则返回；若符合条件，则清除该任务的 TTS_WAI(等待事件)态及 TTW_FLG 标志。将已有的标志赋给任务的 pFlgptn；如果设置了 TWF_CLR，则将 uhFlgPtn 清 0，将该任务从等待队列中删除，添加到就绪任务队列；然后进行任务调度。

clr_flg——强制置位，只是赋值，不检查是否有等待的任务。

9.2.2 ASIX GPC 图形库的设计

ASIX GPC 模块为 ASIX WIN 提供了基本的绘图函数集、位图和软件光标，以及对彩色和多任务的支持。设计中 ASIX GPC 采用了硬件抽象层的概念：图形函数(Graphic API)不直接操纵硬件，而是通过调用硬件抽象层提供的一组基本函数来做具体的图形绘制工作。硬件抽象层的函数将按照设备相关的格式把将要显示的内容首先填写到系统内存中的一片缓冲区(VRAM)，然后硬件抽象层的函数将根据传入的参数决定是否将数据复制到 LCD 控制器中。如果调用 GPC 函数的应用任务当前拥有 LCD(前台任务),则将数据送往 LCD 控制器;否则该任务是后台任务,GPC 函数仅仅将数据写入 VRAM 缓冲区。硬件抽象层还提供了一个叫作 Refresh()的函数,该函数将把当前 VRAM 中的内容复制到 LCD 控制器的数据寄存器中。系统任务在应用任务切换的时候调用 Refresh()函数,将切换进来的任务所属 VRAM 中的数据刷新到 LCD 中去,实现屏幕的切换。

实际上,这样的设计一方面可以实现逻辑屏幕的概念,即应用程序可以在比实际物理屏幕大的屏幕上绘制图形;另一方面,不管应用任务在前台(拥有 LCD)还是在后台(不拥有 LCD)都可以进行图形函数的调用。如果是前台任务,绘制的图形会立刻显示在 LCD 上;如果是后台任务,则图形被暂时"绘制"到该任务的 VRAM 中,等下次该后台任务切换到前台时,系统任务调用 Refresh()函数将该任务的 VRAM 刷新到 LCD 上。图 9-3 描述了 ASIX GPC 实现的基本流程。

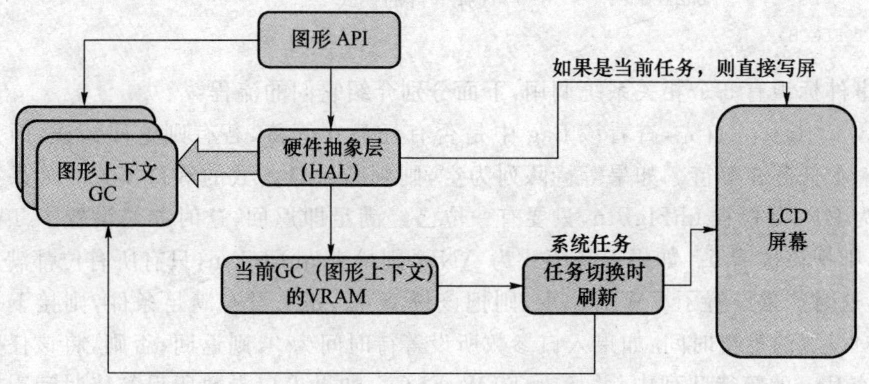

图 9-3 ASIX GPC 实现的基本流程

1. ASIX GPC 图形上下文及 VRAM 概念的设计

为了避免图形函数重入所带来的问题以及不同应用任务拥有不同屏幕和相应属性的问题,ASIX GPC 模块在设计中采用了图形上下文(Graphic Context,简称 GC)的结构。GC 的数据结构如下:

```
typedef struct gc{
    U32             frt_color;      //前景色
    U32             bk_color;       //背景色
    U32             fillmode;       //填充模式
    U16             dotwidth;       //当前线宽
    U16             status;         //状态(是否拥有 LCD)
    U16             width;          //屏幕宽(逻辑)
    U16             hight;          //屏幕高(逻辑)
    struct font     * font;         //字体结构
    struct cursor   * cursor;       //软光标
    char            * vram;         //vram 指针
```

```
    U16         lcd_x;        //物理屏幕在逻辑屏幕上的坐标
    U16         lcd_y;        //物理屏幕在逻辑屏幕上的坐标
}GC;
```

每个需要用到屏幕的应用任务都拥有自己的图形上下文，该结构中保存了与硬件无关的显示属性，比如当前色、背景色、当前线宽、当前填充模式、光标的位置、闪烁频率、光标大小，以及显示缓冲区（VRAM）的头指针和物理屏幕在逻辑屏幕中的位置坐标等信息。

在 System Task 这一层面上，任务的控制块中定义了一个 GC 指针，如果该任务使用屏幕，它就指向该任务的 GC 结构。当用户调用 ASIX WIN 窗口创建函数来创建一个任务时，如果该任务使用屏幕，则必须为它申请一块内存用来存放 GC 结构（包括 VRAM 的申请）。因此，当任务结束时，也必须先释放这块内存（首先应该释放 VRAM），然后才能结束任务。在调用 ASIX GPC 中提供的绘图函数为某个任务或窗口绘制图像之前，必须通过函数 GetGC(void)来获得所要操作对象的 GC 指针：该函数通过全局指针 g_pCurTsk 指向的当前任务的 id 来获得该任务的 GC 指针。这个值要用作每个图形操作函数的一个入口参数，用来告诉函数该对哪个 GC 进行操作。但在 GetGC()函数的处理过程中必须关中断，以防止任务切换引起错误。

如果 ASIX GPC 的硬件层函数与硬件设备 LCD 的关联太大，就不能很好地适应系统进行平台间移植，所以必须在硬件层与设备层之间引入一个抽象的“层”概念——VRAM。VRAM 其实是由应用程序定义的图形缓冲区，它是挂接在某个任务 GC 上的一块内存区，应用程序的图形操作都是在 VRAM 上进行的。当应用程序需要将 VRAM 中某个区域的图形显示到 LCD 上时，只需将该区域中的图像数据复制到 LCD 的显示缓冲区即可。VRAM 可以有多个，且大小可根据应用程序的需要定制；在 VRAM 中的图像数据也是按行列排序的，目前采用的是补零的存储方法。应用程序可以通过 GetVRAM()和 FreeVRAM()函数来获取和释放 VRAM 资源。VRAM 的数据结构定义如下：

```
typedef struct
{
    PIXEL       * ad;            //VRAM 在内存中的首地址
    WORD        widthInbit;      //VRAM 每行占用的比特数
    WORD        widthInPixel;    //VRAM 每行表示的像素数
    WORD        widthInUnit;     //VRAM 每行表示的单位数
    WORD        height;          //VRAM 的高度
    SHORT       lcdx;            //VRAM 中相对 LCD 显示的横坐标
    SHORT       lcdy;            //VRAM 中相对 LCD 显示的纵坐标
}VRAM;
```

假设宽度为 W(pixels)，高度为 H(pixels)，像素的大小为 N(bits/pixel)。因为有可能一行的比特宽度不是整字节数（如 W=100，N=1），所以如果在行末补齐到字节边界，则一行的大小为 W'=(W×N+7)/8 字节（这里的除法都是整除除法），VRAM 的大小为 W'×H 字节。如果行尾不补齐，而在最后补齐，则 VRAM 的大小为(W×H×N+7)/8 字节，目前 ASIX GPC 使用行补齐的方法。像素的大小是要求应用程序预先确定的，所有的 VRAM 都使用相同的像素设置，也就是说在整个系统中每个像素所占用的比特数是确定的。VRAM 使用的是逻辑坐标，从 VRAM 复制图形到 LCD 内存区中需要进行坐标映射。设 LCD 的原点映射到 VRAM 中的坐标为(lcd_x,lcd_y)，VRAM 中的坐标为(x,y)映射到 LCD 的坐标为(x',y')，则 x'=x－lcd_x,y'=y－lcd_y。若 x'或 y'小于 0，或者超出最大边界，则表示该点在有效映射区外，无法显示。若 lcd_x 或 lcd_y 小于 0，则表示 VRAM 的原点可以有效地映射到 LCD 屏中。由于 LCD 屏的原点在 VRAM 中的坐标由应用程序来决定，因此 LCD 在不同 VRAM 中会被映射到不同的区域。LCD 与 VRAM 的映射如图 9－4 所示。

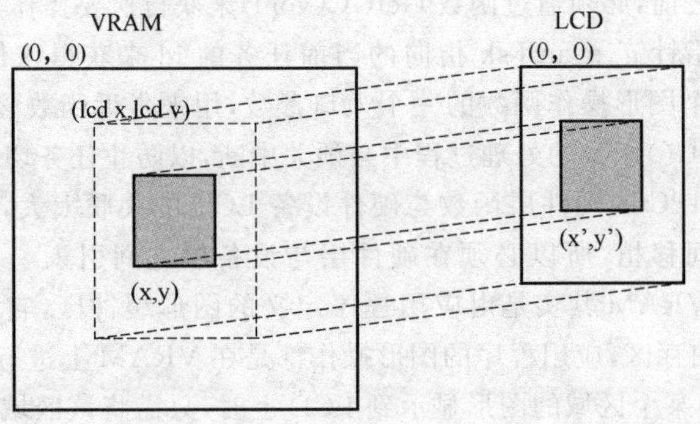

图 9－4 VRAM 与 LCD 的映射关系

这样的设计一方面可以实现逻辑屏幕的概念，即应用程序可以在比实际物理屏幕大的屏幕上绘制图形；另一方面，不管应用任务在前台（拥有 LCD）还是在后台（不拥有 LCD），都可以进行图形函数的调用。如果是前台任务，绘制的图形就会立刻显示在 LCD 上；如果是后台任务，则图形被暂时“绘制”到该任务的 VRAM 中，等下次该后台任务切换到前台时，系统任务将调用 Refresh()函数将该任务的 VRAM 刷新到 LCD 上。

2. ASIX GPC 基本绘图函数的设计

ASIX GPC 模块的基本绘图函数库为 ASIX WIN 的窗口和控件图像的实现提供了支持。ASIX WIN 所有窗口和控件的图形都是由画点、画线和画圆等基本绘图元素构成的，并且所有的绘图函数都是基于在 LCD 显示屏上画点，因此如何在需要的位置画出设定灰度的点是 ASIX GPC 模块设计的根本。下面重点介绍画点函数 SysDrawDot()和画直线函数 SysDrawLine()的算法。

在前面已经介绍过 ASIX GPC 引入了图形上下文 GC 的概念，所有的绘图操作都是在某个 GC 上进行的，而不是直接在 LCD 显示屏的 Frame Buffer 上操作；只有当应用程序需要时，才会将 GC 中 VRAM 的数据刷新到 Frame Buffer 中去。因此，画点函数 SysDrawDot()首先需要获得当前的 GC，以及需画的点在这个 GC 中的坐标(xPos，yPos)。由于每个 VRAM 都可能有自己不同的坐标以及在内存中不同的位置，因此画点函数就必须要根据 VRAM 中的逻辑位置来确定该点在内存中的物理地址。这里 SysDrawDot()首先会调用 GetPixelPosition()函数来算出指定像素的物理地址：

```
totalOffset = y * vram - >widthInBit + x * BITS_PER_PIXEL;
 * pixelPos = vram - >ad + (totalOffset>>(3 + (PIXEL_BYTE>>1)));
( * bitOffset) = (CHAR)(totalOffset&(PIXEL_UNIT - 1));
```

从算法的第一行看，找出该点距 VRAM 起始位置的偏离量，只需将 y 坐标乘上 VRAM 每一行显示数据需要表示的比特数，再加上整行跨越的剩余量。由于 ASIX GPC 支持多级灰度，即每一个像素点可由多种颜色来表示，因此从当前行首位置到 x 位置所需要的比特数就应该是 x×BITS_PER_PIXEL。例如：假设目前使用 256 彩色，则 BITS_PER_PIXEL 就应该是 8，而 vram－＞widthInBit 就应该是 VRAM 的宽度乘上 8。这样把 VRAM 在内存中的起始位置加上该点的偏移量，就获得了该点在物理内存中的地址，实现了 VRAM 逻辑地址到物理地址的转化。

在获得物理地址后，SysDrawDot()会根据画图的实际需要，对内存中该点的位置进行按位与、或、异或、复制等操作，以满足图像处理的需要。到这里，算法已经完成了画点操作，但如果该 GC 是前台任务，即它获得了当前 LCD 的显示权，那么系统就需要在 LCD 显示屏上直接显示该点的效果，因此就没有必要在退出 SysDrawDot()后再调用 LCD_Refresh()函数再把整屏的数据搬到 Frame Buffer 中了。综上可知，在 SysDrawDot()的最后一步会判断所操作的 GC 是否是前台 GC，如果是就刷新 LCD，不是就退出完成画点操作。图 9－5 就是画点函数操作的流程图。

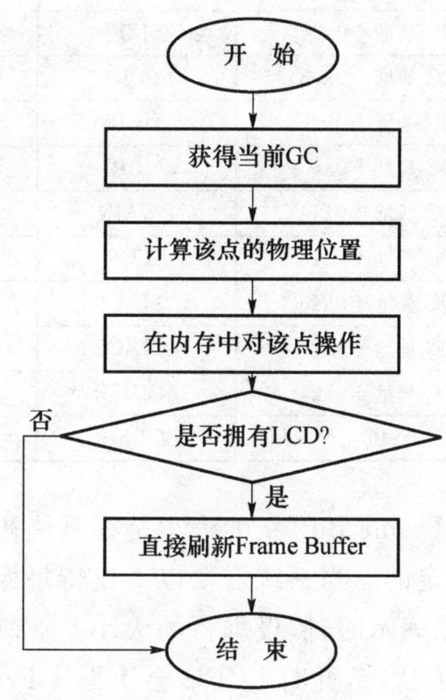

图 9－5　ASIX GPC 画点函数实现流程

对于画水平直线来说，可以借助于 C 语言系统函数 memset()批量地对内存中的连续地址写入相同的值，而不必调用画点函数来逐点操作，这样可以提高算法效率。对于画斜线，情况就复杂得多：必须首先通过近似算法根据上一个点的位置算出下一个点的坐标，才能调用画点函数来逐点绘制，直到斜线的终点为止。ASIX GPC 在 SysDrawLine()中采用了 8 向步进法(8-way-stepping)的算法来计算斜线各点的坐标。

3. LCD 驱动的设计

所有 ASIX WIN 系统的上层应用程序通过调用 ASIX GPC 的绘图函数试图在 LCD 上显示需要的图像或数据时，最终都是由 LCD 的驱动来向与 SEP3203 微处理器的 LCDC 模块相连的 LCD 显示屏发送数据的。当系统初始化时，LCD 的初始化函数就初始化 LCDC 中相应的寄存器并为显示屏在内存中申请了一块内存区域，用于保存当前需要显示内容的数据，这块内存区域称为 Frame Buffer。处理器的 LCD 控制器会根据寄存器的配置，间断性地把这片内存区域中的数据以 LCD 驱动配置的方式送到 LCD 显示屏上。这样，所有 Frame Buffer 中数据的变化就会实时地显示在 LCD 屏幕上。因此，LCD 驱动的写入函数只需在 Frame Buffer 的对应位置写入相应数据即可，而不用关心处理器是如何把数据显示到 LCD 显示屏上的。LCDC 的寄存器设置如表 9-1 所列。

表 9-1 SEP3203 微处理器 LCDC 模块的寄存器设置

地 址	寄存器名称	宽 度	描 述	复位值
LCDC 基址+0x00	SSA	32	屏幕起始地址寄存器	0x00000000
LCDC 基址+0x04	SIZE	32	屏幕尺寸寄存器	0x00000000
LCDC 基址+0x08	PCR	32	面板配置寄存器	0x00000000
LCDC 基址+0x0C	HCR	32	水平配置寄存器	0x00000000
LCDC 基址+0x6	VCR	32	垂直配置寄存器	0x00000000
LCDC 基址+0x14	PWMR	32	PWM 对比度控制寄存器	0x00000000
LCDC 基址+0x18	LECR	32	使能控制寄存器	0x00000000
LCDC 基址+0x1c	DMACR	32	DMA 控制寄存器	0x00000000
LCDC 基址+0x20	LCDICR	32	中断配置寄存器	0x00000000
LCDC 基址+0x24	LCDISR	32	中断状态寄存器	0x00000000
基址+0x40～+0x7c	LGPMR	32	灰度调色映射寄存器组	0x00000000

Frame Buffer 的大小是在系统初始化的时候根据 LCD 显示屏的规格和显示方式决定的。当系统需要以 1 比特每像素方式即每一个像素点仅用一级灰度(黑白两色)来表示时，假设屏幕的大小是 320×240，那么这块 Frame Buffer 的大小便是 320×240 比特，此时 LCDC 会认为从 Frame Buffer 的起始位置开始，内存中的每一位比特对应 LCD 屏幕上的一个像素点；当系统 LCDC 的显示方式是 8 比特每像素，即每一个像素用 8 级灰度(256 色)来表示时，那么 Frame Buffer 的大小就应该是 320×240×8，此时 LCDC 按照 Frame Buffer 中每 8 比特的间隔来对应屏幕上的像素点，如图 9-6 所示。

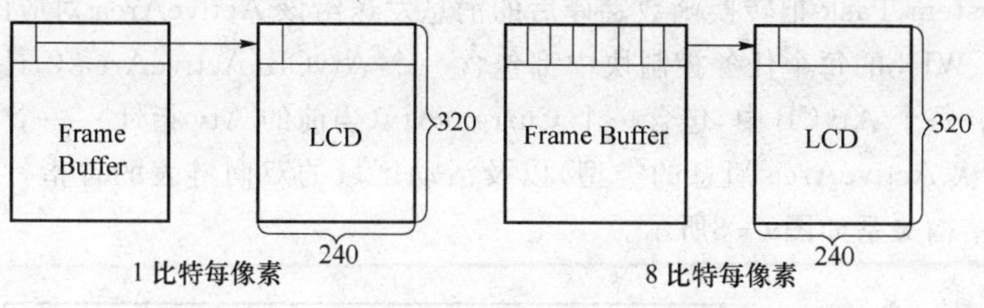

图 9-6　Frame Buffer 与 LCD 像素间的对应关系

9.2.3　ActiveArea 和笔中断的设计

ActiveArea 活动区域是指触摸屏上的一个区域，该区域可以响应触摸屏的笔单击输入，并发送相应的消息给拥有该 ActiveArea 的窗口或控件的消息处理函数进行处理。ActiveArea 定义了 3 种类型，即 ICON_AREA、INPUT_AREA 和 HANDWRITING_AREA。另外对于 INPUT_AREA 而言，还有 3 种不同的模式，即 CONTINUOUS_MODE、STROKE_MODE、CONFINED_MODE。对于不同类型的活动区域，系统发送的消息类型也有所不同，以适应应用程序的不同需要。

下面的过程描述了如何将一条触摸屏笔中断转换成 ActiveArea 消息的过程（如图 9-7 所示）：

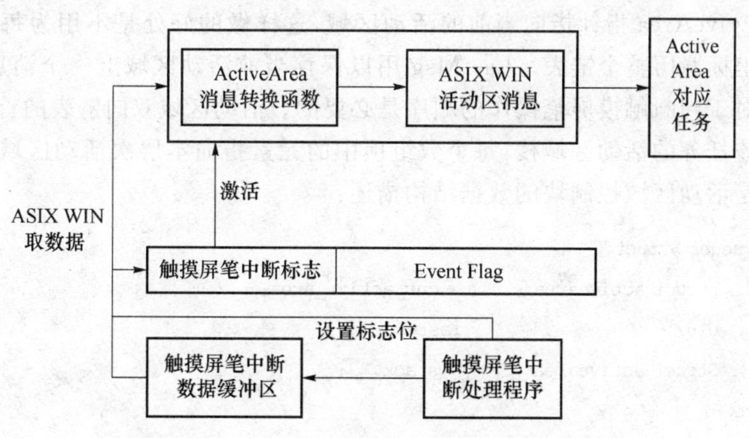

图 9-7　Active Area 触摸屏笔中断消息处理机制

① 触摸屏笔中断触发，中断处理程序设置 Interrupt Event 中的对应位，激活 System Task。

② System Task 通过调用 ActiveArea 模块的消息转换函数处理该中断消息(PENDOWN、PENMOVE、PENUP 三者之一)，根据消息中触摸屏被单击的位置来判断它属于哪个 ActiveArea，并判断消息类型(ASIX WIN 消息)。

③ System Task 把转换函数翻译后的消息发送给该 ActiveArea 对应的任务。

ASIX WIN 的每个任务控制块中都包含一个 AtvCB(ActiveArea-Ctrl-Block)的数据结构。每个 AtvCB 中,包含一个 CurrentAtv(当前的 Atv 指针)、一个 Lastmsg-type(上一次 ActiveArea 消息的类型)以及活动区域的双向链表的首指针数组。它们之间的结构关系如图9-8所示。

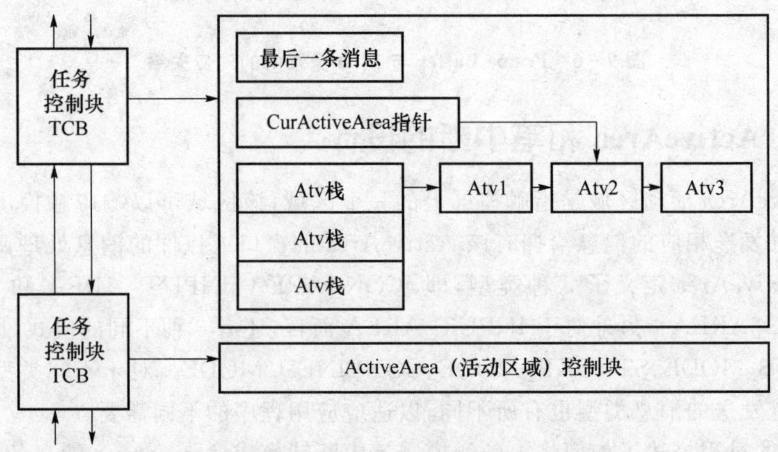

图 9-8　ActiveArea 控制块模型

CurAvtiveArea 指针指向当前的活动区域,这样做的好处是不用为每个触摸屏单击点的坐标遍历整个链表。LastMsg 用以保存当前活动区域上一个消息的类型,这个信息对于判断触摸屏笔操作的顺序是必要的。活动区域双向链表的首指针数组用来保存该任务的活动区域栈,每个数组项中的元素指向本层次活动区域链的首指针。下面是活动区域控制块的数据结构描述:

```
typedef Struct {
    struct activearea      * cur_active_area;
    U16                    lastmsg;
    Struct activearea      * stack[7];
}ActiveCB;
```

ActiveArea 定义了 3 种类型:ICON_AREA、INPUT_AREA 和 HANDWRITING_AREA。ICON 用作基本的按钮;INPUT 作为连续触摸屏输入的工具;HANDWRITING 用作手写。活动区域的数据结构定义如下:

```
typedef struct activearea{
        U32 * previous    //前一个 Atv 的指针
        U32 * next        //后一个 Atv 的指针
        S16 xsrc
```

```
        S16 ysrc
        S16 xdest
        S16 ydest
        U32 type              //活动区域类型,可选值包括 ICON_AREA、INPUT_
                              AREA、HANDWRITING
        U32 status            //指明是 Suspend,还是 Reenable
    } ACTIVEAREA;
```

从图 9-8 可以清楚地看出,通过双向链表的指针结构,可以方便地进行 ActiveArea 链表的操作。ASIX WIN 总是在链表的头部插入新的活动区域;ASIX WIN 在遍历该链表的时候,也总是将第一个匹配的活动区域作为当前活动区域。这样做一方面使得链表的插入算法更快捷,另一方面也自然地实现了后创建的区域较以前创建的区域有更高的优先级的要求。

在实际应用中,CurrentAtv 是指向上一次消息中对应的 Atv 指针,Lastmsgtype 是上一次翻译过来的 ASIX WIN 的消息类型。当 System Task 提供关于触摸屏笔中断的一个消息时,如果 CurrentAtv==NULL,则由触摸屏中断消息中的(x,y)坐标,遍历当前链表来判断这个触摸屏单击在哪一个 ActiveArea 中。如果 CurrentAtv!=NULL,则判断该(x,y)坐标是否属于当前活动区域:如果属于,则结合 Lastmsgtype 中的消息类型来判断这次触摸的动作,并产生一个 ASIX WIN 的消息类型放在 Lastmsgtype 中,将转换后的消息返回给系统任务;如果不属于,则说明触摸点已经离开该区域,产生一个离开当前活动区域的消息,将 CurrentAtv 置为 NULL,并将产生的消息返回给系统任务。

ActiveArea 为 Lastmsgtyp 定义了 6 个宏用来进行判断,分别是 TOUCH、PEN_UP、DRAG、DRAG_UP、PEN、NONE。这 6 个宏中前 5 个与 ASIX WIN 消息类型非常相似,只不过去掉了前缀名。最后一个宏 NONE 是用来表明上次判断认为笔在所有 Atv 之外,意为空消息。

根据笔在 ActiveArea 中不同的操作,处理过程可能出现的几种情况如图 9-9 所示。

(1) 当 CurrentAtv=! NULL 时

a. lastmsgtype=TOUCH 或 PEN:

- 当笔从 Atv 中提起时,System Task 传进的消息为 PENUP,这时置 CurrentAtv=0 和 lastmsgtype=0。接下来,如果 Atv 为 Icon,则返回消息为 IRPT_ICON(PPSM_ICON_PEN_UP);如果 Atv 为 InputArea(这里只考虑 Continuous Mode 下的 InputArea),则实际是要返回两个消息,先返回消息 IRPT_INPUT_STATUS(PPSM_INPUT_PEN_UP),接着再返回一个消息 IRPT_PEN(附带的坐标值为-1,-1)。但由于一次只能返回一个消息,故这个 IRPT_PEN 消息实际上是由 System Task 在接收到返回消息 IRPT_INPUT_

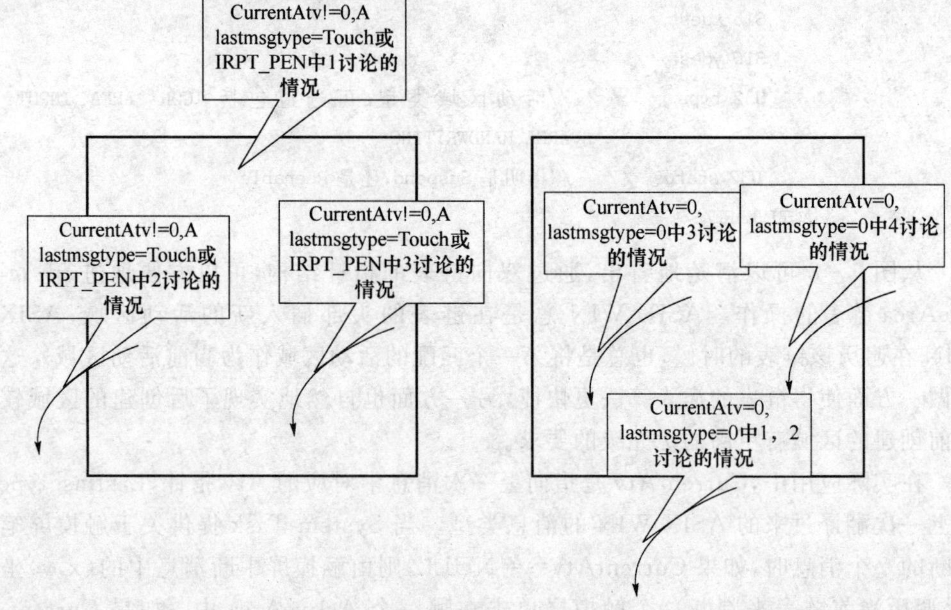

图 9-9 ActiveArea 笔操作的情况分析

STATUS(PPSM_INPUT_PEN_UP)时自动添加发送出去的。

- 当笔由 Atv 中滑出时，System Task 传进的消息为 PENMOVE 及(x,y)坐标，这时置 CurrentAtv＝0，lastmsgtype＝0。接下来，如果 Atv 为 Icon，则返回消息为 IRPT_ICON(PPSM_ICON_DRAG_UP)；如果 Atv 为 InputArea(这里只考虑 Continuous Mode 下的 InputArea)，实际是要返回两个消息，先返回消息 IRPT_INPUT_STATUS(PPSM_INPUT_DRAG_UP)，接着再返回一个消息 IRPT_PEN(附带的坐标值为－1，－1)。但由于一次只能返回一个消息，故这个 IRPT_PEN 消息实际上是由 System Task 在接收到返回消息 IRPT_INPUT_STATUS(PPSM_INPUT_DRAG_UP)时自动添加发送出去的。
- 当笔在 Atv 中滑动时，System Task 传进的消息为 ROS33_PENMOVE 及(x,y)坐标。这时如果 Atv 为 Icon，CurrentAtv 保持原值不变，置 lastmsgtype 保持原值不变。如果 Atv 为 InputArea：对于 Stroke Mode 和 Confined Mode 可能会储存多个(x,y)坐标，返回一个不包含坐标的 PPSM_NONE 消息；对于 Continuous Mode，这时 CurrentAtv 保持原值不变，置 lastmsgtype＝PEN，返回消息 IRPT_PEN(包含 Pen 的坐标)。

b. lastmsgtype＝DRAG 或 PEN　　分析的结果同上

c. lastmsgtype＝PEN_UP　　不可能发生

d. lastmsgtype＝DRAG_UP　　不可能发生

(2) 当 CurrentAtv = NULL 时

lastmsgtype=NONE;

- 当笔在所有的 Atv 外单击时,System Task 传进的消息为 PENDOWN 及(x,y)坐标,这时我们置 CurrentAtv = 0,lastmsgtype = NONE,将返回一个 PPSM_NONE 的消息(不包含坐标)。
- 当笔在所有的 Atv 外滑动时,System Task 传进的消息为 PENMOVE 及(x,y)坐标,这时我们置 CurrentAtv = 0,lastmsgtype = NONE,将返回一个 PPSM_NONE 的消息(不包含坐标)。
- 当笔在某一个 Atv 内单击时,System Task 传进的消息为 PENDOWN 及(x,y)坐标,这时我们置 CurrentAtv=当前的 area,lastmsgtype=TOUCH。接下来,如果 Atv 为Icon,则返回消息为 IRPT_ICON(ICON_TOUCH);如果 Atv 为 InputArea(这里只考虑 Continuous Mode 下的 InputArea),则返回消息 IRPT_INPUT_STATUS(INPUT_TOUCH)。
- 当笔由某一个 Atv 外拖至 Atv 内时,System Task 传进的消息为 ROS33_PENMOVE 及(x,y)坐标,这时我们置 CurrentAtv=当前的 area,lastmsgtype=DRAG。接下来,如果 Atv 为 Icon,则返回消息为 IRPT_ICON(PPSM_ICON_DRAG);如果 Atv 为 InputArea(这里只考虑 Continuous Mode 下的 InputArea),则返回消息 IRPT_INPUT_STATUS(INPUT_DRAG)。

9.3　ASIX WIN 系统任务管理模块的设计

ASIX WIN 系统任务是 ASIX OS 内核的扩展,提供系统基本的服务功能和接口。它接管系统中所有的中断资源,将相应的中断事件翻译成对应的系统消息并将其分发到目标应用程序任务。系统任务同时维护系统中所有任务的信息,负责确定前台任务(所谓前台任务是指拥有显示屏幕和用户笔输入的任务)以及前台任务的切换。系统任务阻塞在底层中断的事件标志上。系统任务拥有最高的优先级,并且拥有自己的消息队列,这个队列的作用是接受来自服务程序和应用程序任务的消息。这里有一个特殊的处理,所有发给系统任务的消息都会设置相应的事件标志位,以通知系统任务有新消息,这样做的目的是使系统任务仅仅阻塞在事件标志上。在系统任务之上,是服务任务层。服务任务负责提供系统其他的扩展服务。服务任务没有屏幕显示,且阻塞在自己的消息队列上。应用程序任务是用户使用的各个应用。ASIX WIN 认为一个应用程序只对应一个任务,不存在一个应用含有多个任务的情况。应用任务阻塞在自己的消息队列上,所有的应用程序一般都应该拥有屏幕显示,所有的应用程序在同一优先级上。空闲任务(Idle Task)是系统必须的任务,当系统中其他所有任务阻塞时激活该任务,空闲任务的优先级必须是最低的。

系统任务描述表用于描述某个任务的基本属性,比如名称、图标、对应的函数入口等。任务描述表的数据结构如下：

```
typedef struct task_description
{
    char        * name;              //任务的名称字符串
    U32         mode;                //任务的属性:取以下 3 种值
#define ASIX_SHELL 0x00 系统的 shell 任务,负责主菜单的管理
#define ASIX_DEAMON 0x01 系统的服务任务,或需要长久驻留在系统中的应用程序
#define ASIX_APP 0x02 普通的应用程序任务
    void        * data;              //与任务相关的数据
    unsigned char * icon;            //任务所对应的图标 24 * 24
    U16         stack_size;          //任务的堆栈大小
    U16         newscreen;           //该任务是否需要操作系统分配新的屏幕
    U16         scr_w;               //新屏幕的宽度
    U16         scr_h;               //新屏幕的高度
    void        ( * func_ptr)(void); //任务对应的函数入口
}TASK_DESCRIPTION;
```

任务控制块链表是 ASIX WIN 中动态维护的关于任务的控制信息。当系统启动时,ASIX WIN 的初始化程序将根据任务描述表中的定义属性,调用任务创建函数 ASIXCreatTask( )来创建系统 shell 任务以及系统服务任务。在创建任务成功后将为每个任务创建一个任务控制块,将该控制块添加到任务控制块列表中,并返回该任务的链表指针。任务控制块列表的数据结构如下：

```
typedef struct task_list
{
    struct task_list        * next;          //指向链表的下一项
    TASK_DESCRIPTION        * description;   //指向该任务的任务描述
    U32                     id;              //任务的标示
    ASIX_WINDOW             * wnd_ptr;       //指向该任务的窗口控制链表
}TASK_LIST;
```

SHELL 任务是在 ASIX OS 操作系统内核启动 ASIX WIN 时创建的任务。该任务是挂在操作系统内核中的任务,用于接收面向系统发给 ASIX WIN 应用程序的消息,并把系统内核消息转化成 ASIX WIN 的消息再转发至各应用程序窗口。事实上,ASIX WIN 的应用程序已经通过 TASK_DESCRIPTION 数据结构来描述,内核此时便开始在系统中注册这些应用程序,并挂到系统的任务队列中。当创建任务全部完成后,内核启动调度机制,把任务的运行权交到 SHELL 任务的手中,在这之后系统才对 ASIX WIN 系统进行初始化和启动。实际上,这些工作都是通过 ASIX WIN 的消息传递机制来完成的。系统通过向应用程序发送启动消息来通知应用程

序启动。而 SHELL 任务可以仅仅认为是 ASIX WIN 的消息分发子系统。图 9-10 描述了创建 ASIX WIN 任务的流程。

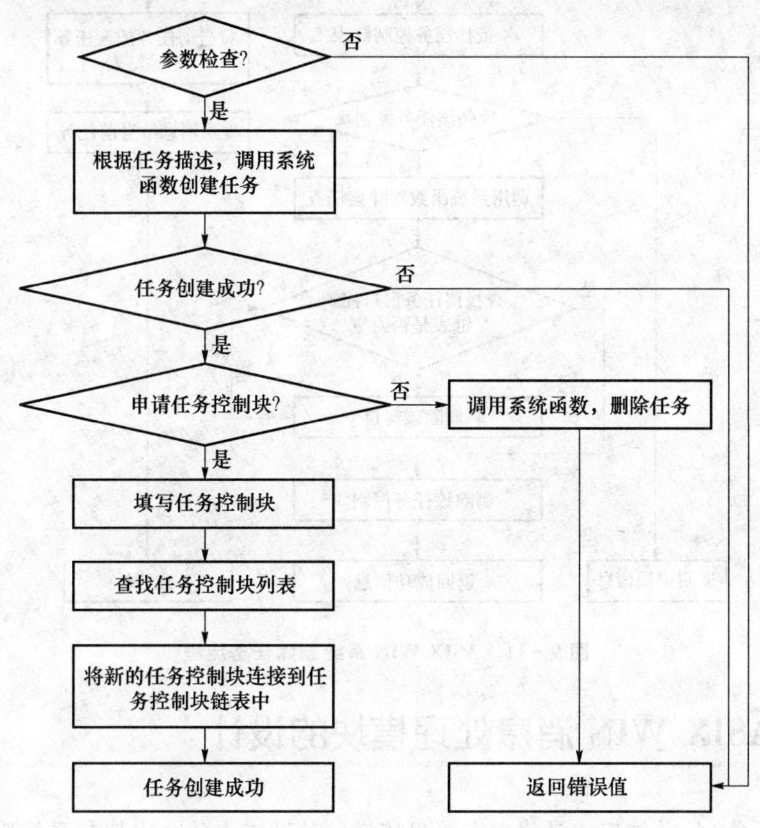

图 9-10 ASIX WIN 系统创建任务流程

当系统任务完成或用户需要删除任务时，ASIX WIN 调用函数 ASIXKillTask() 删除与参数 task_id 标示的任务。删除过程首先检查被删除的任务是否是当前任务：如果不是则删除该 ASIX WIN 任务，检查该任务控制块中所指向的窗口控制链表，删除所有的窗口以及窗口控制链中的表项，并从任务控制链表中将相应的表项删除；如果被删除任务是当前任务，则将该任务的控制块地址添入任务删除队列，并发送一条消息通知该任务。Shell 任务检查任务删除进程，如果该删除队列不为空，则调用 ASIXKillTask(U32 task_id) 函数删除。由于 Shell 任务永远运行在系统中，所以不存在它删除自己的问题。该过程删除任务、与该任务相关的任务控制块以及该任务拥有的所有窗口与窗口控制块，但该函数并不删除该任务申请的内存空间，因为这些控件可能与其他任务共享。图 9-11 说明了 ASIX WIN 删除任务的流程。

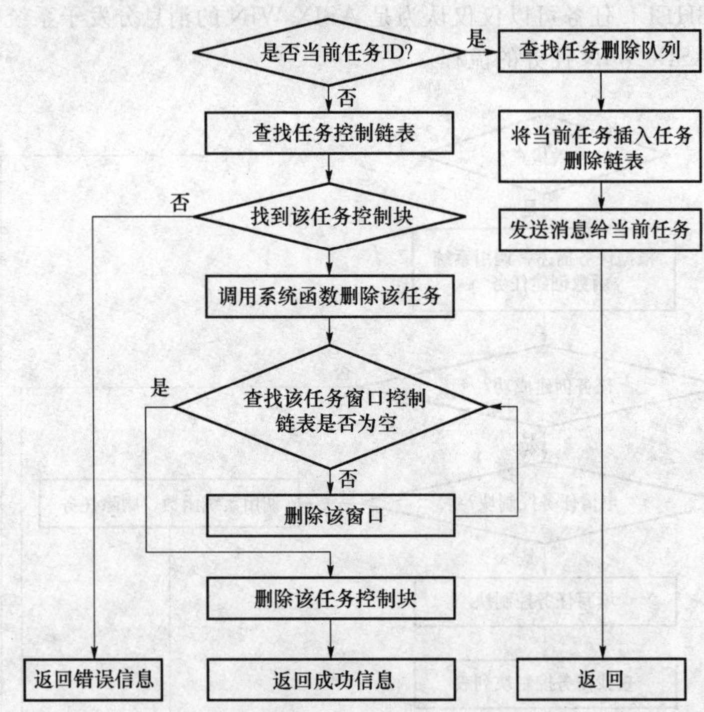

图 9-11　ASIX WIN 系统删除任务流程

9.4　ASIX WIN 消息处理模块的设计

ASIX OS 的总体架构是建立在消息传递的基础之上的。内核与系统服务之间、系统服务与应用程序之间、应用程序与应用程序之间的通信基本上都是依靠消息的方式进行传递的。ASIX WIN 的整个编程架构也是建立在消息分发、消息循环以及消息处理之上的。从消息流程来看，整个 ASIX OS 平台拥有全双工网状结构，如图 9-12 所示。

图 9-12 中的底层是系统的消息源，包括中断（键盘、触摸屏等）和定时器，一般称它们为中断源，中断的发生称为中断事件。中断发生后即进入中断处理程序，该中断处理程序维护其对应的缓冲区，并设置事件发生（通过调用内核的事件标志系统调用），即将系统任务中的中断事件标志中的对应位置位。因为系统任务是阻塞在整个事件标志上的，而且系统任务的优先级最高，系统任务将被内核调度运行，系统任务根据所发生事件的类型，来进行相应的处理。例如：如果是笔中断事件，中断处理程序将笔的坐标信息存放在相应的缓冲区中，并设置笔中断事件标志，系统任务将笔坐标的数据转化为相应活动区域（ActiveArea）的消息，由系统任务将消息发送到当前需要该中断事件的任务中去；如果是设备中断，则发送到当前占有该设备的任务中

去。显示、键盘和笔中断一定是由前台任务(拥有屏幕的任务)接管的,其他外围设备所对应的中断源则由占用该资源的任务接管。

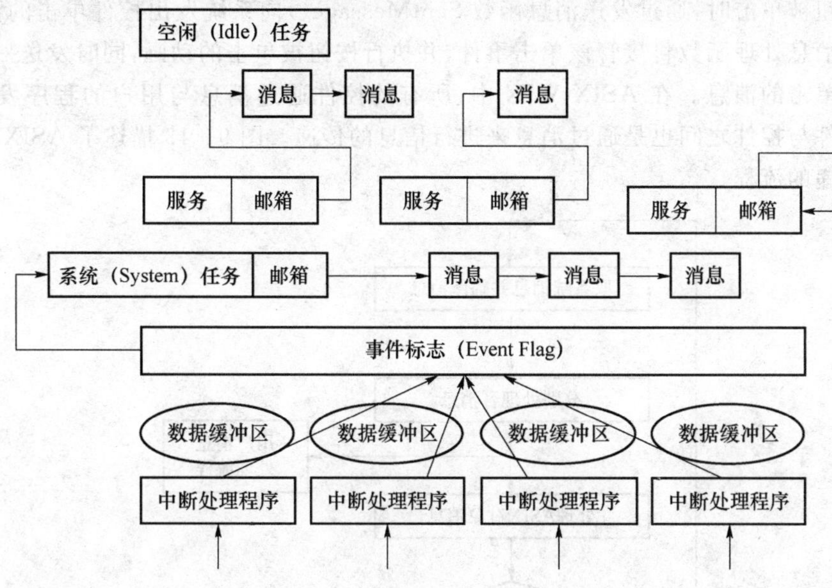

图 9-12 ASIX WIN 消息机制

为了实现网状通信结构,每个任务都有一个自己的信箱,在每个任务的信箱上都维护着一条消息队列,所有发往该任务的消息都连接在这个队列中。任务的代码中应该通过消息循环不断地从该队列中取消息并处理之,如消息队列为空则该任务阻塞,由 ASIX OS 内核选择下一个就绪的高优先级任务。

9.4.1 ASIX WIN 消息机制的设计

ASIX WIN 规定每个窗口或控件类型拥有自己的消息处理函数,该函数接受来自系统(包括窗口和控件)的消息并作出相应的处理和动作。在 ASIX WIN 不实现消息的分发机制,系统假设所有的消息是传送给当前任务的当前窗口,所以没有必要进行消息分发,窗口函数直接取消息并处理之。每一个窗口处理函数实际上就是一个消息循环,窗口处理函数首先调用取消息函数 GetMessage()获得系统消息并进行相应的处理和消息转换(实际是将底层操作系统所提供的硬件消息转换成 ASIX WIN 的消息)。GetMessage()函数通过调用相应窗口类所定义的消息翻译函数 msg_trans()实现消息的转换,然后对消息进行分检并作出相应的处理。对这些消息的具体处理应根据实际应用的需要来定制。最后,窗口函数调用 ASIX Windows 的默认控件消息处理函数 DefWindowProc()来接管非用户的、属于控件自己的消息控件消息。该处理函数是可以看作是一个消息过滤器及转换器。它首先扫描由取消息函数获得的消息,检查其中是否有属于 ASIX WIN 控件的消息。如果该消息属于某个控件,则消息处理函数调用系统窗口链表中该控件所对应的窗口类所指明的消息处理函数,执行相应的动作并可能发出相应的消息。例如,当系统应用程序检测到屏幕上某按钮被单击时,通过发送消息函数 SentMessage()向系统发出控件单击的消息。该控件消息处理函数将接管该单击事件,并执行按钮被单击的动画,同时发送一条该按钮被单击的消息。在 ASIX WIN 中,所有的控件通过消息与用户的程序发生关联。控件与控件之间也是通过消息来进行信息的传递。图 9-13 描述了 ASIX WIN 消息传递的流程。

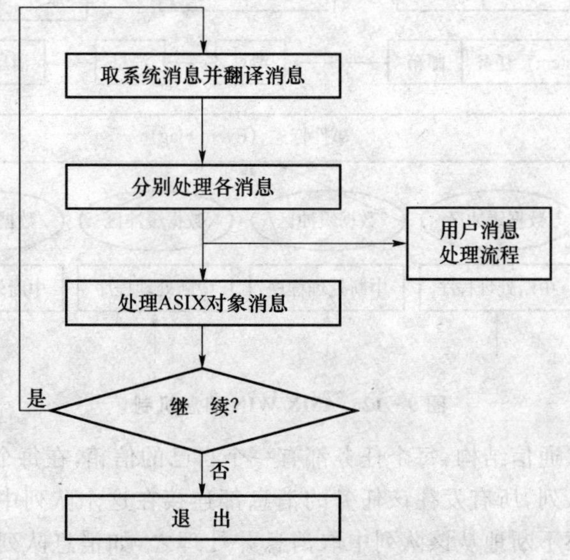

图 9-13　ASIX WIN 消息处理流程

ASIX WIN 定义了自己的消息格式,即每个消息都是一个结构体,结构体中描述了消息的类型、数据等信息。这个消息体与系统内核定义的消息体不同,因此需要消息的转换功能。

```
typedef struct _MESSAGE
{
    U16        messageType;        /*消息类型*/
    U16        message;            /*消息*/
    U32        misc;               /*段数据(32 bit)*/
    P_VOID     data;               /*相关数据*/
    U16        size;               /*数据大小*/
    U16        reserved;           /*保留*/
} *P_MESSAGE;
```

9.4.2　ASIX WIN 消息机制的应用流程

虽然 ASIX WIN 提供了消息机制,但可以把它仅看作是系统的功能模块,而不是系统应用模型的必需方式。在设计应用程序时，应当根据具体的情况来设计相适应的消息传递模型。下面通过具体的例子来描述一种 ASIX WIN 消息机制的应用。

```
void App_Sample(void)
{
    U8      quit = FALSE;
    static  MSG    Msg;
    U16     i;
    U32     mainwin;
    U32     testwin;
    U32     taskid;
    U32     bt1,bt2,menu;
    struct  MENU_ITEM menuitem[] =           //定义菜单选项
    {
        1,1,"hello",
        1,1,"why?",
        1,1,"1234567899999999",
        1,1,"sfdsdsdsdsdsdsd",
        1,1,"hello",
        1,1,"why?",
        1,1,"1234567899999999",
        1,1,"sfdsdsdsdsdsdsd",
        1,1,"hello",
        1,1,"why?",
        1,1,"1234567899999999",
        1,1,"sfdsdsdsdsdsdsd",
        0,0,NULL,
    };
    ClearScreen(WHITE);
    /* 创建主窗口 */
    mainwin = CreateWindow(WNDCLASS_WIN, "Hello World Hello World Hello world", WS_
            OVERLAPPEDWINDOW, 0,0,159,239,0,0,NULL);
    if(kbwin = = 0){
      Disp16String("MainWin Create Error!",1,30);
      EndofTask();
    }
    /*创建控件窗口*/
    bt1 = CreateWindow(WNDCLASS_BUTTON,"退出\\exit",WS_CHILD|BS_REGULAR,40,43,68,
        25,kbwin,0,NULL);
    bt2 = CreateWindow(WNDCLASS_BUTTON,"新窗口",WS_CHILD|BS_REGULAR,40,83,68,25,
        kbwin,0,NULL);
    menu = CreateWindow(WNDCLASS_MENU,"菜单",WS_CHILD,110,43,16,20,kbwin,0,(void
            *)menuitem);
    /* 消息循环 */
    while(!quit)
    {
    /* 取消息 */
```

```
        ASIXGetMessage(&Msg,NULL,0,0);
    /* 用户应用程序的消息处理 */
        switch(Msg.message)
        {
            case WM_COMMAND:
                if(Msg.lparam == bt1)
                {
                    quit = TRUE;
                } else if(Msg.lparam == bt2){
                    Secondwin();/*启动该应用程序的另一窗口*/
                }
                break;
            case WM_QUIT:/*窗口退出消息*/
                quit = TRUE;
                break;
        }
    /* Asix Windows 的默认消息处理 */
        DefWindowProc(Msg.message,Msg.lparam,Msg.data,Msg.wparam);
    }
    /* 删除主窗口,系统自动删除其中的所有子窗口 */
    DestroyWindow(mainwin);
    /* 结束本应用程序,用户在结束整个应用程序时调用该函数 */
    EndofTask();
}
```


应用程序由一组窗口处理函数组成,每个窗口处理函数都拥有自己的主窗口和消息循环。ASIX WIN 中的窗口处理函数主要由3部分构成:主窗口以及控件窗口的创建(包括应用程序初始化);消息循环及用户消息处理(该部分是应用程序的主体);窗口的删除及任务的结束。窗口处理函数在初始化后应该首先创建该主窗口。主窗口是其他控件窗口的容器,所以在创建控件窗口之前必须首先创建容纳该控件的主窗口。在 ASIX WIN 中主窗口的类一定是 WNDCLASS_WIN,该类的实例必须是主窗口,也就是说 WNDCLASS_WIN 的实例不可以是其他窗口的子窗口。在调用创建函数创建主窗口之后,函数返回主窗口的窗口标示,用户可以用该标示为父窗口接着创建其他的控件子窗口。消息循环是应用程序的核心,应用程序通过处理由取消息函数送来的系统消息实现程序的功能。消息循环中,应用程序调用取消息函数 ASIXGetMessage()获得消息,通过 switch 语句分拣消息并作出相应的处理;在 switch 语句之后,应用程序必须调用函数 DefWindowProc()处理系统的默认消息。当用户退出消息循环后,程序进入退出前的代码,一般在此阶段应用程序释放所申请的内存空间并通过调用 DestroyWindow()函数删除窗口。因为删除父窗口的操作将一并删除该窗口的所有子窗口,所以一般应用程序只要直接删除主窗口就可以了。应用程序的第一个窗口处理函数在退出时还应该调用函数 EndofTask(),这是因为该窗口处理函数的退出同时意味着该应用程序任务的结束,所以必须通过 EndofTask()函数显式地结束该任务。

9.5 ASIX WIN 窗口类管理模块的设计

窗口和控件是 ASIX WIN 系统的基本功能组件,所有的应用程序都是由不同的窗口和控件组成的。窗口与窗口之间、窗口与控件之间、控件与控件之间通过消息传递来实现通信。一般情况下,系统维护一个主窗口。ASIX WIN 认为,主窗口占据整个屏幕,控件通过双向链表的组织结构挂在主窗口上。当控件被激活时,可以生成子窗口或执行相关操作。因此,从 ASIX WIN 的系统角度看,窗口与控件是等价的。由于嵌入式实时系统对响应时间的严格限制,故大多数硬实时系统都不采用面向对象的设计方法,但是对于软实时系统,面向对象的设计方法可以很好地帮助系统实现对不同应用对象的封装。因此,ASIX WIN 定义的各种窗口与控件都有自身的数据结构,描述了它们本身的性质、相对应系统的性质和消息处理函数。系统通过自动调用相应的函数来实现窗口和控件操作。

ASIX WIN 是基于消息驱动的图形用户接口。从 ASIX WIN 的角度来看,应用程序是由一组窗口和控件组成的,程序的功能是通过窗口的操作来实现的。控件是在 ASIX WIN 中定制的具有特定功能的独立模块,例如按钮、菜单、下拉框、软件盘等。在 ASIX WIN 中,每一个控件在数据结构上都被描述为一个窗口(也就是说在数据结构上,窗口和控件是一样的),不同的是控件是作为某个窗口的子窗口。在数据结构上将窗口与控件统一,使得整个系统的结构更简单,对窗口的操作与对控件的操作可以统一到一起,这使得系统的编程接口可以统一到窗口的操作函数上。窗口操作函数包括窗口创建函数(CreatWindow)、窗口删除函数(DestroyWindow)、窗口默认消息处理函数(DefWindowProc)、窗口使能函数(EnableWindow)、窗口标题函数(WindowCaption)和窗口信息函数(WindowInformation)等。在 ASIX WIN 中所有的窗口操作,不管是窗口还是控件都使用这些函数。

```
typedef struct window_class
{
//窗口类型
    U8 wndclass_id;
//创建窗口
    STATUS ( * create)(char * caption,U32 style,U16 x,U16 y,U16 width,U16 hight,U32
           parent,U32 menu,void ** ctrl_str,void * exdata);
//删除窗口
    STATUS( * destroy)(void * ctrl_str);
//获得窗口消息
    STATUS ( * msg_trans)(void * ctrl_str, U16 msg_type, U32 areaId, P_U16 data, U32
           size, PMSG trans_msg);
```

```
// 窗口默认消息处理函数
    STATUS ( * msg_proc)(U16 msg_type, U32 areaId, void * data, U32 size, void * re-
        served);
//重绘窗口
    STATUS ( * repaint)(void * ctrl_str, U32 lparam);
// 移动窗口
    STATUS ( * move)(void * ctrl_str, U16 x, U16 y, U16 width, U16 hight, void * re-
        served);
// 使能窗口
    STATUS( * enable)(void * ctrl_str, U32 index, U32 lparam);
// 改变窗口标题
    STATUS ( * caption)(void * ctrl_str, char * caption, void * exdata, U32 lparam);
// 获得窗口属性
    STATUS( * information)(void * ctrl_str, struct asix_window * wndinfo);
} WNDCLASS;
```

窗口类描述了与某类窗口或控件相关的信息。当用户在创建、删除、移动、使能、改变标题或获取该类控件的某个实例的信息时，ASIX WIN 实际是通过查找该实例的窗口类描述，再调用与该窗口类相关的创建、删除、移动、使能、改变标题和获取信息函数，来完成与该控件相关的具体操作的。实际上，不同的控件具有不同的功能和结构，所以它们的操作也一定是不同的。为了拥有统一的操作函数接口，我们为每一个不同的窗口或控件定义了相应的窗口类。窗口类实际上是每种控件的模板，这个模板定义了与该控件相关的内容，例如与该控件相关的创建函数、删除函数、消息处理函数、使能函数等。当应用程序调用 CreatWindow()函数创建某类控件时，函数查找该类控件的窗口类，并根据窗口类中的定义调用与该控件相关的创建函数进行实际的创建工作，然后 CreatWindow()填写相应的数据结构描述该控件类的实例，并将其链接到系统窗口链表中去，以便其他的窗口操作函数查询。利用窗口类描述不同控件的设计同时可以将不同控件的开发独立于系统构架的实现，使得控件的开发可以独立进行。

下面的代码给出了窗口类的定义。

```
WNDCLASS WindowsClass[ ] = {
    WNDCLASS_WIN, wn_create, wn_destroy, wn_msgproc, wn_msgtrans, ……
    ……
    ……
    WNDCLASS_TSKBAR, tb_create, tb_destroy, tb_msgproc, tb_msgtrans, ……
    ……
    ……
};
```

ASIX WIN 规定，当前窗口一定是排在窗口链表的最后一个窗口，并且只有当前窗口可以执行删除操作,任何窗口只能删除自己的子窗口或者本身。系统本身维护了窗口类表、任务描述表和任务控制块列表,对所有任务的操作便是对这 3 个表的创建、添加、删除和查询等。图 9-14 描述了这 3 种表之间的逻辑关系。

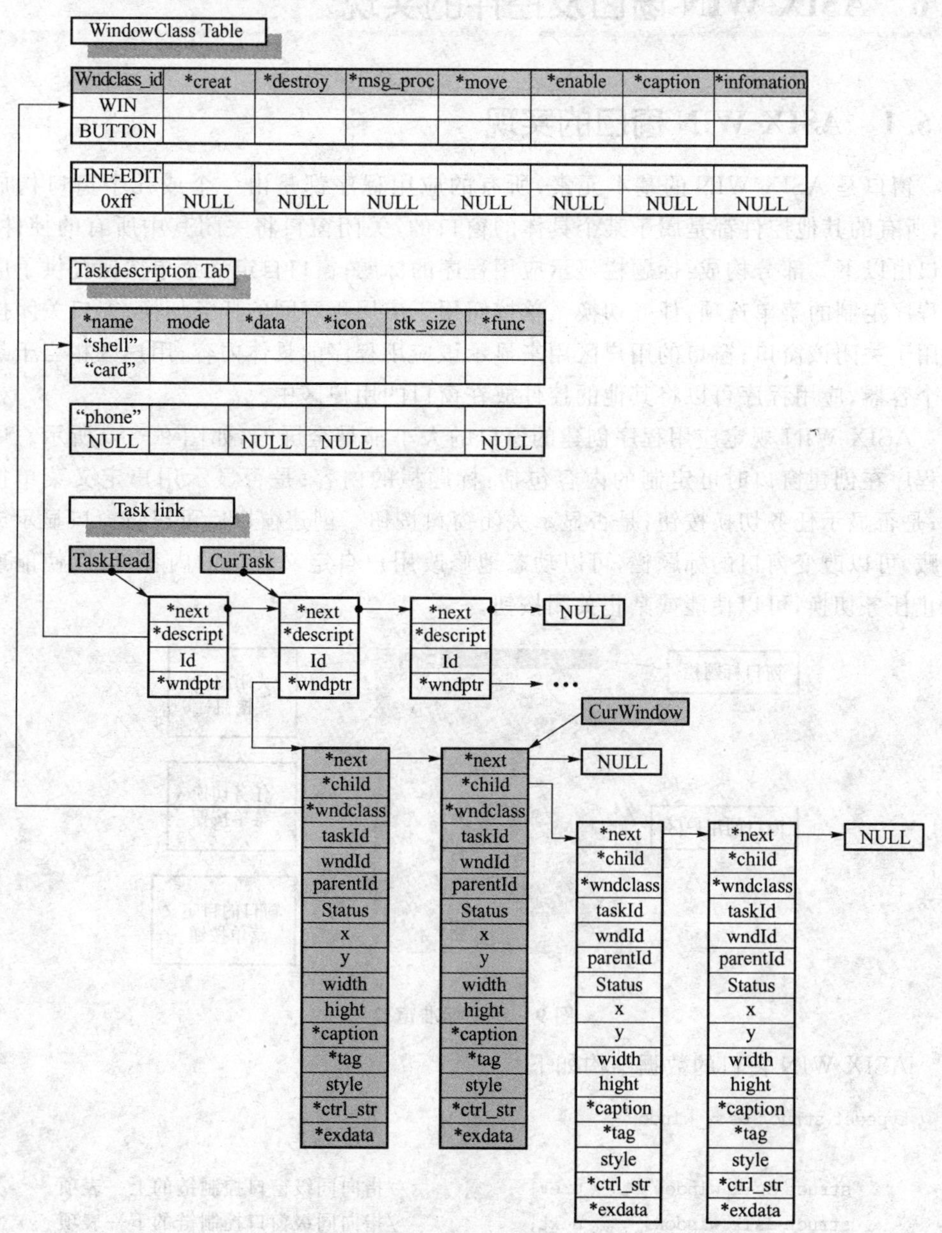

图 9-14 ASIX WIN 系统数据结构关系

ASIX WIN 的窗口管理系统是基于双向链表的数据结构。窗口的数据结构描述了该窗口所有信息的相关属性。对该窗口的操作实际上就是通过双向链表找到相应的数据结构，修改相应的属性项，并重新绘制窗口。ASIX Windows 维护的双向链表是窗口控制链表，动态维护关于窗口的控制信息。

9.6　ASIX WIN 窗口及控件的实现

9.6.1　ASIX WIN 窗口的实现

窗口是 ASIX WIN 的基本元素，所有的应用程序都是由一个或几个窗口构成的，所有的其他控件都是属于某个具体的窗口的，关闭窗口将关闭其中所有的控件。窗口由以下 5 部分构成：标题栏显示应用程序的标题；窗口自定义菜单按钮提供了应用程序定制的菜单选项；任务切换菜单按钮用于应用程序间的任务切换；窗口关闭按钮用于关闭该窗口；窗口的用户区用来显示该应用程序的具体内容；用户区相当于是一个容器，应用程序可以将其他的控件放在窗口的用户区中。

ASIX WIN 规定应用程序创建的窗口的大小都是全屏的，如图 9－15 所示。应用程序在创建窗口时可定制的内容包括：标题栏的内容；是否显示用户定义菜单按钮；是否显示任务切换按钮；是否显示关闭窗口按钮。创建窗口后可以将窗口显示或隐藏，可以改变窗口的标题栏，可以动态地修改用户自定义菜单的内容，可以使能或禁止任务切换，可以使能或禁止关闭按钮。

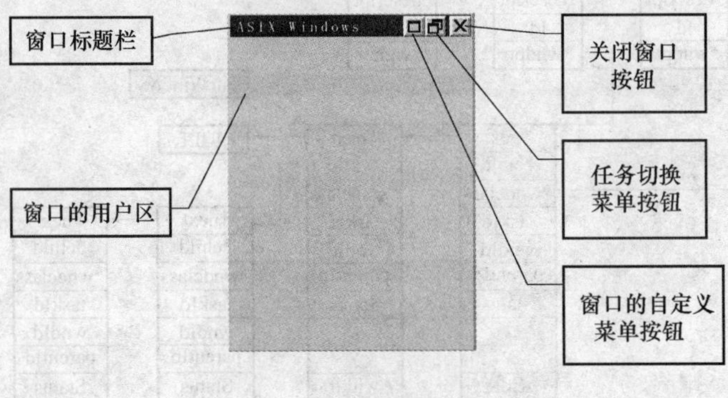

图 9－15　标准窗口

ASIX WIN 窗口的数据结构如下：

```
typedef struct asix_window
{
    struct asix_window    * prev;        //指向同级窗口控制链的上一表项
    struct asix_window    * next;        //指向同级窗口控制链的下一表项
    struct asix_window    * child;       //指向该窗口的子窗口控制链
    WNDCLASS              * wndclass;    //指向该窗口的窗口类
    U32                   task_id;       //该窗口所属任务的任务标示
    U32                   wnd_id;        //该窗口的窗口标示
```

```
    U32        parent_id;     //该窗口的父窗口标示
    U32        status;        //窗口状态
    U16        x;             //窗口的左上角坐标的x值
    U16        y;             //窗口的左上角坐标的y值
    U16        width;         //窗口的宽度
    U16        hight;         //窗口的高度
    char       * caption;     //窗口的标题
    char       * tag;         //窗口的帮助标题
    U32        style;         //窗口的风格
    void       * ctrl_str;    //指向该窗口相关控制信息的指针
    void       * exdata;      //该窗口的额外数据
} ASIX_WINDOW;
```

其中 ASIX WIN 为窗口实现了多种风格,如表 9-2 所列。

表 9-2 窗口风格

窗口风格	定 义
WS_BORDER	创建一个有边框的窗口
WS_CAPTION	创建一个有标题条的窗口
WS_CHILD	创建一个子窗口
WS_DISABLED	创建一个开始时被屏蔽的窗口
WS_DLGFRAME	用于对话框的窗口
WS_SAVESCREEN	指定窗口在被函数 PushWindow()压入堆栈时是否保存该窗口的屏幕。如果该窗口使用了该风格,在 PopWindow()时将不重画窗口,而是直接将保存的屏幕显示出来
WS_HSCROLL	创建一个具有水平滚动条的窗口
WS_USERBOX	创建一个带有用户菜单的窗口
WS_CLOSEBOX	创建一个带有关闭控制盒的窗口
WS_OEVERLAPPED	创建一个重叠式的窗口。重叠式的窗口带有标题和边框
WS_POPUP	创建一个弹出式窗口
WS_SYSMENU	创建一个带有标题条中具有系统菜单框的窗口
WS_VISIBLE	创建一个初始可见的窗口。此风格适用于重叠式窗口和弹出式窗口
WS_VSCROLL	创建一个具有垂直滚动条的窗口

图 9-16 描述了创建窗口的流程。用户调用 CreatWindow( )函数创建窗口;该函数将为新窗口创建一个窗口控制块,然后根据用户输入的参数填写相关的数据结构项,并将该控制块链接到相应的窗口控制链表中去。

用户可以通过指定窗口的风格来定制同类窗口的不同功能。在 ASIX WIN 中,窗口的风格实际上是由两部分构成的,即窗口风格和控件风格。风格参数本身是 32 位的无符号数,高 16 位是窗口风格;低 16 位是控件风格。窗口风格描述该窗口的特

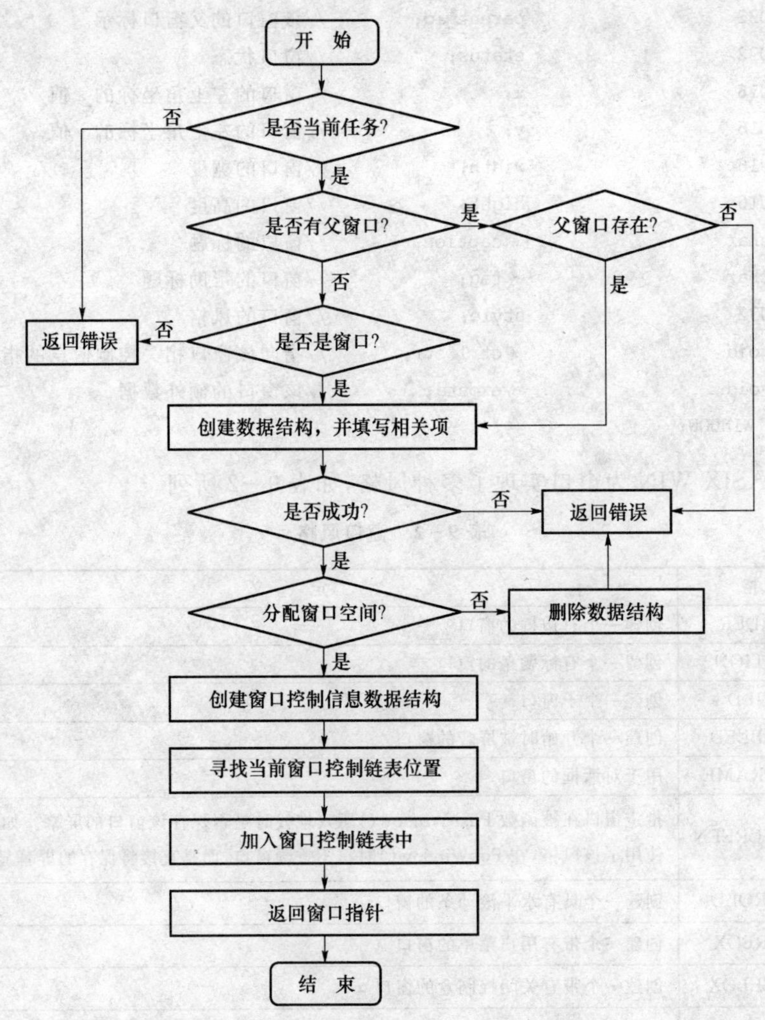

图 9-16 ASIX WIN 窗口创建流程

性，例如：WS_CHILD 表明该窗口是一个子窗口；WS_SAVESCREEN 表明要求系统保存该窗口所覆盖的屏幕；WS_DISABLED 表明该窗口创建时就是挂起的。控件风格描述与该控件相关的信息，比如对于 button 控件而言，BS_BOARD 表示该控件有边框，BS_SHADOW 表示该控件有阴影等。如果需要多种风格集成在一起，可以利用位或操作符“|”将不同的风格组合起来。

窗口的删除过程式是上述创建窗口过程的反过程。通过函数 DestroyWindow()来删除不需要的窗口，该函数的原型是：STATUS DestroyWindow(U32 Wnd_id)。函数的入口参数是被删除窗口的窗口标示(该标示在创建该窗口时产生)，并返回系统信息。如果函数删除的是当前窗口，系统将自动恢复被删除窗口的前一个窗口(系统将自动重画该窗口及其子窗口)，并将其标示为当前窗口。如果给定的窗口是其他窗口的父窗口或拥有者窗口，则在删除该窗口时，这些子窗口也自动被删除。本函数首先删除子窗口和所拥有的窗口，然后才删除窗口本身。但只有当前窗口可以执行删除操作，并且任何窗口只能删除自己的子窗口或者本身。图 9-17 描述了窗口删除的流程。在查询当前窗口是否拥有子窗口时，采用了递归调用的方法：

```
while(wndptr->child!= NULL){
    if (DestroyWindow((U32)wndptr->child)!= ASIX_OK){
        wndptr->child = wndptr->child->next;
        if(wndptr->child!= NULL)wndptr->child->prev = NULL;
    }
}
```

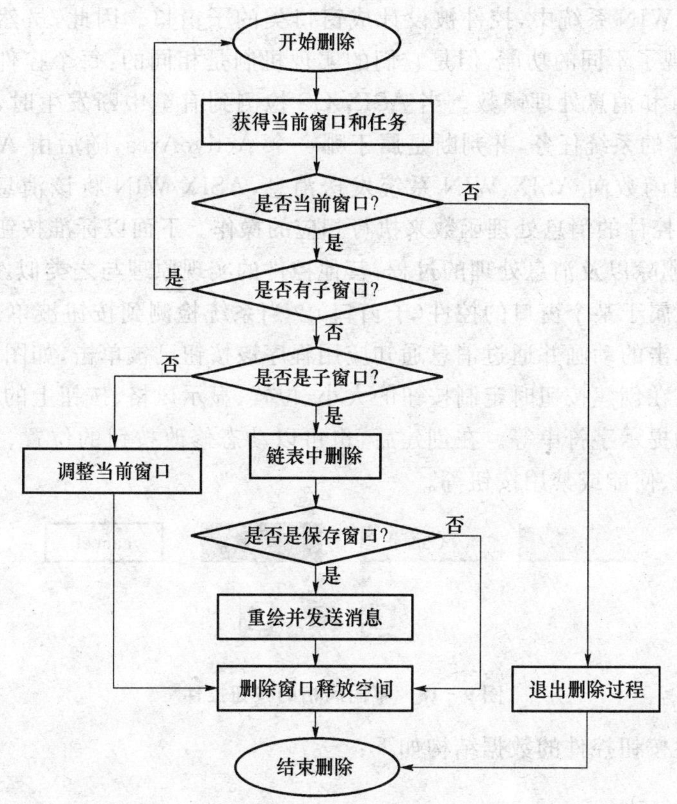

图 9-17 窗口删除流程

ASIX WIN 还提供了一系列的策略以便动态地改变窗口的属性。比如改变窗口在屏幕中的位置、大小，也可以使非当前窗口转变成当前窗口接收系统消息等。所有这些属性的改变都是通过 ASIX WIN 的消息传递来完成的。因为 ASIX WIN 始终认为只有当前窗口可以接收消息，并且可以调度其他窗口成为当前窗口。例如：允许或禁止给定窗口或控件接收笔单击输入。禁止输入时，窗口忽略像单击和按键这样的输入。允许输入时，窗口接收所有的输入。如果窗口的允许状态发生变化，则在函数返回前发送 WM_ENABLE 消息。如果窗口已被禁止，它所有的子窗口也被禁止，但系统不发送 WN_ENABLE 消息给它们。窗口创建时，默认状态是被允许使用的。应用程序可以在 CreateWindow()函数中指定 WS_DISABLED 风格以创建一个初始为禁止的窗口。创建窗口以后，应用程序可用 EnableWindow()函数允许或禁止此窗口。应用程序可以用这个函数允许或禁止对话框中的控件。一个被禁止的控件不能接收键盘输入焦点，用户也不能访问它。PushWindow()的作用是把该窗口及其子窗口的所有信息压栈；PopWindow()则反之，并在屏幕上重绘窗口。

9.6.2　ASIX WIN 控件的实现

在 ASIX WIN 系统中，控件被设计成窗口类的子窗口。因此，虽然控件的种类繁多，并且实现了不同的功能，但是它们的实现机制是相同的：每个控件都拥有自己的 ActiveArea 和消息处理函数。当 ASIX OS 检测到有笔中断发生时，系统便会激活 ASIX WIN 的系统任务，并判断是属于哪一个 ActiveArea，随后由 ActiveArea 模块的消息处理函数向 ASIX WIN 系统发送消息，ASIX WIN 将该消息转送给 ActiveArea 对应控件的消息处理函数来执行相应的操作。下面以标准按钮为例来阐述控件的创建、删除以及消息处理的过程，其他控件的实现原理与之类似。

按钮是隶属于某个窗口的控件(子窗口)。当系统检测到按钮被单击后，控件将自动地完成单击的动画并通过消息通知应用程序该按钮已被单击，如图 9－18 所示。应用程序可以在创建按钮时定制按钮的大小、位置、显示风格、按钮上的文本或位图、选中按钮时的提示字符串等。在创建后，也可以动态修改按钮的位置、大小、按钮上的文本或位图、使能或禁用按钮等。

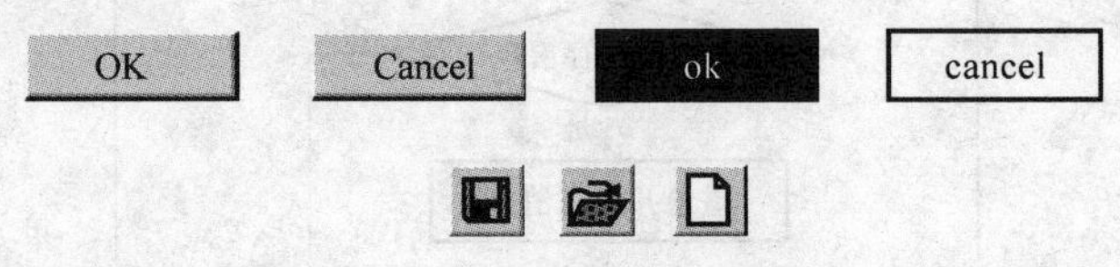

图 9－18　不同风格的按钮控件

用于描述按钮控件的数据结构如下：

```
struct bt_ctrl_str
{
    U32      classid;          //按钮控件所对应的窗口类 ID
    U32      wndid;            //所创建按钮的窗口 ID
    U32      bt_id;            //所创建按钮对应的活动区域 ID
    U32      bt_style;         //按钮的风格
    U8       bt_state;         //按钮的状态
    char     * bt_caption;     //按钮的标题字符串
```

```
    S16     bt_icon_width;      //按钮的宽度
    S16     bt_icon_hight;      //按钮的高度
    P_U8    bt_icon;            //按钮的图标数据
    P_U8    bt_back_saved;      //保存的按钮背景数据
    P_U8    bt_face_saved;      //保存的按钮本身的图形数据
    P_U8    bt_tag_saved;       //保存的按钮标签的图形
    U16     tag_x;              //标签的x坐标
    U16     tag_y;              //标签的y坐标
    U16     tag_width;          //标签的宽度
    U16     tag_hight;          //标签的高度
};
```

按钮控件有自己的一组操作函数。当应用程序为某一个窗口创建控件时，系统会自动调用 btn_creat()来创建按钮控件。图 9-19 描述了系统创建按钮控件的流程。

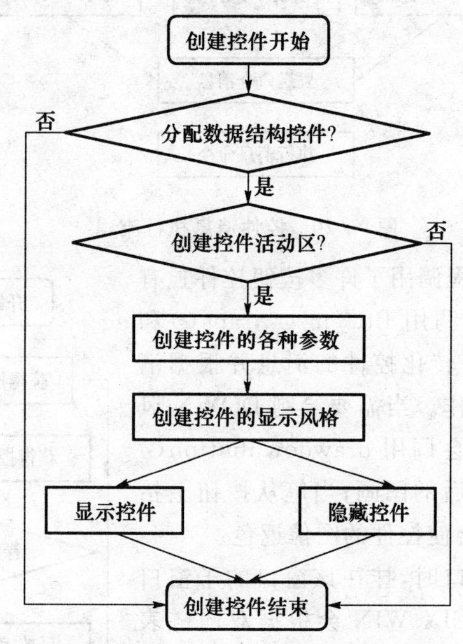

图 9-19 控件创建流程

当窗口中的某个控件被单击时，ASIX WIN 会接收到由系统发出的消息，消息的内容包括笔中断发生的屏幕坐标(由于 ASIX WIN 总是认为窗口占据整个屏幕，因此该坐标直接是屏幕物理坐标)和消息类型等。然后，ASIX WIN 由消息管理模块接管该系统消息并转化成 ASIX WIN 消息，随后分发到相应的控件处理函数。此时，控件可根据消息内容执行相应的操作，并播放被单击动画。应用程序也可在某些情况下通过关闭控件活动区来屏蔽控件，使其不会响应笔中断操作；也可在控件属性改变后重绘控件图标。整个控件处理流程如图 9-20 所示。

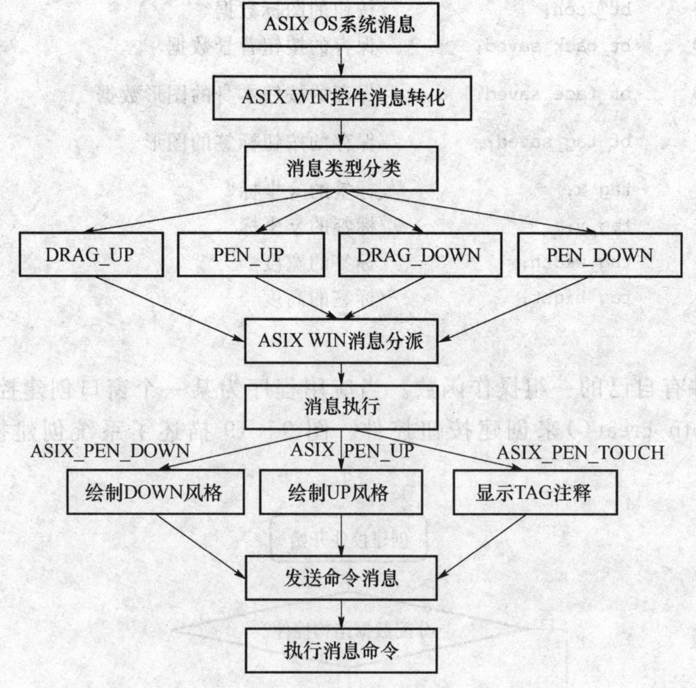

图 9-20　控件消息执行流程

图 9-20 所示的过程调用了许多按钮控件独有的函数。ASIX WIN 会调用 Btn_msg_trans()和 Btn_msg_proc()函数来转化控件的消息并根据消息的内容进行相应的操作。当需要绘制 DOWN 风格时，Btn_msg_proc()会调用 drawdownbutton()函数来绘制按钮被按下后的图画；当笔从按钮上抬起时，Btn_msg_proc()会使控件的图像返色。

当应用程序删除窗口时，挂在该窗口的子窗口和控件都将被删除。ASIX WIN 会根据双向链表来搜索每一个挂件，并执行相应的删除操作 btn_destroy()：清除 button 视区，然后是 DisableActiveArea()，最后把 * ctrl - str 所指的相应表项删除。图 9-21 描述了控件删除的过程。

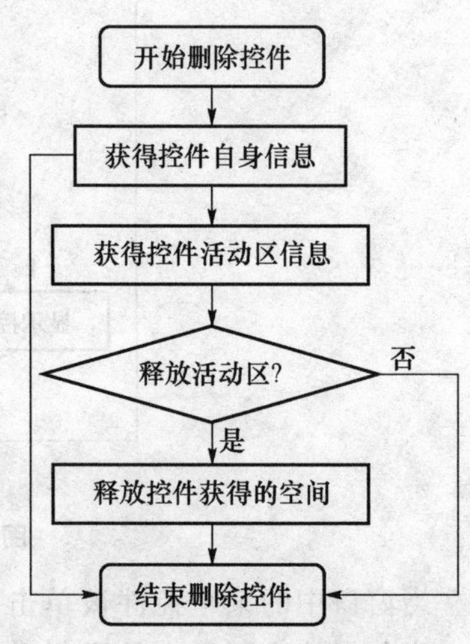

图 9-21　控件删除流程

ASIX WIN 系统中其他控件的设计也是基于 ActiveArea 模块和消息处理机制的，有些复杂功能的控件是简单控件的组合。目前 ASIX WIN 已经实现了按钮控件、选择框控件、菜单控件、下拉框控件、滚动条控件、编辑框控件、软键盘控件以及信息框控件等，如图 9-22 所示。

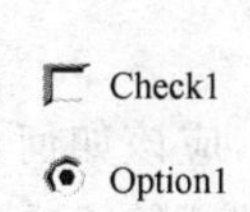

(a) 单选框与复选框控件

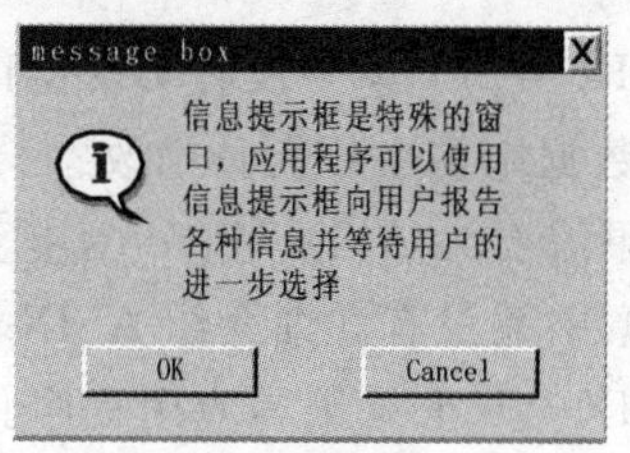

(b) 消息框

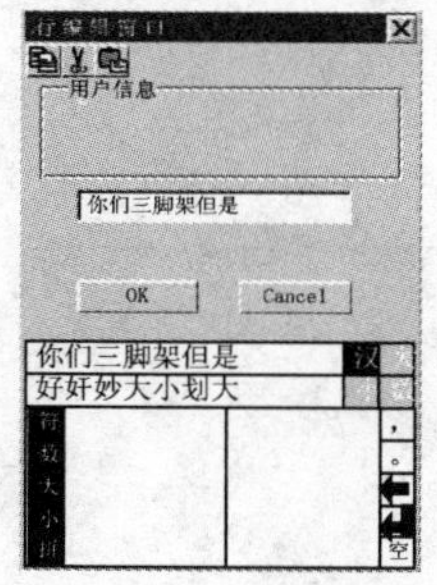

(c) 单行编辑器控件

(d) 下拉框控件

(e) 滚动条控件

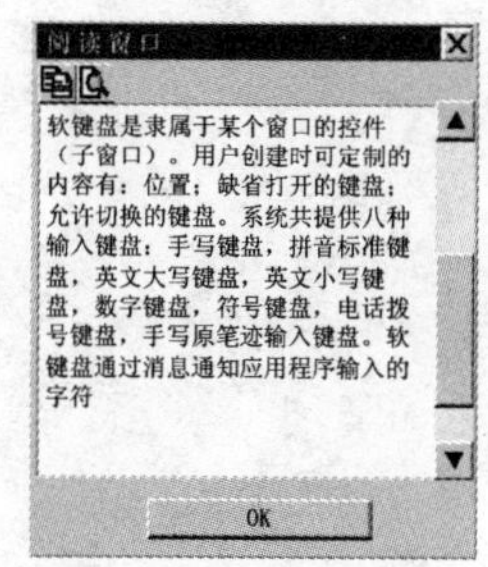

(f) 多文本显示框控件

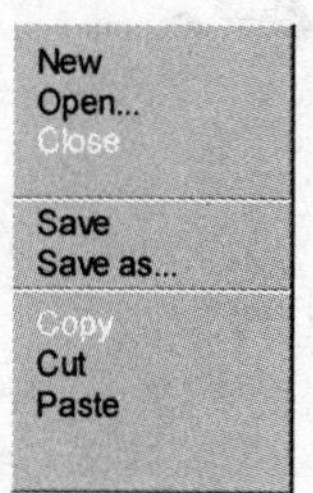

(g) 菜单控件

图 9-22　ASIX WIN 控件

9.7 思考题

1. ASIX Window 中没有实现窗口剪切(Cliping)的概念,如果需要添加这个特性,应该在数据结构中作何种修改?

2. 如果需要为 ASIX Window 扩展一个新的窗口控件,应该如何设计?

3. 本章中并没有详细介绍 ASIX Window 的应用程序编程,通过对本章的阅读,尝试为 ASIX Window 编写应用程序。

附录A

C++/C 代码审查表(C 语言部分)

表 A-1 是从林锐博士的《高质量 C++/C 编程指南》[7]一书中节录出来的 C++/C 代码审查表(C 语言部分)。

表 A-1 C++/C 代码审查表(C 语言部分)

文件结构		
重要性	审查项	结 论
	头文件和定义文件的名称是否合理?	
	头文件和定义文件的目录结构是否合理?	
	版权和版本声明是否完整?	
重要	头文件是否使用了 ifndef/define/endif 预处理块?	
	头文件中是否只存放"声明"而不存放"定义"	
程序的版式		
重要性	审查项	结 论
	空行是否得体?	
	代码行内的空格是否得体?	
	长行拆分是否得体?	
	"{"和"}"是否各占一行并且对齐于同一列?	
重要	一行代码是否只做一件事? 如只定义一个变量,只写一条语句	
重要	If、for、while、do 等语句自占一行,不论执行语句多少都要加"{}"	
重要	在定义变量(或参数)时,是否将修饰符 * 和 & 紧靠变量名?	
	注释是否清晰并且必要?	
重要	注释是否有错误或者可能导致误解?	
命名规则		
重要性	审查项	结 论
重要	命名规则是否与所采用的操作系统或开发工具的风格保持一致?	
	标识符是否直观且可以拼读?	
	标识符的长度应当符合"min - length&&max - information"原则?	
重要	程序中是否出现相同的局部变量和全部变量?	

续表 A-1

重要性	审查项	结论
	类名、函数名、变量和参数、常量的书写格式是否遵循一定的规则?	
	静态变量、全局变量、类的成员变量是否加前缀?	
	表达式与基本语句	
重要性	审查项	结论
重要	如果代码行中的运算符比较多,是否已经用括号清楚地确定表达式的操作顺序?	
	是否编写太复杂或者多用途的复合表达式?	
重要	是否将复合表达式与"真正的数学表达式"混淆?	
重要	是否用隐含错误的方式写 if 语句? 例如 ① 将布尔变量直接与 TRUE、FALSE 或者 1、0 进行比较; ② 将浮点变量用"=="或"!="与任何数字比较; ③ 将指针变量用"=="或"!="与 NULL 比较	
	如果循环体内存在逻辑判断,并且循环次数很大,是否已经将逻辑判断移到循环体的外面?	
重要	Case 语句的结尾是否忘了加 break?	
重要	是否忘记写 switch 的 default 分支?	
重要	使用 goto 语句时是否留下隐患? 例如跳过了某些对象的构造、变量的初始化、重要的计算等	
	常 量	
重要性	审查项	结论
	是否使用含义直观的常量来表示那些将在程序中多次出现的数字或字符串?	
重要	如果某一常量与其他常量密切相关,是否在定义中包含了这种关系?	
	函数设计	
重要性	审查项	结论
	参数的书写是否完整? 不要贪图省事只写参数的类型而省略参数名字	
	参数命名、顺序是否合理?	
	参数的个数是否太多?	
	是否使用类型和数目不确定的参数?	
	是否省略了函数返回值的类型?	
	函数名字与返回值类型在语义上是否冲突?	
重要	是否将正常值和错误标志混在一起返回? 正常值应当用输出参数获得,而错误标志用 return 语句返回	
重要	在函数体的"入口处",是否用 assert 对参数的有效性进行检查?	
重要	使用滥用了 assert? 例如混淆非法情况与错误情况,后者是必然存在的并且是一定要作出处理的	
重要	return 语句是否返回指向"栈内存"的"指针"或者"引用"?	
	是否使用 const 提高函数的健壮性? const 可以强制保护函数的参数、返回值,甚至函数的定义体	

续表 A-1

内存管理		
重要性	审查项	结 论
重要	用 malloc 申请内存之后，是否立即检查指针值是否为 NULL？(防止使用指针值为 NULL 的内存)	
重要	是否忘记为数组和动态内存赋初值？(防止将未被初始化的内存作为右值使用)	
重要	数组或指针的下标是否越界？	
重要	动态内存的申请与释放是否配对？(防止内存泄漏)	
重要	是否有效地处理了“内存耗尽”问题？	
重要	是否修改“指向常量的指针”的内容？	
重要	是否出现野指针？例如： ① 指针变量没有被初始化； ② 用 free 释放了内存之后，忘记将指针设置为 NULL	
重要	malloc 语句是否正确无误？例如字节数是否正确？类型转换是否正确？	
其他常见问题		
重要性	审查项	结 论
重要	① 变量的数据类型有错误吗？ ② 存在不同数据类型的赋值吗？ ③ 存在不同数据类型的比较吗？	
重要	量值问题： ① 变量的初始化或默认值有错误吗？ ② 变量发生上溢或下溢吗？ ③ 变量的精度够吗？	
重要	逻辑判断问题： ① 由于精度原因导致比较无效吗？ ② 表达式中的优先级有误吗？ ③ 逻辑判断结果颠倒吗？	
重要	循环问题： ① 循环终止条件不正确吗？ ② 无法正常终止(死循环)吗？ ③ 错误地修改循环变量吗？ ④ 存在误差累积吗？	
重要	错误处理问题： ① 忘记进行错误处理吗？ ② 错误处理程序块一直没有机会被运行？ ③ 错误处理程序块本身就有毛病吗？如报告的错误与实际错误不一致，处理方式不正确等 ④ 错误处理程序块是“马后炮”吗？如在被它被调用之前软件已经出错	

附录 B

部分课后思考题解答

第 1 章

思考题 1 解答：

如果你的答案是这样的，虽然结果是正确的，但这绝对不是最好的答案：

```
int Sum( int n )
{
    long sum = 0;
    for( int i = 1; i< = n; i++ )
    {
        sum + = i;
    }
    return sum;
}
```

请看下面的答案：

```
int Sum( int n )
{
    return ( (long)1 + n) * n/2;
}
```

思考题 2 解答：

表达式的正确输出是 1，这是因为无符号 char 类型所能表示的最大数是 255，而 256 已经超出了 unsigned char 所能表示的范围，因此实际上 a 的值在赋值后变成了 0，因此本题的结果是 1。

思考题 3 解答：

在本题的第一个语句中，printf 的第二个参数是整数(int)类型的 5，对于 32 位处理器而言需占用 4 个字节，如果参数是通过堆栈进行传递的话，该参数在栈中占有 4 个字节的空间。而对于遵循 ATPCS 规则的 ARM 编译器而言，第二参数只需要一个寄存器 r1 就可以进行传递。但是第一个参数说明符“%f”认为后面的第二参数应该是一个 double 类型，因此从栈中会取出 8 个字节。这将会造成对堆栈的错误访问，所以这个语句的输出是不确定的。

思考题 4 解答：

本题的解法有两种，比较容易想到的方式是第一种采用算术的方法：

```
a = a + b;
b = a- b;
a = a- b ;
```

第二种是采用异或的方法：

```
a = a^b;
b = a^b;
a = a^b;
```

但是第一种方法存在一个潜在的危险：如果变量 a 和变量 b 都是无符号的 16 位大整数，那么 a+b 的结果就有可能超出 16 位整数所能表示的范围，从而造成程序运行的错误。而采用第二种异或的方法则没有这个问题。

第 2 章

思考题 1 解答：

对于 a+++++b 这样的表达式唯一有意义的理解应该是 a++ + ++b。但是按照 C 语言的词法分析的规则，上面的这个表达式会被解析成为 a++ ++ + b，也就是((a++)++)+b。

但是这个表达式对于 C 语法而言是错误的，因为 a++的结果不能作为左值，编译器不会接受 a++作为后面++运算符的操作数。因此，a+++++b 这个表达式对于 C 编译器是存在语法错误的表达式，它不是合法、有意义的 C 语句。

思考题 2 解答：

```
#define MIN(A,B) ((A) <= (B)? (A) : (B))
```

MIN(*p++,b)会产生宏的副作用。对 MIN(*p++,b)的作用结果是：

((*p++)<=(b)? (*p++):(b))

这个表达式会产生副作用，指针 p 会做两次++自增操作。

注意：以下的定义都是错误的！

```
#define MIN(A,B) (A) <= (B)? (A) : (B)
#define MIN(A,B)(A<=B? A:B)
#define MIN(A,B)((A)<=(B)? (A) : (B));
```

思考题 3 解答：

正确的答案应该是 sizeof(int * *) * 3 * 4，问题的关键是指针变量占用多少内存空间？如果是在 32 位系统的 ARM 编译器上编译这段代码的话，那么指针的大小一般是 32 位，因此对于 32 位系统答案是 48 字节。

思考题 4 解答：

在使用了该头文件的每个 C 程序文件中都单独存在一个该静态变量，这样造成空间的浪费并且很容易引起错误。因此，建议不要在头文件中定义任何变量。当然，在头文件中对于系统级的全局变量使用 extern 关键字进行声明是可以的！

思考题 5 解答：

这段代码采用了很棒的迂回循环展开法，由 Tom Duff 在 Lucasfilm 时所设计，因此有时也将这段代码称为“达夫设备”(Duff's Device)，它的作用是用来复制多个字节。这里 count 个字节从 from 指向的数组复制到 to 指向的内存地址(这是个内存映射的输出寄存器，这也是为什么它没有被增加的原因)。它把 swtich 语句和复制 8 个字节的循环交织在一起，从而解决了剩余字节的处理问题(当 count 不是 8 的倍数时)。像这样把 case 标志放在嵌套在 swtich 语句内的模块中的做法是合法的。

思考题 6 解答：

这个表达式的含义是对变量 a 赋值为 30。首先，& 操作符产生变量 a 的地址，注意这是一个指针常量。接着，* 操作符访问地址中的内容。在习题中，* 运算符的操作数是 a 的地址，因此值 30 就存放在 a 中。那么这条语句和“a=30;”有什么区别吗？至少在功能上它们是完全相同的。当然，“*&a=30;”这条语句需要更多的操作，另外这些额外的运算符会使程序的可读性变差，因此不要在程序中使用诸如此类的用法！

思考题 7 解答：

这个表达式的含义是指向字母“y”的指针。因为“xyz”作为一个常量字符串在 C 语言中的含义其实就是指向该字符串的首指针(也就是指向字母“x”的指针)，那么这个真正加 1 的含义就是指针向下一个元素偏移 1 个单位，因此结果就是指向“y”的指针。

思考题 8 解答：

程序执行的结果是输出 11，宏定义展开容易出现二义性的问题，a=SQR(b+2)这一语句展开后为“b+2*b+2”，而不是想像的“(b+2)*(b+2)”。因此，正确的宏定义应该是：

```
#define SQR(x) ( (x) * (x) )
```

思考题 9 解答：

这个数据结构的定义是非法的，因为在定义中存在嵌套“struct a z;”。编译器在为结构体 a 分配空间时将无法计算该结构实际占用的内存空间到底是多少(事实上是无穷大，呵呵！)。因此，一般编译器都会认为 struct a 是未定义的类型，即使提前声明也不会有任何用处。需要说明的是，结构的定义允许嵌套其他的结构体，这样便于数据结构的层层封装，类似于在 C++ 中类的继承，但是结构嵌套自己是不允许的。

第 4 章

思考题 2 解答：

000000f7，fffffff7

第 5 章

思考题 1 解答：

第一段代码中，字符串 str1 需要 11 个字节才能存放得下(包括末尾的"\0")，而 string 只有 10 个字节的空间，strcpy 会导致数组越界。

第二段代码中，首先字符数组 str1 不能在数组内结束；其次 strcpy(string,str1)调用使得从 str1 内存起复制到 string 内存起所复制的字节数具有不确定性。

第三段代码中，if(strlen(str1)<=10)应改为 if(strlen(str1)<10)，因为 strlen 的结果未统计"\0"所占用的 1 个字节。

思考题 3 解答：

free(p)不会成功，因为 p 的值在 for 循环中已经发生了改变，p 所指向的内存区域已经不是 malloc 函数最初返回的内存地址了，因此 free 函数将无法正确的释放该块内存区，也就是发生了内存泄漏。

思考题 5 解答：

这是一家著名外企的面试题，看似简单，实则可以看出一个程序员基本功底的扎实程度。你或许已经想到很多方法，譬如除、余操作、位操作等，但这都不是最快的。我们给出了这道题的几种解答，最后一种才是最快的解答方法。

解答一：使用除、余操作

```
#include <stdio.h>
#define BYTE unsigned char
int main(int argc, char *argv[])
{
    int i, num = 0;
    BYTE a;
    /* 接收用户输入 */
    printf("\nPlease Input a BYTE(0~255):");
    scanf("%d", &a);
    /* 计算 1 的个数 */
    for (i = 0; i < 8; i++)
    {
        if (a % 2 == 1)
        {
            num++;
```

```
            }
            a = a / 2;
        }
        printf("\nthe num of 1 in the BYTE is %d", num);
        return 0;
}
```

解答二:使用位操作

```
#include <stdio.h>
#define BYTE unsigned char
int main(int argc, char * argv[])
{
    int i, num = 0;
    BYTE a;
    /* 接收用户输入 */
    printf("\nPlease Input a BYTE(0～255):");
    scanf("%d", &a);
    /* 计算1的个数 */
    for (i = 0; i < 8; i++)
    {
        num += (a >> i) &0x01;
    }
    /*或者这样计算1的个数:*/
    /* for(i=0;i<8;i++)
    {
        if((a>>i)&0x01)
        num++;
    }
    */
    printf("\nthe num of 1 in the BYTE is %d", num);
    return 0;
}
```

解答三:使用 switch 分支操作

```
#include <stdio.h>
#define BYTE unsigned char
int main(int argc, char * argv[])
{
    int i, num = 0;
    BYTE a;
    /* 接收用户输入 */
    printf("\nPlease Input a BYTE(0～255):");
```

```
    scanf("%d", &a);
    /* 计算 1 的个数 */
    switch(a)
    {
        case 0x0:
            num = 0;
            break;
        case 0x1:
        case 0x2:
        case 0x4:
        case 0x8:
        case 0x10:
        case 0x20:
        case 0x40:
        case 0x80:
            num = 1;
            break;
        case 0x3:
        case 0x6:
        case 0xc:
        case 0x18:
        case 0x30:
        case 0x60:
        case 0xc0:
            num = 2;
            break;
        //...
    }
    printf("\nthe num of 1 in the BYTE is %d", num);
    return 0;
}
```

解答四:使用直接查表法

```
#include <stdio.h>
#define BYTE unsigned char
/* 定义查找表 */
BYTE numTable[256] =
{
0, 1, 1, 2, 1, 2, 2, 3, 1, 2, 2, 3, 2, 3, 3, 4, 1, 2, 2, 3, 2, 3, 3, 4, 2, 3,
3, 4, 3, 4, 4, 5, 1, 2, 2, 3, 2, 3, 3, 4, 2, 3, 3, 4, 3, 4, 4, 5, 2, 3, 3,
4, 3, 4, 4, 5, 3, 4, 4, 5, 4, 5, 5, 6, 1, 2, 2, 3, 2, 3, 3, 4, 2, 3, 3, 4,
3, 4, 4, 5, 2, 3, 3, 4, 3, 4, 4, 5, 3, 4, 4, 5, 4, 5, 5, 6, 2, 3, 3, 4, 3,
```

```
4, 4, 5, 3, 4, 4, 5, 4, 5, 5, 6, 3, 4, 4, 5, 4, 5, 5, 6, 4, 5, 5, 6, 5, 6,
6, 7, 1, 2, 2, 3, 2, 3, 3, 4, 2, 3, 3, 4, 3, 4, 4, 5, 2, 3, 3, 4, 3, 4, 4,
5, 3, 4, 4, 5, 4, 5, 5, 6, 2, 3, 3, 4, 3, 4, 4, 5, 3, 4, 4, 5, 4, 5, 5, 6,
3, 4, 4, 5, 4, 5, 5, 6, 4, 5, 5, 6, 5, 6, 6, 7, 2, 3, 3, 4, 3, 4, 4, 5, 3,
4, 4, 5, 4, 5, 5, 6, 3, 4, 4, 5, 4, 5, 5, 6, 4, 5, 5, 6, 5, 6, 6, 7, 3, 4,
4, 5, 4, 5, 5, 6, 4, 5, 5, 6, 5, 6, 6, 7, 4, 5, 5, 6, 5, 6, 6, 7, 5, 6, 6,
7, 6, 7, 7, 8
};
int main(int argc, char * argv[])
{
    int i, num = 0;
    BYTE a = 0;
    /* 接收用户输入 */
    printf("\nPlease Input a BYTE(0～255):");
    scanf("%d", &a);
    /* 计算 1 的个数 */
    /* 用 BYTE 直接作为数组的下标取出 1 的个数！ */
    printf("\nthe num of 1 in the BYTE is %d", checknum[a]);
    return 0;
}
```

思考题 6 解答：

第一小题传入 GetMemory(char * p)函数中的形参为字符串指针，在函数内部修改形参并不能真正的改变传入形参的值，执行完以下代码：

```
char * str = NULL;
GetMemory( str );
```

之后的 str 仍然为 NULL，这是因为 C 语言的函数传参是传值的。

第二小题中的：

```
char p[] = "hello world";
return p;
```

其中 p[]数组为函数内的局部自动变量，在函数返回后存放在堆栈中的数组已经被释放。这是许多程序员常犯的错误，其根源在于不理解局部变量的生存期。

第三小题中的 GetMemory 避免了第二小题中的问题，传入 GetMemory 的参数为字符串指针的指针，但是在 GetMemory 中执行申请内存及赋值语句“ * p = (char *) malloc(num);”后未判断内存是否申请成功，应加上：

```
if ( * p == NULL )
{
...//进行申请内存失败处理
}
```

另外，Test 函数中也未对 malloc 的内存进行释放，造成内存泄漏。

第四小题存在与第三小题同样的问题，在执行“char * str = (char *) malloc (100);”后未进行内存是否申请成功的判断；另外，在 free(str)后未置 str 为空，导致可能变成一个“野”指针，故应加上“str=NULL;”。

思考题 8 解答：

正确解答 1：

```
void LoopMove ( char * pStr, int steps )
{
    int n = strlen( pStr ) - steps;
    char tmp[MAX_LEN];
    strcpy ( tmp, pStr + n );
    strcpy ( tmp + steps, pStr);
    * ( tmp + strlen ( pStr ) ) ='\0';
    strcpy( pStr, tmp );
}
```

正确解答 2：

```
void LoopMove ( char * pStr, int steps )
{
    int n = strlen( pStr ) - steps;
    char tmp[MAX_LEN];
    memcpy( tmp, pStr + n, steps );
    memcpy(pStr + steps, pStr, n );
    memcpy(pStr, tmp, steps );
}
```

思考题 9 解答：

(1) fun 是一个函数指针，该函数指针指向一个入口参数为 int、返回值为 long 的函数。

(2) F 是一个函数指针，该函数指针指向一个入口参数为 2 个 int、返回值是另一个函数指针的函数，这个返回值所指向的函数其入口参数为 int，返回值也是一个 int。

(3) 与 int * (* b)[10] 等价，b 是一个指向一维数组的指针，该数组有 10 个指向整数的指针作为元素。

(4) def 是一个二重指针，该指针指向一个一维数组，数组的元素是整数。

第 6 章

思考题 4 解答：

这段代码的主要问题有：

(1) 中断处理程序没有入口参数，也不应该有返回值。

(2) 在中断处理程序中使用 printf 以及浮点运算都将大大增加中断处理时间(对于没有硬件浮点单元的 CPU 而言更是如此)。

(3) 并不是所有的编译器都能够保证 printf 以及浮点函数能够安全重入，因此在中断处理程序中使用这些函数有可能是不安全的。

第 8 章

思考题 1 解答：

请参阅以下代码的注释：

```
#include "stdlib.h"                                    // stdlb.h外应该使用<>
#include "xlmalloc.h"
typedef struct mylink
{
        struct mylink   *next;
        struct mylink   *prev;
        int              id;
} MYLINK;
static MYLINK *Header;                                 //Header 未赋初值
int AddNode( int id )
{
        MYLINK *index, *ptr;
        ptr = SysLmalloc( sizeof(MYLINK) );            //应该做强制类型转换
        if ( ptr = NULL ) return -1;                   // 应该是 ptr == NULL
        ptr->id = id;
        if (Header == NULL){
                ptr ->next = NULL;                     // ptr->prev 未赋值为 NULL
                Header = ptr;
                return 0;
        }
        // for 循环语句缺少;结尾
        for (index = Header; index->next != NULL; index = index->next)
        index->next = ptr;
        ptr->next = index;                             //应该是 ptr->next = NULL;
        ptr->prev = NULL;                              //应该是 ptr->prev = index;
        return 0;
}
```

附录 C

嵌入式 C 语言测试样卷与参考答案

嵌入式 C 语言测试样卷与参考答案

(时间:120 分钟)

一、选择题(2×24=48 分)

1. 下列不属于 volatile 关键字正确用法的是:

A) 修饰多线程应用中被几个任务共享的变量

B) 修饰用以访问硬件寄存器的指针

C) 修饰有可能在中断服务程序中被访问到的全局变量

D) 修饰指向具有 cache 的内存地址的指针

2. 下列关于 static 关键字的作用描述错误的是:

A) 用于全局变量前表示该全局变量只能在本 C 文件中使用

B) 用于函数前表示该函数是静态的,即在编译的时候就分配空间

C) 用于局部变量前表示该局部变量由编译器静态分配存储空间

D) 用于函数前表示该函数只能在本 C 文件中被调用

3. 如何定义一个有 10 个指针的数组,该指针指向一个函数,该函数有一个整型参数并返回一个指向整型数的指针?

A) int *(a[10])(int)　　B) int *(a)[10](int)

C) int * (*a[10])(int)　　D) int *(*[10])(int a)

4. int a; int * * pa; int * * ppa;

a = 0x5A; pa = &a; ppa = &pa; 那么关于 * ppa 的表达式正确的是?

A) *(*ppa) 等于 0x5A　　B) *(*ppa) 等于 pa

C) &(*ppa) 等于 pa　　D) 以上都不对

5. 在使用 const 定义常量时,若想定义一个指向整型数的常指针 p(指针指向的整型数是可以修改的,但指针不可修改),应采用以下哪种定义方式?

A) const int *p　　B) int *const p

C) int const *const p　　D) const int a; int *p = &a

6. char ss[] = "0123456789"; char *pss = ss; sizeof(ss); strlen(ss); sizeof(*ss); strlen(pss); sizeof(pss)的结果分别是什么?

A) 4，10，1，10，4　　　B) 11，10，1，10，4

C) 4，10，4，10，11　　　D) 11，10，1，10，11

7. 假设int是16位整数,long是32位整数,现有2个16位整数:a = 500; b = 3000。现在要将a和b的乘积赋给long类型整数c,正确的写法是:

A) c = a * b　　　B) (int)c = a * b

C) c = (long) a * b　　　D) 以上表达式都不对

8. 以下关于C语言中变量存储空间分配的叙述正确的是:

A) 变量一定被分配在主存中

B) 程序员无法对分配在寄存器中的临时变量进行访问

C) 在某些情况下,编译器会自动将变量分配在堆上

D) 全局变量一定不可能在堆栈上分配

9. 下列哪项一般不是函数指针的功能:

A) 用于实现函数的递归调用

B) 用于实现多任务创建函数的参数

C) 用于程序的多态

D) 用于实现底层驱动的接口

10. 假设有如下定义:

char s[] = "hello"; char *t = "world";

const char *p = s; char * const q = s;

下列语句中不会导致编译错误的是:

A) s[0]='x'; t[0] = 'x'　　　B) q[0] = 'x'; p = t; t[0] = 'x'

C) q = t; p[0] = 'x'; t = s　　　D) t = p; p = q; p[0] = 'x'

11. 宏 #define mymacro(s,m) (size_t)&(((s *)0)->m)的作用是:

A) 计算分量m在结构体s中的所占的字节数

B) 计算分量m在结构体s中的地址

C) 计算分量m在结构体s中的偏移量,单位是字(32位)

D) 计算分量m在结构体s中的偏移量,单位是字节

12. 以下关于中断的说法正确的是:

A) 硬件中断指中断触发与处理的过程都通过硬件来完成的中断,而软件中断指中断触发与处理的过程都通过软件来完成的中断

B) 异常是一种特殊的中断,系统产生异常一定表明此时系统已处于不正常或运行错误的状态

C) 软件中断可用于实现操作系统的系统调用入口

D) 在没有操作系统的情况下,无法采用C语言直接编写中断处理程序

13. 以下关于中断服务程序(ISR)编写的叙述中不正确的是:

A) ISR中不应使用耗时以及不可安全重入的函数,因此只有C语言的标准库函数与操作系统的系统调用函数可以在ISR中放心的使用

B) 不能向ISR传递参数,ISR也不能有返回值

C) 为加快中断处理程序的速度，可采用在 ISR 中只处理最基本的硬件操作，将其他的处理内容设法放在 ISR 之外完成的方法

D) 在 ISR 中，要格外小心浮点运算有可能带来的执行速度的不确定性

14. #define BITMASK 0x00000010

int a;现在我们要清除(置 0)a 变量的第 4 位，正确的代码是：

A) a &= BITMASK　　B) a |= BITMASK

C) a |=~BITMASK　　D) a &= ~BITMASK

15. 下列表达式没有错误或任何不好编程风格的是：

A) int * buffer = malloc(1024)　　B) int a[] = "1234567890"

C) unsigned int a = -4　　D) char a = 'b'

16. 下列关于堆栈的描述正确的是：

A) 自动局部变量要么保存在寄存器中要么保存在堆栈中

B) 函数调用和中断都使用堆栈保存返回地址和程序状态字

C) C 语言通过堆栈传递参数时，采用从左向右的压栈顺序

D) 递归虽然需要占用堆栈空间，但是通常情况下递归是比较高效的

17. 如果在代码的调试中发现总是在函数的返回处出现代码崩溃，最可能的原因是：

A) 堆栈溢出　　B) 自动局部变量越界溢出

C) 静态局部变量越界溢出　　D) 返回代码出错

18. 下列关于 ASSERT(断言)的说法中正确的是：

A) ASSERT 是一个用于调试的函数

B) 当 ASSERT 参数的计算结果为真时就中止调用程序的执行

C) 断言只应用于捕捉程序中不应该出现的非法情况，而非程序运行中的出错情况

D) 断言中所使用到的__FILE__是一个宏，为需要使用的错误信息文件的文件名字符串

19.

```
char string_array[] = "1234567890";
int array_len(char array[])
{
    return sizeof(array);
}
```

请问 array_len(string_array[])表达式的返回值是：

A) 4　　B) 10　　C) 11　　D) 语法错误

20. 头文件中

#ifndef_MYFILE_H

#define_MYFILE_H

#endif 宏的作用是：

A）防止头文件引用过程中的顺序错误　B）条件编译

C）防止头文件的重复引用　D）防止头文件被无关的C代码引用

21. 在头文件中定义全局变量，有可能产生的问题是：

A）不是好的代码风格，降低了代码的易读性

B）当该头文件被多个源文件包含时，造成存储空间的浪费

C）当该头文件被多个源文件包含时，出现变量重复定义的编译错误

D）不会造成任何问题

22. 以下属于造成内存泄漏原因的是：

A）定义过大的自动局部变量数组

B）在堆上申请了过多的存储空间

C）使用"野"指针访问存储器

D）在差错处理时，忘了释放已分配的动态存储空间

23. 阅读下列代码，并指出该代码中存在的问题是：

```
void DoSomething(char * ptr;)
{
    char * p;
    int  i;
    if (ptr == NULL) return;
    if ((p = ( char * )malloc( 1024 )) == NULL )
        return ;
    for( i = 0; i < 1024; i++ )
        * p++ = * ptr++ ;
    …
    free(p);
    return ;
}
```

A）变量i应该声明为unsigned

B）free(p)无效

C）for循环中应该是＊(p＋＋) ＝ ＊(ptr ＋＋)

D）应该对入口参数ptr检查容量大小

24. 以下关于Make文件的说法中正确的是：

A）Make文件就是编译器和链接器

B）在诸如VC与ADS这类的集成开发环境中，不存在Make文件

C）Make文件是可执行文件，其中定义了整个项目文件的依赖关系和编译、链接选项

D）Make文件本身并不能决定是否需要重新生成输出文件

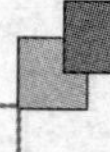

二、程序改错题（20分）

阅读下段代码，指出代码中的逻辑错误、存在的安全隐患和不好的编码风格，并给出修改的意见。

```
#include "stdlib.h"

char * test( char * ptr )
{
    unsigned char i;
    char buf[ 8 * 1024 ];
    char * p, * q;
    for( i = 0; i <= 8 * 1024; i++ )
    {
        buf[i] = 0x0;
    }
    p = ( char * )malloc( 1024 );
    if ( p == NULL )
    {
        return NULL;
    }
    q = ( char * )malloc( 2048 );
    if ( q = NULL )
    {
        return NULL;
    }
    memcpy( p, ptr, 1024 );
    memcpy( q, ptr, 2048 );
    memcpy( buf, p, 1024 );
    buf = buf + 1024;
    memcpy( buf, q, 2048 );
    free( p );
    free( q );
    return buf;
}
```

三、程序填空题(2×10=20分)

阅读下段代码，并在空白处填写正确的代码使得程序的逻辑完整。

```
#include <stdlib.h>
#include "xlmalloc.h"
typedef struct mylink
```

```
{
    struct mylink   * next;
    struct mylink   * prev;
    int             id;
} MYLINK;

static MYLINK * Header;

int AddNode( int id )
{
    MYLINK * index, * ptr;

    ptr = (MYLINK * )SysLmalloc( sizeof(MYLINK) );
    [                         ] return - 1;

    ptr->id = id;

    if (Header == NULL)
    {
        [                          ] = NULL;
        [                          ];
        return 0;
    }

    for (index = Header; [               ]; index = index->next);

    index->next = ptr;
    ptr->next = NULL;
    ptr->prev = index;
    return 0;
}

int DeleteNode( int id )
{
    MYLINK * index;

    if ( Header == NULL ) return - 1;

    for ( index = Header; ( index->next != NULL ) &&( index->id!= id);
                    index = index->next);

    if ( (index->next == NUll) && ([               ])) return - 1;

    if ( index == Header)
    {
        Header == [                ];
        index->next->prev = NULL;
    }
    else if (index->next == NULL)
    {
```

```
        [          ] = NULL;
    }
    else
    {
        [                    ];
        [          ] = index->prev;
    }
    [                    ];
    return 0;
}
```

四、简答题(2×6 分=12 分)

1. 请简要说明造成函数重入的主要原因,以及保护不可安全重入代码的方法?
2. 请简述堆栈缓冲区溢出一般的原理、造成的原因以及可能的后果。

参考答案:

一、选择题(2×24=48 分)

1) D	2) B	3) C	4) A	5) B	6) B
7) C	8) D	9) A	10) D	11) D	12) C
13) A	14) C	15) D	16) A	17) B	18) C
19) A	20) C	21) C	22) D	23)B	24) D

二、程序改错题(20 分)

```
#include "stdlib.h"        应该为<stdlib.h>
char *test( char *ptr )
{
    unsigned char i;        应该定义为 unsigned int i;
    char buf[ 8*1024 ];  局部数组太大了,容易引起堆栈溢出,
    char *p, *q;
    for( i = 0; i <= 8*1024; i++ )  应该是 i< 8*1024
    {
        buf[i] = 0x0;
    }
    p = ( char * )malloc( 1024 );
    if ( p == NULL )
    {
        return NULL;
    }
    q = ( char * )malloc( 2048 );
    if ( q = NULL )              应该为 q == NULL
    {
```

```
        return NULL;               应该先 free(p);然后 return NULL;
    }
    memcpy( p, ptr, 1024 );        应该首先判断 ptr 是否为空
    memcpy( q, ptr, 2048 );        应该为 memcpy( q, ptr + 1024, 2048 );
    memcpy( buf, p, 1024 );
    buf = buf + 1024;              buf 是数组名,不能赋值
    memcpy( buf, q, 2048 );
    free( p );
    free( q );
    return buf;                    返回局部变量的指针,出函数后无效
}
```

三、程序填空题(2×10=20 分)

```
#include <stdlib.h>
#include "xlmalloc.h"
typedef struct mylink
{
    struct mylink   *next;
    struct mylink   *prev;
    int             id;
} MYLINK;
static MYLINK *Header;
int AddNode( int id )
{
    MYLINK *index, *ptr;
    ptr = (MYLINK *)SysLmalloc( sizeof(MYLINK) );
    [if (ptr == NULL )] return -1;
    ptr->id = id;
    if (Header == NULL)
    {
        [ptr->next = ptr->prev] = NULL;
        [Header = ptr ];
        return 0;
    }
    for (index = Header; [index->next != NULL]; index = index->next);
    index->next = ptr;
    ptr->next = NULL;
```

```
    ptr->prev = index;
    return 0;
}
int DeleteNode( int id )
{
    MYLINK * index;
    if ( Header == NULL ) return -1;
    for ( index = Header; ( index->next != NULL ) && ( index->id != id );
                    index = index->next);
    if ( ( index->next == NULL ) && ( index->id!= id))return-1;
    if ( index == Header)
    {
        Header == Header->next;
        index->next->prev = NULL;
    }
    else if (index->next == NULL)
    {
        index->prev->next = NULL;
    }
    else
    {
        index->prev->next = index->next;
        index->next->prev = index->prev;
    }
    free(index);
    return 0;
}
```

四、简答题(2×6分=12分)

1. 请参阅本书6.2.1小节、6.2.2小节以及6.2.3小节。
2. 请参阅本书8.2.2小节。

附录 D

UB4020MBT 开发板简介

UB4020MBT 开发板是一款采用东芯 IV^{+} SEP4020 微处理器的嵌入式 Linux 开发板。读者可以在 www.armfans.net 论坛中下载到该开发板以及 SEP4020 处理器的相关资料。其实物如图 D-1 所示。

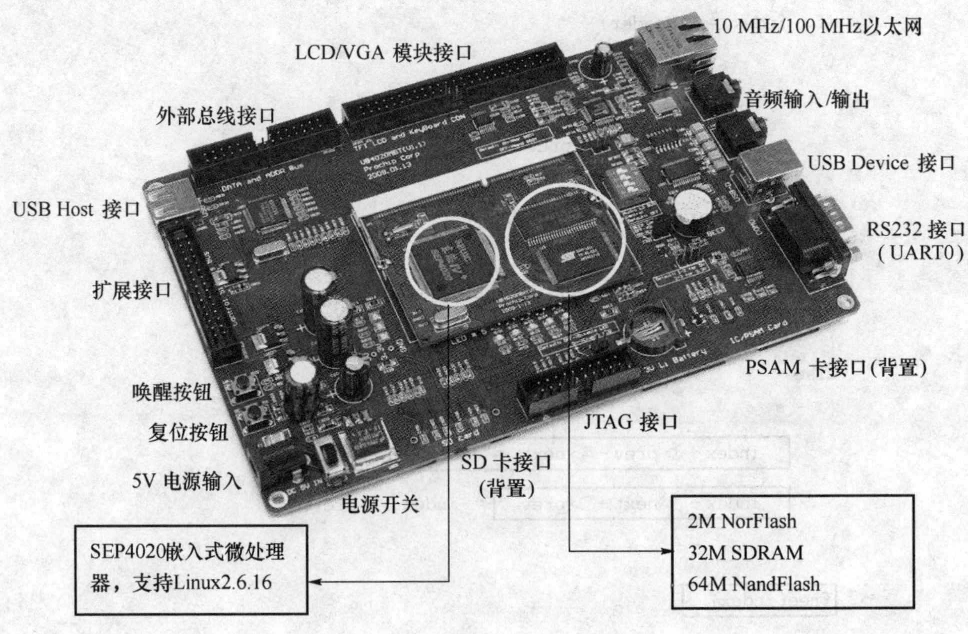

图 D-1 UB4020MBT 开发板实物图

1. 主处理器 SEP4020 介绍

SEP4020 由东南大学国家专用集成电路系统工程技术研究中心设计，使用 0.18 μm 标准 CMOS 的工艺设计，32 位 RISC 内核，兼容 ARM720T，带 8 KB 指令数据 Cache 和全功能 MMU，最高主频 88 MHz。SEP4020 芯片中集成各种功能包括：

- 8/16 位 SRAM/NOR Flash 接口，16 位 SDRAM 接口；
- 硬件 NAND Flash 控制器，支持 NAND Flash 自启动，支持软件/硬件 ECC 校验；
- 10 Mbps/100 Mbps 自适应以太网 MAC，支持 RMII 接口；
- 64 KB 高速片上 SRAM；

- USB1.1Device，全速 12 Mbps；
- 支持 I^2S 音频接口；
- 支持 MMC/SD 卡；
- LCD 控制器，最高支持 640×480×16 位 TFT 彩屏和 STN 黑白、灰度屏；
- RTC，支持日历功能/定时器，支持后备电源；
- 10 通道 TIMER，支持捕获、外部时钟驱动和 MATCH OUT；
- 4 通道 PWM，支持高速 GPIO；
- 4 通道 UART，均支持红外；
- 2 通道 SSI，支持 SPI 和 Microwire 协议；
- 2 通道 SmartCard 接口，兼容 ISO7816 协议；
- 支持最多 97 个 GPIO，14 个外部中断；
- 支持链表 DMA 传输和外部 DMA 传输；
- 片上 DPLL，支持多种功耗模式：IDLE、SLOW、NORMAL、SLEEP。

2. UB4020MBT 开发板资源介绍

- 2 MB Norflash，64 MB NandFlash，32 MB SDRAM 支持 Norflash 与 NandFlash 两种启动方式；
- 外接 UDA1341 实现音频接口；
- 1 路 RS232 电平串口，3 路 TTL 串口输出；
- 1 路标准 SMC 大卡接口；
- 一个标准的 MMC/SD 卡接口；
- 通过总线外扩 S1R72005 实现 USB HOST 功能；
- 5 路 GPIO 控制模拟 LED 数码管灯显示；
- DM9161E 实现 10 Mbps/100 Mbps 自适应以太网口；
- 外扩 LCD 接口，支持 TFT 显示，标配 320×240TFT 彩屏，最高支持 800×600 分辨率，评估板兼容 128×64 点阵液晶屏；
- JTAG 调试接口；
- 提供+5 V、3.3 V、1.8 V、GND 以及 50 MHz 时钟测试点；
- 双面丝印 2 层板 180 mm×120 mm。

参考文献

[1] Dennis M. Ritchie. The Development of the C Language[M]. New Jersey:Bell Labs/Lucent Technologies Murray Hill.

[2] Dennis M. Ritchie. C Reference Manual[M]. New Jersey:Bell Telephone Laboratories Murray Hill.

[3] Steve Maguire. 编程精粹——Microsoft 编写优质无错 C 程序秘诀[M]. 姜静波,佟金荣,译. 北京:电子工业出版社,1993.

[4] Andrew Koenig. C 陷阱与缺陷[M]. 高巍,译. 北京:人民邮电出版社,2008.

[5] Kenneth A Reek. C 和指针[M]. 徐波,译. 北京:人民邮电出版社,2008.

[6] Peter Van der Linden. Expert C Programming:Deep C Secrets[M]. Prentice Hall PTR.

[7] 林锐,韩永泉. 高质量程序设计指南——C++/C 语言[M]. 北京:电子工业出版社,2007.

[8] Brian W. Kernighan, Dennis M. Ritchie. The C Programming Language [M]. 2nd ed. Prentice Hall, Inc. 1988.

[9] Paul S. R. Chisholm. C 语言编程常见问题解答[M]. 张芳妮,吕波,译. 北京:清华大学出版社,2001.

[10] 时龙兴,凌明,王学香. 嵌入式系统——基于 SEP3203 微处理器的应用开发[M]. 北京:电子工业出版社,2007.

[11] Andrew N. Sloss. ARM 嵌入式系统开发——软件设计与优化[M]. 沈建华,译. 北京:北京航空航天大学出版社,2005.

[12] 东芯 SEP3203F50 嵌入式微处理器用户手册. 东南大学国家 ASIC 工程技术研究中心.

[13] 东芯 SEP4020 嵌入式微处理器用户手册. 东南大学国家 ASIC 工程技术研究中心. http://source. armfans. net/0. SEP4020/Documents.

[14] Furber S . ARM SoC 体系结构[M]. 田泽,译. 北京:北京航空航天大学出版社,2002.

[15] 凌明,浦汉来,张宇. 基于 μITRON 操作系统的嵌入式 GUI 的设计[J]. 单片机与嵌入式系统应用,2006(2).

[16] Andrew S. Tanenbaum . 操作系统设计与实现[M]. 陈渝,谌卫军,译. 3 版. 北京:电子工业出版社

[17] 宋宝华. C 语言嵌入式系统编程修炼. http://dev. yesky. com.

[18] 凌明,缪卫,史先强. "纵海杯"东南大学第二届嵌入式系统设计大赛获奖

作品设计报告[M]. 南京:东南大学出版社,2009.

[19] Elias Levy. Smashing the Stack for Fun and Profit. http://www.phrack.org/issues.html? issue=49&id=14&mode=txt.

[20] 欧立奇,刘洋,段韬. 程序员面试宝典[M]. 2 版. 北京:电子工业出版社,2008.

[21] 普劳格(美). C 标准库[M]. 卢红星,徐明亮,霍建同,译. 北京:人民邮电出版社,2009.

[22] Scott Meyers. More Effective C++[M]. 侯捷,译. 北京:中国电力出版社,2003.